"十一五"高等院校规划教材

ARM7 嵌入式开发基础实验

刘天时　强新建　王　瑞　曹庆年　编著

北京航空航天大学出版社

内容简介

本书以EL-ARM-830的ARM7 CPU(S3C44B0X)板为硬件实验平台，开发了基于ARM7嵌入式基本接口实验、基于ARM7的μC/OS-Ⅱ操作系统基础实验和基于μClinux操作系统基础实验。

在本书的内容设计和教学实验系统开发过程中，紧密结合了基于ARM7嵌入式开发的实际应用，将基于ARM7嵌入式应用系统外围复杂的实用模块开发例程，以及基于嵌入式μC/OS-Ⅱ和μClinux的开发基础移植到实验教学系统中，形成了贴近实际工程应用的基于ARM7嵌入式基础实验教学和培训体系。本书含光盘一张，内附相关资料及程序代码。

本书可作为计算机、电子类专业学生，以及相关工程技术人员进行嵌入式教学及培训的实验及参考教材。

图书在版编目(CIP)数据

ARM7嵌入式开发基础实验/刘天时等编著. —北京：北京航空航天大学出版社，2007.3

ISBN 978-7-81077-918-0

Ⅰ.A… Ⅱ.刘… Ⅲ.微处理器，ARM—系统设计—教材
Ⅳ.TP332

中国版本图书馆CIP数据核字(2007)第030496号

ARM7嵌入式开发基础实验
刘天时　强新建　王　瑞　曹庆年　编著
责任编辑　王　鹏
*
北京航空航天大学出版社出版发行
北京市海淀区学院路37号(100083)　发行部电话：010-82317024　传真：010-82328026
http://www.buaapress.com.cn　E-mail:bhpress@263.net
涿州市新华印刷有限公司印装　各地书店经销
*
开本：787×960　1/16　印张：17　字数：381千字
2007年4月第1版　2007年4月第1次印刷　印数：5 000册
ISBN 978-7-81077-918-0　定价：28.00元(含光盘1张)

前 言

本书是以北京精仪达盛科技有限公司开发的 EL-ARM-830 教学实验系统为对象，编写的基于 ARM7 的基础实验教材。EL-ARM-830 属于一种综合的教学实验系统，系统采用实验箱底板加活动 CPU 板的形式。该实验箱底板资源丰富，CPU 板可选择 ARM7 和 ARM9。同时，实验系统上的 Tech－V 总线和 E－lab 总线能够扩展 Tech－V 系列和 E－lab 系列功能模块，从而能极大增强系统的功能。用户也可以基于 Tech－V 总线和 E－LAB 总线开发自己的应用模块。

本书以 EL-ARM-830 教学实验系统的 ARM7 CPU(S3C44B0X)板为硬件平台，开发了基于 ARM7 的嵌入式基本接口实验、基于 ARM7 的 μC/OS－II 操作系统基础实验和基于 μClinux 操作系统的基础实验。

本书共分为四章，各章内容安排如下。

第 1 章概要介绍 EL-ARM-830 实验系统的资源，包括实验系统的硬件资源总览、核心板的资源、实验箱底板的资源、Tech_V 总线及 E_Lab 总线。这些资源是整个实验开发的硬件基础。

第 2 章主要介绍基于 ARM7 的系统资源实验，本章分为三大部分：第一部分介绍开发环境的创建和基本编程；第二部分为 ARM7 的基本接口实验，包括 Boot、基本中断、DMA、串口等实验，通过这些实验使读者对嵌入式外围接口应用有一个基本了解；第三部分为键盘、数码管、LCD 的显示、触摸屏、音频录放、USB 设备收发数据、SD 卡测试实验、以太网测试、PS2 接口键盘和鼠标等扩展接口实验。本章介绍的实验按照 ARM 教学中最基本的实验、基本接口实验和扩展接口实验逐次展开。通过本章的实验，可使读者掌握基本编程、基于 S3C44B0X 嵌入式的外围接口设备开发、应用编程知识，并能够熟练进行嵌入式常用外围接口模块的功能开发。

第 3 章主要介绍实时操作系统 μC/OS－II 在基于 ARM7 核(S3C44B0X)的 EL-ARM-830 中的移植，以及驱动程序、GUI 应用程序的开发。通过本章的实验可以使读者了解 μC/OS－II 内核移植到 ARM7 的方法和步骤，并掌握 μC/OS－II 下串口驱动、LCD 驱动、键盘驱动的程序编写及基于 μC/OS－II 的小型 GUI 应用程序编写。

第 4 章主要介绍 μClinux 操作系统在基于 ARM7 核(S3C44B0X)的 EL-ARM-830 中的移植，以及驱动程序、应用程序的开发。主要内容包括 μClinux 实验环境的创建与熟悉、Boot

Loader 引导程序、μClinux 的移植及内核和文件系统的生成与烧写、μClinux 驱动程序，以及 μClinux 应用程序的开发。通过本章实验可使读者了解 μClinux 的开发环境及内核的基本结构，掌握 μClinux 在 S3C44B0X 上的编译、运行、移植的方法和步骤，以及 Boot Loader 的开发方法，并可掌握 μClinux 内核的定制、调试及各种应用程序的开发与调试方法。

本书包含大量软件和硬件资源，也可以作为基于 ARM 核嵌入式开发的技术参考手册。

本书由刘天时教授组织编写并负责审稿，刘天时、强新建、王瑞、曹庆年负责编写各章。在本书的编写过程中，得到了北京航空航天大学出版社、ARM 中国公司大量的支持和帮助，在此表示感谢！

北京精仪达盛科技有限公司提供了更加详细的 EL-ARM-830 教学实验系统的技术资料和各种帮助，并对本教材以及实验体系的形成、内容设计及完善提出了大量意见和建议，在此表示感谢！

编者

2007 年 3 月

目　录

第1章

EL-ARM-830 教学实验系统的资源介绍

ARM 实验箱硬件资源概述

EL-ARM-830 教学实验系统属于一种综合的教学实验系统。该系统采用目前国内普遍认同的 ARM7TDMI 核 32 位微处理器,可实现多模块间的应用,是集学习、应用编程、开发研究于一体的 ARM 实验教学系统。用户可根据自己的需求选用不同类型的 CPU 适配板,在不需要改变任何配置的情况下,完成从 ARM7 到 ARM9 的升级。同时,实验系统上的 Tech_V 总线能够拓展较为丰富的实验接口板。用户在了解 Tech_V 标准后,更能研发出不同用途的实验接口板。除此之外,在实验板上还有丰富的外围扩展资源(数字、模拟信号发生器,数字量 I/O 输入输出,语音编解码和人机接口等单元),可以完成 ARM 的基础实验、算法实验、数据通信实验和以太网实验。

图 1-1 是 EL-ARM-830 教学实验系统的功能框图。

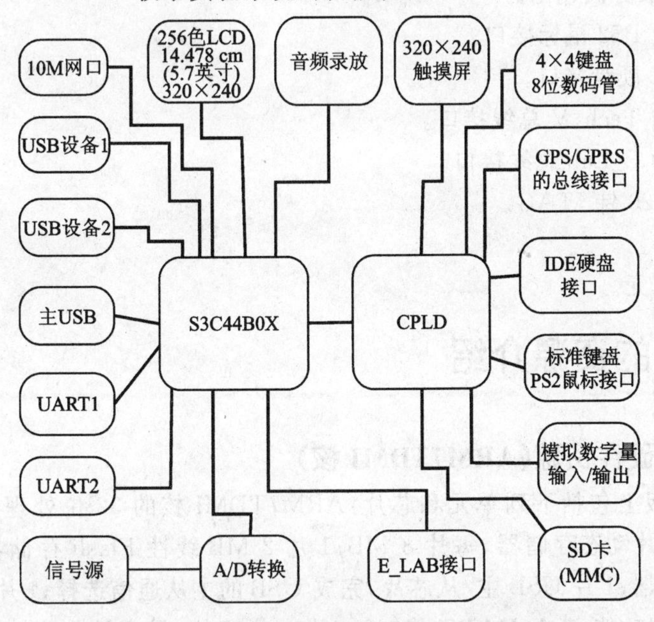

图 1-1　EL-ARM-830 教学实验系统的功能框图

1.1 实验系统的硬件资源总览

- CPU 单元:内核为 ARM7TDMI,选用三星公司的 S3C44B0X 芯片,工作频率最高为 66 MHz。
- 线性存储器:2 MB,芯片为 SST39VF160。
- 动态存储器:16 MB,芯片为 HY57V641620。
- 海量存储器:16 MB,芯片为 K9F2808。
- USB 单元:1 个主接口,2 个设备接口,芯片为 SL811H/S 和 PDIUSBD12。
- 网络单元:10M 以太网,芯片为 RTL8019AS。
- UART 单元:2 个,最高通信波特率为 115 200 bps。
- 语音单元:IIS 格式,芯片为 UDA1341TS,采样频率最高 48 kHz。
- LCD 单元:14.478 cm(5.7 英寸),256 色,320×240 像素。
- 触摸屏单元:四线电阻屏,320×240,14.478 cm(5.7 英寸)。
- SD 卡单元:最高通信频率为 25 MHz,芯片为 W86L388D,兼容 MMC 卡。
- 键盘单元:4×4 键盘,带 8 位 LED 数码管,芯片为 HD7279A。
- 模拟输入/输出单元:8 个带自锁的按键和 8 个 LED 发光管。
- A/D 转换单元:芯片自带 8 路 10 位 A/D,满量程为 2.5 V。
- 信号源单元:方波输出。
- 标准键盘及 PS2 鼠标接口。
- 标准的 IDE 硬盘接口。
- 达盛公司的 Tech_V 总线接口。
- 达盛公司的 E_Lab 总线接口。
- 调试接口:20 针 JTAG。
- CPLD 单元。
- 电源模块单元。

1.2 核心板的资源介绍

1. 核心板的硬件资源(ARM7TDMI 核)

在核心 CPU 板上包括下列单元和芯片:ARM7TDMI 核的 32 位处理器,即三星公司的 S3C44B0X 芯片;2 片动态存储器,每片 8 MB;1 片 2 MB 线性 Flash 存储器;1 片 16 MB 的 NAND_Flash 存储器;1 片 USB 主/从芯片,完成 USB 的主从通信选择;1 片 10M 以太网控制芯片,实现网络访问功能;1 个 UART 接口,完成串口通信,最高波特率为 115 200 bps;1 个

RTC 实时时钟;1 个 5 V 转 3.3 V 和 1 个 5 V 转 2.5 V 的电源管理模块;一个 20 针的 JTAG 调试接口。核心板上的元器件如表 1-1 所列。

表 1-1 核心板上的具体元器件

芯片名称	数 量	功 能	板上标号
S3C44B0X	1	ARM7TDMI,中央处理器	ARM
HY57V641620	2	动态存储器(SDRAM),16 MB	U10、U11
SST39VF160	1	线性 Flash,存储芯片,2 MB	U9
K9F2808	1	海量存储器,16 MB	NAND_Flash
SL811	1	USB 主/从控制	U14
RTL8019AS	1	10M 以太网控制	U12
LM1117-3.3	1	5 V 转 3.3 V	U5
LM1117-2.5	1	5 V 转 2.5 V	U4
MAX3232	1	RS232 转换	U2
IMP811-S	1	复位	U7

核心板具体单元和跳线如表 1-2 所列。

表 1-2 核心板上的具体单元和跳线

标 号	名 称	功 能
POWER	5 V 电源单元	提供电源(需内正外负插头)
S1	电源开关	打开/关闭 5 V 电源
SW1	复位键	系统复位按键
J1	串口 0 单元	和 S3C44B0X 的串口 0 通信
P3	主 USB 单元	主 USB
P5	从 USB 单元	USB 设备
U13	网络单元	访问以太网
SW2	USB 主/从选择开关	1、2"ON",3、4"OFF"为主; 1、2"OFF",3、4"ON"为从
JP1	RTC 时钟开关	短接为启动 RTC 时钟
JP2	JTAG 单元	20 针调试接口
JP4	从设备数据 D+、D-上拉	上短接为 D-上拉,下短接为 D+上拉
J4	功能单元	
J7	数据、地址单元	
J9	功能单元	

核心板上各 LED 指示灯的意义如表 1－3 所列。

核心板上的晶振单元如表 1－4 所列。

表 1－3　核心板上 LED 指示灯的意义

标　号	名　称	功能
D1	LED 灯	串口 0 发送数据指示
D2	LED 灯	串口 0 接收数据指示
D3	LED 灯	电源指示
D5	LED 灯	网口正常指示
D6	LED 灯	接收、发送数据指示
D7	LED 灯	GPIO 口 B 口的一位指示
D8	LED 灯	GPIO 口 B 口的一位指示

表 1－4　核心板上的晶振单元

标　号	名　称	功　能
X1	CPU 主时钟晶振	外接 8 MHz
Y1	RTC 时钟晶振	外接 32.768 kHz
Y2	网络时钟晶振	外接 20 MHz
Y3	USB 时钟晶振	外接 12 MHz

2. 核心板资源的具体介绍

1）电源模块

在 S3C44B0X CPU 板上，由于其内核采用 2.5 V 供电，I/O 接口采用 3.3 V 供电，因此须要将通用的 5 V 电压转换成 2.5 V 和 3.3 V 电压。图 1－2 所示为使用 LM1117 电源转换芯片把 5 V 电压转成 3.3 V 和 2.5 V 电压的转换电路。

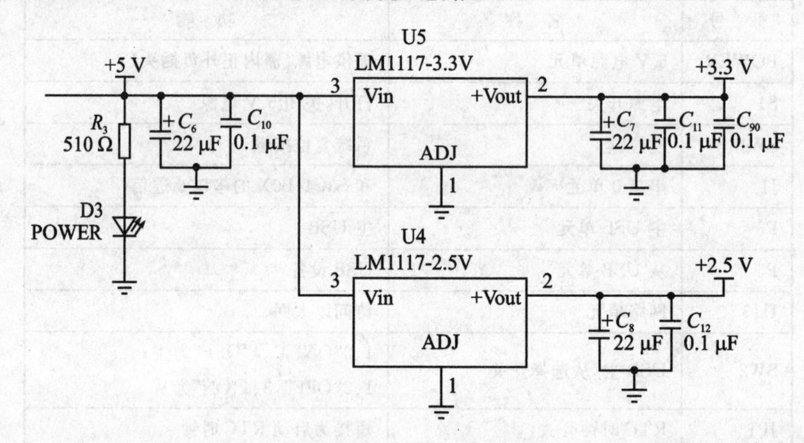

图 1－2　LM1117 电源转换芯片把 5 V 电压转成 3.3 V 和 2.5 V 电压的转换电路

2）线性 Flash 存储器单元

该存储单元在板卡上的标号为 U9，选用 2 MB 的 SST39VF160 芯片，16 位数据总线，片选接 NGCS0。CPU 分配给 U9 单元的地址空间为 0x00000000～0x001FFFFF，也就是 S3C44B0X CPU 的 bank0 区。启动代码部分放在从 0x00000000 开始的地址空间内。程序代码可以在从 0x00000000 开始的地址空间里面执行。

3) NAND_Flash 海量存储器单元

该存储单元在板卡上的标号为 NAND_Flash，选用 16 MB 的 K9F2808 芯片，8 位数据总线传输，GPC9 接其片选信号。CPU 分配给 NAND_Flash 单元的地址空间为 0x04000000～0x005FFFFF，也就是 S3C44B0X CPU 的 bank2 区。GPE0 接 NAND_Flash 的状态监测脚，GPC14 接 ALE 地址锁存使能，GPC15 接 CLE 命令锁存使能，NGCS2 也接入该单元。

4) 同步动态存储器单元

该存储单元在板卡上的标号为 U10 和 U11，选用 2 片 8 MB 的 HY57V641620 芯片，16 位数据总线，片选 NSCS0 接 U10 单元，片选 NSCS1 接 U11 单元。CPU 分配给 U10 单元的地址空间为 0x0C000000～0x0C7FFFFF，也就是 S3C44B0X CPU 的 bank6 区；CPU 分配给 U11 单元的地址空间为 0x0E000000～0x0E7FFFFF，也就是 S3C44B0X CPU 的 bank7 区。

5) RS232 串口单元

该存储单元在板卡上的标号为 U2(在板卡的背面)，选用了 MAX3232CSE 电压转换芯片进行 PC 机与 CPU 板的串口通信。它采用收、发、地，三线连接，无握手信号。D1 为向外部发送数据时的显示灯，D2 为接收外部数据时的显示灯，可通过 S3C44B0X 内部的串口 0 控制器进行控制。

6) 主/从 USB 单元

该存储单元在板卡上的标号为 U14，选用了 SL811H/S 主/从芯片，8 位数据总线传输，片选 NGCS1 接主/从 USB 单元。CPU 分配给 U14 单元的地址空间为 0x02000000～0x03FFFFFF，也就是 S3C44B0X CPU 的 bank1 区。S3C44B0X CPU 的外部中断 ExINT0 响应主/从 USB 中断。S3C44B0X CPU 的 GPB4 位控制芯片的主/从模式选择，它是软件控制方式。

7) 网络单元

该存储单元在板卡上的标号为 U12，选用了 RTL8019AS 网络芯片，16 位数据总线传输，片选 NGCS3 接网络单元。CPU 分配给 U12 单元的地址空间为 0x06000000～0x07FFFFFF，也就是 S3C44B0X CPU 的 bank3 区。S3C44B0X CPU 的外部中断 ExINT1 响应网络中断。D5 和 D6 为网络的指示灯。

表 1-5 列出了各单元在核心板上的存储区分布。

表 1-5 核心板上各单元及存储区分布

标 号	名 称	存储区	存储的有效区	容量/MB
U9	线性存储器	Bank0	0x00000000～0x001FFFFF	2
U10	同步动态存储器	Bank6	0x0C000000～0x0C7FFFFF	8
U11	同步动态存储器	Bank7	0x0C800000～0x0D000000	8

续表 1-5

标　号	名　称	存储区	存储的有效区	容量/MB
U12	网络控制器	Band3	0x06000000 后的若干	若干寄存器
U14	USB 控制器	Bank1	0x02000000 后的若干	若干寄存器
NAND_Flash	海量存储器	Bank2	0x04000000～0x04FFFFFF	16

8) JTAG 单元

JTAG(Joint Test Action Group,联合测试行动小组)是一项国际标准测试协议,主要用于芯片内部测试及对系统进行仿真和调试。JTAG 技术是一种嵌入式调试技术,它在芯片内部封装了专门的测试电路 TAP(Test Access Port,测试访问口),通过专用的 JTAG 测试工具对内部节点进行测试。目前,大多数比较复杂的器件都支持 JTAG 协议,如 ARM、DSP 和 FPGA 器件等。标准的 JTAG 接口为 4 线:TMS、TCK、TDI 和 TDO,分别为测试模式选择、测试时钟、测试数据输入和测试数据输出。

通过 JTAG 接口,可对芯片内部的所有部件进行访问。可见,这是开发调试嵌入式系统的一种简捷高效的手段。目前,JTAG 接口的连接有两种标准,即 14 针接口和 20 针接口。EL-ARM-830 核心板上使用的是 20 针接口,其接口定义如表 1-6 所列。

表 1-6　接口定义

引　脚	名　称	描　述
1	VTref	目标板参考电压,接电源
2	VCC	接电源
3	nTRST	测试系统复位信号
4、6、8、10、12、14、16、18、20	GND	接地
5	TDI	测试数据串行输入
7	TMS	测试模式选择
9	TCK	测试时钟
11	RTCK	测试时钟返回信号
13	TDO	测试数据串行输出
15	nRESET	目标系统复位信号
17、19	NC	未连接

在核心板上,JTAG 的引脚 1 用白色方框标注,当串口、USB 接口和网络接口向左摆放时,引脚 1 下面的引脚为引脚 2,它左面的引脚依次为 3、5、…、19;引脚 2 左面的引脚依次为 4、6、…、20。

9）核心 CPU 板上的外接接口单元

在 CPU 板上有 J4、J5、J6、J7、J8 和 J9，共 6 个外扩接口单元。其中，J4 和 J5，J6 和 J7，J8 和 J9 的端口引脚定义相同，现对 J4、J7 和 J9 的引脚加以说明。

J7 用来扩展地址和数据总线，以及读/写和片选信号，如表 1－7 所列。

表 1－7　J7 接口

序　号	代　号	含　义	I/O	序　号	代　号	含　义	I/O
1	+5 V	+5 V 电源		26	A0	地址线	O
2	+5 V	+5 V 电源		27	ADDR21	地址线	O
3	ADDR19	地址线	O	28	ADDR20	地址线	O
4	ADDR18	地址线	O	29	GND	地	
5	ADDR17	地址线	O	30	GND	地	
6	ADDR16	地址线	O	31	GND	地	
7	A15	地址线	O	32	GND	地	
8	A14	地址线	O	33	NC	空脚	空
9	A13	地址线	O	34	NC	空脚	空
10	A12	地址线	O	35	NC	空脚	空
11	GND	地		36	NC	空脚	空
12	GND	地		37	NC	空脚	空
13	A11	地址线	O	38	NC	空脚	空
14	A10	地址线	O	39	NC	空脚	空
15	A9	地址线	O	40	NC	空脚	空
16	A8	地址线	O	41	+3.3 V	+3.3 V 电源	
17	A7	地址线	O	42	+3.3 V	+3.3 V 电源	
18	A6	地址线	O	43	NC	空脚	空
19	A5	地址线	O	44	NC	空脚	空
20	A4	地址线	O	45	NC	空脚	空
21	+5 V	+5 V 电源		46	NC	空脚	空
22	+5 V	+5 V 电源		47	NC	空脚	空
23	A3	地址线	O	48	NC	空脚	空
24	A2	地址线	O	49	NC	空脚	空
25	A1	地址线	O	50	NC	空脚	空

续表 1-7

序 号	代 号	含 义	I/O	序 号	代 号	含 义	I/O
51	GND	地		66	D4	数据线	I/O
52	GND	地		67	D3	数据线	I/O
53	D15	数据线	I/O	68	D2	数据线	I/O
54	D14	数据线	I/O	69	D1	数据线	I/O
55	D13	数据线	I/O	70	D0	数据线	I/O
56	D12	数据线	I/O	71	GND	地	
57	D11	数据线	I/O	72	GND	地	
58	D10	数据线	I/O	73	RD	读信号	O
59	D9	数据线	I/O	74	NWE	写信号	O
60	D8	数据线	I/O	75	NOE	使能信号	O
61	GND	地		76	NWIT	等待信号	I
62	GND	地		77	NC	空脚	空
63	D7	数据线	I/O	78	NGCS4	片选信号 4	O
64	D6	数据线	I/O	79	GND	地	
65	D5	数据线	I/O	80	GND	地	

J9 用来扩展外设信号，如表 1-8 所列。

表 1-8 J9 接口

序 号	代 号	含 义	I/O	备 注
1	NC	空脚	空	—
2	NC	空脚	空	—
3	GND	地	—	—
4	GND	地	—	—
5	+5 V	+5 V 电源	—	—
6	+5 V	+5 V 电源	—	—
7	GND	地	—	—
8	GND	地	—	—
9	+5 V	+5 V 电源	—	—
10	+5 V	+5 V 电源	—	—

续表 1－8

序号	代号	含义	I/O	备注
11	NC	空脚	空	—
12	NC	空脚	空	—
13	NC	空脚	空	—
14	NC	空脚	空	—
15	NC	空脚	空	—
16	NC	空脚	空	—
17	NC	空脚	空	—
18	NC	空脚	空	—
19	＋3.3 V	＋3.3 V 电源	—	—
20	＋3.3 V	＋3.3 V 电源	—	—
21	SIOCLK	SIO 输出位时钟	O	实际使用的是 GPIO 口
22	空	空	空	—
23	SIORDY	SIO 就绪	I	实际使用的是 GPIO 口
24	SIOTXD	SIO 发送数据	O	实际使用的是 GPIO 口
25	GND	地	—	—
26	GND	地	—	—
27	NC	空脚	空	—
28	NC	空脚	空	—
29	NC	空脚	空	—
30	SIORXD	SIO 接收数据	I	实际使用的是 GPIO 口
31	GND	地	—	—
32	GND	地	—	—
33	NC	空脚	空	—
34	NC	空脚	空	—
35	IISLRCLK	IIS 左右声道时钟	O	—
36	IISDO	IIS 数据输出	O	—
37	GND	地	—	—
38	GND	地	—	—
39	IISCLK	IIS 输出时钟	O	—

续表 1-8

序号	代号	含义	I/O	备注
40	NC	空脚	空	—
41	NC	空脚	空	—
42	IISDI	IIS 数据输入	I	—
43	GND	地	—	—
44	GND	地	—	—
45	TOUT0	定时器输出 0	O	—
46	NC	空脚	空	—
47	NC	空脚	空	—
48	EINT3	中断 3	I	外部输入的中断信号,连接到 CPU 的中断
49	NC	空脚	空	—
50	NC	空脚	空	—
51	GND	地	—	—
52	GND	地	—	—
53	EINT2	中断 2	I	外部输入的中断信号,连接到 CPU 的中断
54	NC	空脚	空	—
55	NC	空脚	空	—
56	NGCS2	片选信号 2	O	—
57	NC	空脚	空	—
58	NC	空脚	空	—
59	RESET	复位信号	O	—
60	NC	空脚	空	—
61	GND	地	—	—
62	GND	地	—	—
63	NC	空脚	空	—
64	NC	空脚	空	—
65	NC	空脚	空	—
66	NC	空脚	空	—

续表 1-8

序 号	代 号	含 义	I/O	备 注
67	EINT4	中断 4	I	外部输入的中断信号,连接到 CPU 的中断
68	EINT5	中断 5	I	外部输入的中断信号,连接到 CPU 的中断
69	NGCS5	片选信号 5	O	—
70	NGCS4	片选信号 4	O	—
71	NC	空脚	空	—
72	NC	空脚	空	—
73	NC	空脚	空	—
74	NC	空脚	空	—
75	CPUDET	子板检测信号	I	子板输入给 CPU 板的信号,低电平有效,该信号用来检测是否有子板插在 CPU 板上
76	GND	地	—	—
77	GND	地	—	—
78	NC	空脚	空	—
79	GND	地	—	—
80	GND	地	—	—

J4 用来扩展 J7 和 J9 没有扩展的 CPU 信号(如 A/D 输入、液晶、串口等)和扩展子板间的通信信号,如表 1-9 所列。

表 1-9 J4 接口

序 号	代 号	含 义	I/O	序 号	代 号	含 义	I/O
1	+5V	+5V 电源	—	8	AIN5	模拟输入 5	I
2	+5V	+5V 电源	—	9	AREFB	模拟输入负参考电压	I
3	AIN0	模拟输入 0	I	10	AREFT	模拟输入正参考电压	I
4	AIN1	模拟输入 1	I	11	AVCOM	模拟输入参考电压公共端	I
5	AIN2	模拟输入 2	I	12	TOUT2	定时器输出 2	O
6	AIN3	模拟输入 3	I	13	TOUT3	定时器输出 3	O
7	AIN4	模拟输入 4	I	14	TOUT4	定时器输出 4	O

续表 1-9

序号	代号	含义	I/O	序号	代号	含义	I/O
15	ExINT4	外部中断 4	I	48	NC	空脚	空
16	ExINT5	外部中断 5	I	49	NC	空脚	空
17	ExINT6	外部中断 6	I	50	NC	空脚	空
18	ExINT7	外部中断 7	I	51	NC	空脚	空
19	nGCS4	片选	O	52	NC	空脚	空
20	nGCS5	片选	O	53	NC	空脚	空
21	NGCS2	片选	O	54	NC	空脚	空
22	NC	空脚	空	55	NC	空脚	空
23	nWBE0	写字节使能 0	O	56	NC	空脚	空
24	nWBE1	写字节使能 1	O	57	NC	空脚	空
25	GPB4	GPIO 的 B 口第 4 位	I/O	58	NC	空脚	空
26	GPB5	GPIO 的 B 口第 5 位	I/O	59	NC	空脚	空
27	GPA8	GPIO 的 A 口第 8 位	I/O	60	NC	空脚	空
28	GPA9	GPIO 的 A 口第 9 位	I/O	61	NC	空脚	空
29	GPC8	GPIO 的 C 口第 8 位	I/O	62	NC	空脚	空
30	GPC9	GPIO 的 C 口第 9 位	I/O	63	NC	空脚	空
31	IICSCL	I^2C 总线时钟	O	64	NC	空脚	空
32	IICSDA	I^2C 总线数据	I/O	65	NC	空脚	空
33	RXD1	串口 1 接收数据	I	66	NC	空脚	空
34	TXD1	串口 1 发送数据	O	67	VM	液晶电压控制信号	I
35	NCTS1	串口清除接收信号	O	68	VFRAME	液晶帧时钟	O
36	NRTS1	串口请求发送信号	O	69	VLINE	液晶线时钟	O
37	NCAS0	CPU 信号	I/O	70	VCLK	液晶位时钟	O
38	NCAS1	CPU 信号	I/O	71	VD0	液晶数据 0	O
39	NXDACK0	DMA 响应	I	72	VD1	液晶数据 1	O
40	NXDREQ0	DMA 请求	O	73	VD2	液晶数据 2	O
41	AIN6	CPU 信号	I/O	74	VD3	液晶数据 3	O
42	AIN7	CPU 信号	I/O	75	VD4	液晶数据 4	O
43	ADDR22	CPU 信号	I/O	76	VD5	液晶数据 5	O
44	EXTCLK	CPU 信号	I/O	77	VD6	液晶数据 6	O
45	TOUT1	CPU 信号	I/O	78	VD7	液晶数据 7	O
46	GPE8	CPU 信号	I/O	79	GND	地	—
47	NC	空脚	空	80	GND	地	—

1.3 实验箱底板的资源介绍

1. 概 述

实验箱底板上的资源非常丰富，具体的实验单元有：LCD 模块、触摸屏模块、语音单元模块、串口 1 模块、USB 设备模块、电源模块、模拟输入/输出模块、键盘数码管模块、SD(MMC) 卡模块、A/D 转换模块、信号源发生器模块，以及 PS2 鼠标键盘接口、IDE 硬盘接口、Tech_V 总线接口、E_LAB 总线接口等。实验箱底板上的具体资源如表 1－10 所列。

表 1－10 实验箱底板上的具体资源

单元名称	关键控制芯片	功 能	备 注
LCD 模块	S3C44B0X 内置 LCD 控制器	液晶显示	320×240，14.478 cm，256 色
触摸屏模块	ADS7843	完成触摸响应	12 位转换
语音模块	UDA1341TS	完成语音模拟信号的采集	采样率最高可达 48 kHz
串口 1 模块	MAX202CPE	完成与 PC 机串行数据的转换	最高串行通信率为 115 200 bps
USB 设备模块	PDIUSBD12	完成 PC 机与实验箱的 USB 通信控制	USB1.1
键盘数码管模块	HD7279A	中断请求，数码管显示	4×4 键，8 位数码管
模拟输入/输出模块	74LS273/244	完成数据锁存，数据发送	8 位数据
SD(MMC)卡模块	W86L388D	SD(MMC)卡命令的发送，以及数据的读取	最高时钟 25 MHz
A/D 转换模块	S3C44B0X 内置 A/D 转换器	采集模拟信号	10 位 8 路
E_LAB 总线接口	—	—	留有扩展接口，有扩展板
信号源模块	—	自动产生信号源	—
电源模块	—	—	+5 V，+12 V，−12 V
PS2 鼠标键盘接口	—	—	硬件扩展口(有扩展板)
IDE 硬盘接口	—	—	留有扩展接口
Tech_V 总线接口	—	—	留有扩展接口，有扩展板

2. 实验箱底板资源的具体介绍

1) 模拟输入/输出接口单元

8 位的数字量输入(由 8 个带自锁的开关产生),通过 74LS244 缓冲;8 位的数字量输出(通过 8 个 LED 灯显示),通过 74LS273 锁存。数字量的输入/输出都将映射到 CPU 的 I/O 空间。数字值通过 8 个 LED 灯和 LCD 屏进行显示,按下一个键,表示输入 1 个十进制的"0"值,8 个键都不按下,则数字量的十进制数值为 255,8 个键都按下,则数字量的十进制数值为 0,通过 LED 灯和 LCD 的显示可以清楚地看到实验结果。

2) 键盘数码管模块

键盘接口由芯片 HD7279A 控制。HD7279A 是一片具有串行接口,可同时驱动 8 位共阴式数码管(64 只独立 LED)的智能显示驱动芯片。该芯片可同时连接多达 64 键的键盘矩阵,单片即可完成 LED 显示和键盘接口的全部功能。HD7279A 内部含有译码器,可直接接收 BCD 码或十六进制码,并同时具有 2 种译码方式。此外,该芯片还具有多种控制指令,如消隐、闪烁、左移、右移、段寻址等。HD7279A 具有片选信号,可方便地实现多于 8 位的显示或多于 64 键的键盘接口。在该实验系统中,仅提供了 16 个键。

3) USB 设备模块

USB 设备模块采用飞利浦公司的 USB 设备控制芯片 PDIUSBD12。该芯片遵从 USB1.1 规范,最高通信率为 12 Mbps。该单元位于实验箱的左下角,D3 为通信状态指示灯,使用外部中断 4 来响应中断请求。

4) 串口 1 模块

串口 1 模块采用美信公司的 MAX202CPE 芯片,通过它可以把 PC 的电信号转换成实验箱可以使用的信号,它的最高串行通信波特率为 115 200 bps。

5) 音频模块

语音模拟信号的编解码采用 UDA1341TS 芯片。该芯片有 2 个串行同步变换通道,以及 D/A 转换前的差补滤波器和 A/D 变换后的滤波器。其他部分提供片上时序和控制功能。该芯片的各种应用配置可以通过芯片的 3 根线,由串行通信编程来实现,主要配置包括:复位、节电模式、通信协议、串行时钟速率、信号采样速率、增益控制和测试模式,以及音质特性。最大采样速率为 48 kb/s。

语音处理单元由 UDA1341TS 模块和输出功率模块组成。语音的模拟信号经过偏置和滤波处理后,输入到语音的编解码芯 UDA1341TS 中,处理后以 IIS 的语音格式送入 S3C44B0X 中。S3C44B0X 可以处理也可以不处理该信号,并把它保存起来;也可用 DMA 控制该信号而不经过 CPU 处理,直接实时的采集,然后实时地播放出去。

音频信号通过 D/A 转换后输出,经过一次功率放大,然后可以推动功率为 0.4 W 的板载扬声器,也可以接耳机输出。

语音处理单元原理框图如图 1-3 所示。

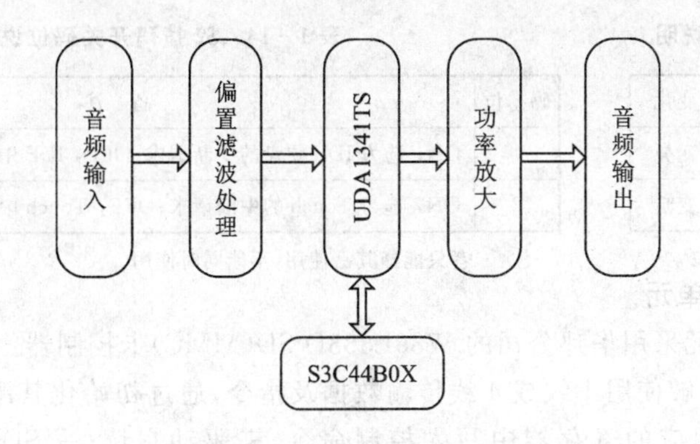

图 1-3　语音处理单元原理框图

语音处理单元接口说明：

LINE_IN——音频输入端子，可输入 CD、声卡、MP3 等语音信号。

MIC——音频输入端子，可输入麦克风等语音信号。

SPEAKER——音频输出端子，可接耳机和音箱。

语音处理单元旋钮说明如表 1-11 和表 1-12 所列。

表 1-11　SPEAKER_R 使用说明

旋转方向	音量变化
逆时针旋转	音量变大
顺时针旋转	音量变小

表 1-12　SPEAKER_L 使用说明

旋转方向	音量变化
逆时针旋转	音量变大
顺时针旋转	音量变小

6) LCD 模块

本实验系统仅选用了 LCD 液晶显示屏：LCD 控制器使用的是 S3C44B0X 内部集成的控制器；LCD 屏选用的是 14.478 cm，320×240 像素，256 色的彩屏。该 LCD 模块的电源操作范围宽(2.7～5.5 V)，低功耗设计可满足产品的省电要求。可调变位器 VR2 用于调节 LCD 屏色彩的对比度，产品出厂时，已设定成在室温下较好的对比度。当因温度低或高等因素显示不正常时，可适当调节 VR2 到合适的色彩(一般请不要调整)。VR2 的旋钮说明如表 1-13 所列。

LCD_ON/OFF 按键，控制着 LCD 屏的电源，是电源的开关。

7) 触摸屏模块

触摸屏模块采用 BB 公司的 ADS7843 芯片，通过它可以把采集到的电压信号经其内部的 12 位 A/D 转换成数字量给 S3C44B0X 处理。在使用触摸屏模块时，要使拨码开关 S2 的 2 处在 ON 状态。S2 拨码开关的码位说明如表 1-14 所列。

表 1－13　VR2 使用说明

旋转方向	LCD 屏变化
逆时针旋转	LCD 屏变亮
顺时针旋转	LCD 屏变暗

表 1－14　S2 拨码开关码位说明

码　位	备　注
1	ON，选为 IDE 硬盘的中断请求；OFF，IDE 中断输入悬空，缺省设置
2	ON，选为 Touch 的中断请求；OFF，Touch 中断输入悬空，缺省设置

注：二者只能择其一使用，不能同时使用。

8）SD(MMC)卡单元

SD(MMC)卡单元采用华邦公司的 W86L388D SD(MMC)卡控制器。该控制器的最高时钟频率为 25 MHz，能够使用 1 线或 4 线传输数据及指令，通过初始化其配置能够使用 MMC 卡。CPU 通过向其相应的寄存器中写入控制命令，来驱动它读/写 SD(MMC)卡。从 SD(MMC)卡中读取的数据通过与 CPU 相连的 16 位数据总线，发送给 CPU 处理。SD(MMC)卡与 CPU 是通过中断方式进行应答的，W86L388D 的中断控制器显示 SD(MMC)卡的各种中断请求，CPU 只须读取其状态，就能判断对 SD(MMC)卡进行如何处理，其原理如图 1－4所示。

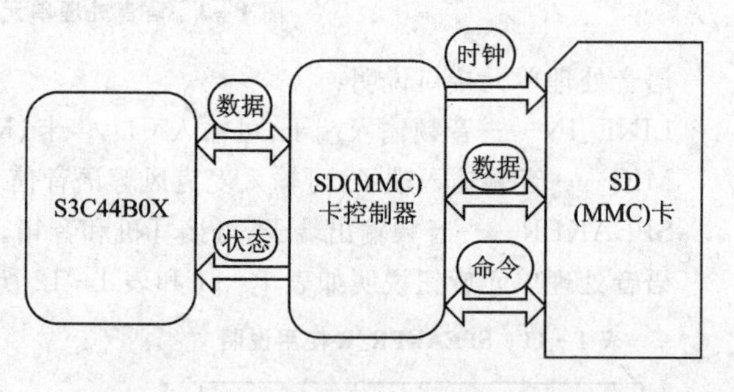

图 1－4　SD(MMC)卡单元原理图

9）A/D 转换单元

A/D 转换单元采用 S3C44B0X 内置的 A/D 转换器，它包含 1 个 8 路模拟输入混合器，可进行 12 位模数转换。该内置 A/D 转换器的最大转换速率为 100 ksps、输入电压范围为 0～2.5 V，输入带宽为 0～100 Hz(无采样和保持电路)，且拥有低的电源消耗。在本实验系统中，模拟输入信号经过降压、偏置处理后输入 A/D 转换器，然后将转换后的数字量给 S3C44B0X 处理具体过程如图 1－5 所示。

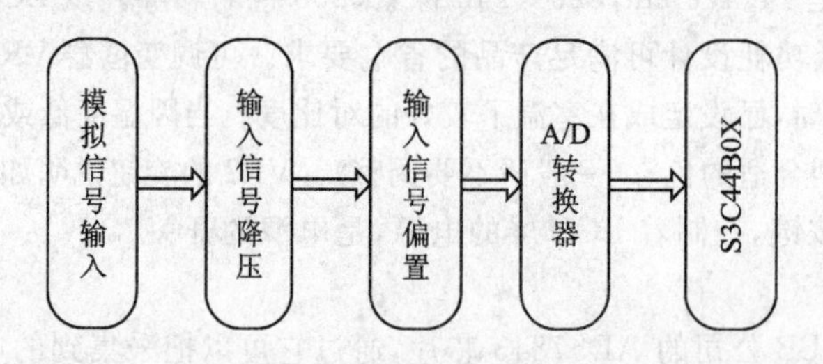

图 1－5　模数单元转换原理框图

各路信号都来源于信号源单元输出的方波。

模数转换单元的拨码开关说明如表 1－15 所列。

表 1-15 拨码开关使用说明

码 位	备 注
1	ON，采集的模拟信号从 A/D 转换器的第 1 路输入；OFF，A/D 的第 1 路输入悬空，缺省设置
2	ON，采集的模拟信号从 A/D 转换器的第 2 路输入；OFF，A/D 的第 2 路输入悬空，缺省设置
3	ON，采集的模拟信号从 A/D 转换器的第 3 路输入；OFF，A/D 的第 3 路输入悬空，缺省设置
4	ON，采集的模拟信号从 A/D 转换器的第 4 路输入；OFF，A/D 的第 4 路输入悬空，缺省设置
5	ON，采集的模拟信号从 A/D 转换器的第 5 路输入；OFF，A/D 的第 5 路输入悬空，缺省设置
6	ON，采集的模拟信号从 A/D 转换器的第 6 路输入；OFF，A/D 的第 6 路输入悬空，缺省设置
7	ON，采集的模拟信号从 A/D 转换器的第 7 路输入；OFF，A/D 的第 7 路输入悬空，缺省设置
8	ON，采集的模拟信号从 A/D 转换器的第 8 路输入；OFF，A/D 的第 8 路输入悬空，缺省设置

插孔 DGND 为数字地；插孔 ADIN 为模拟电压信号的输入，输入电压的范围为 0～2.5 V；插孔SINE 为正弦波输出，当系统上电后，输出正弦波；插孔 SQUARE 为方波输出，当系统上电后，输出方波。当进行 A/D 采样实验时，使用连接线把 SQUARE 插孔和 ADIN 插孔连接起来，或者把 SINE 插孔和 ADIN 插孔连接起来。

10）信号源单元

信号源单元使用 TI 公司的 TLC2272，它是双通道运算放大器，可以产生方波。

11）PS2 单元

PS2 单元中：S5 为复位键，U5_1 接口为键盘接口，U4_2 为鼠标接口，D1 为数据传输指示灯。控制芯片使用的是 AT2051。

12）CPLD 单元

由于实验箱上的资源众多，几乎每一个设备资源都要使用片选信号或中断信号或一些串口信号，以及一些寄存器的地址等。这样一来，S3C44B0X 的 I/O 资源将无法满足需求，因此该实验箱通过加入了一片 CPLD 芯片，来完成各资源所需的地址译码、片选信号，以及一些高低电平的模拟。

CPLD 单元使用 S3C44B0X 的片选信号是 NGCS4，地址是 0x08000000～0x0A000000。由于底板上大多的资源都通过 CPLD 的地址译码产生片选电平，并且模拟高低电平的产生，所以，应给 CPLD 的地址里写入相应的数据以产生相应的信号。表 1-16 列出了底板中所需信号的地址。

表 1-16 底板中所需信号的地址

标 号	功 能	地 址	实现方法
CS_PS_clr	PS2 键盘鼠标的片选	0x08200000	在地址里写 0x01
CS_PS_set	PS2 键盘鼠标的禁止	0x08200000	在地址里写 0x02
clrcs1	4×4 键盘的片选	0x08200004	在地址里写 0x01
setcs1	4×4 键盘的禁止	0x08200004	在地址里写 0x02
s_clr	HD7279 向 CPLD 发数据	0x08800000	在地址里写 0x01
s_set	CPLD 向 HD7279 发数据	0x08800000	在地址里写 0x02
CS_273	数据线数据锁存	0x08400000	在地址里写入 8 位数据
CS_244	从数据线读取数据	0x08200008	从地址里读取 8 位数据
Clrcs	触摸屏片选	0x08400004	在地址里写 0x01
Setcs	触摸屏禁止	0x08400004	在地址里写 0x02
clrL3M	IIS 模式低电平	0x08600004	在地址里写 0x01
clrL3C	IIS 时钟低电平	0x08600000	在地址里写 0x01
setL3M	IIS 模式时钟高电平	0x08600004	在地址里写 0x02
setL3C	IIS 时钟高电平	0x08600000	在地址里写 0x02
SETDATA	设定数据发送地址	0x08400008	写入相应的数据(USB)
SETADDR	设定命令发送地址	0x08400009	写入相应的命令(USB)
rCMD_PIPE_REG	命令寄存器	0x08800000	写入相应的数据(SD)
rSTA_REG	状态寄存器	0x08800002	读出相应的状态(SD)
rCON_REG	控制寄存器	0x08800002	写入相应的命令(SD)
rRCE_DAT_BUF	接收数据缓冲器	0x08800004	读出接收到的数据(SD)
rTRA_DAT_BUF	发送数据缓冲器	0x08800004	写入要发送的数据(SD)
rINT_STA_REG	中断状态寄存器	0x08800006	读出中断的状态(SD)
rINT_ENA_REG	中断使能寄存器	0x08800006	写入相应的使能中断(SD)
rGPIO_DAT_REG	GPIO 数据寄存器	0x08800008	写入相应的 GPIO 数据(SD)
rGPIO_CON_REG	GPIO 控制寄存器	0x08800008	写入相应的 GPIO 命令(SD)
rGPIO_INT_STA_REG	GPIO 中断状态寄存器	0x0880000A	读出 GPIO 中断的状态(SD)
rGPIO_INT_ENA_REG	GPIO 中断使能寄存器	0x0880000A	写入 GPIO 中断的命令(SD)
rIND_ADD_REG	补充命令寄存器	0x0880000C	写入补充命令的地址
rIND_DAT_REG	补充数据寄存器	0x0880000E	写入补充命令

注：具体的应用，请详见源码程序。

利用以下宏定义来代替置高、置低。给相应的地址里写 1，表示该 CPLD 的相应引脚输出低电平；给相应的地址里写 2，表示该 CPLD 的相应引脚输出高电平。有的地址需要写入 8 位数据。

```
#define clrcs1          (*(volatile unsigned *)0x08200004) = 0x01;
#define setcs1          (*(volatile unsigned *)0x08200004) = 0x02;
```

13）其他接口说明

① 电源单元：为系统提供＋5 V、＋12 V、－12 V、＋3.3 V 电源，其使用说明如表 1－17 所列。

② SW2：拨码开关，扩展中断选择，其使用说明如表 1－18 所列。

表 1－17　电源单元使用说明

标　号	名　称	功　能
LED15	LED 灯	＋3.3 V 电源指示
LED16	LED 灯	＋5 V 电源指示
LED17	LED 灯	＋12 V 电源指示
LED18	LED 灯	－12 V 电源指示

表 1－18　拨码开关 SW2 使用说明

码　位	功　能
1——ON	EXT 中断 2 引出
2——ON	未定义
3——ON	EXT 中断 3 引出
4——ON	EXT 中断 3 用于 PS2 键盘鼠标的中断请求

③ 两列插孔：在底板上，留出了两列插孔，供外部扩展所用，其使用说明如表 1－19 所列。

表 1－19　两列插孔的使用说明

标　号	功　能
IICSCL	S3C44B0X 的 I^2C 控制时钟引出
IICSDA	S3C44B0X 的 I^2C 数据线引出
CS1	CPLD 的第 100 引脚的引出
CS2	CPLD 的第 77 引脚的引出
EXINT2	S3C44B0X 的外部中断请求 2 引脚引出
EXINT3	S3C44B0X 的外部中断请求 3 引脚引出
IO－1	CPLD 的第 52 引脚的引出
IO－2	CPLD 的第 97 引脚的引出
IOC－3	S3C44B0X 的 TOUT1 引脚引出，J4 的 13
IOC－4	S3C44B0X 的 TOUT3 引脚引出，J4 的 45
AIN3	采集的模拟信号从第 3 路输出
AIN2	采集的模拟信号从第 2 路输出

④ 信号扩展单元：扩展了 PS2 键盘鼠标接口和 IDE 硬盘接口。

⑤ SW4：拨码开发，进行 ARM 系列 CPU 板卡的选择，如表 1－20 所列。

14）底板资源中断说明

在此对底板上设备所使用的中断作一总结，如表 1－21 所列。

表 1－20　拨码开关 SW4 使用说明

功　能	1	2
ARM7	Off	Off
ARM9	On	Off
ARM10	Off	On
ARM11	On	On

表 1－21　底板上设备所使用的中断

设　备	使用的中断
网卡	外部中断 EXINT1
PS2	外部中断 EXINT3
USB 设备	外部中断 EXINT4
4×4 键盘	外部中断 EXINT5
SD(MMC)卡	外部中断 EXINT6
触摸屏	外部中断 EXINT7
IDE 硬盘	外部中断 EXINT7

1.4　Tech_V 总线的介绍

在实验箱的左中部，有 J3 和 J5 两条扩展接口，称为 Tech_V 总线接口。在深入掌握 ARM 系统后，可以通过 Tech_V 总线进一步开发属于自己的具体的开发板。

Tech_V 总线的接口定义说明如表 1－22 和表 1－23 所列。其中，J3 用来扩展地址和数据总线，以及读/写和片选信号，J5 用来扩展外设信号。

表 1－22　J3 接口

序　号	代　号	含　义	I/O	备　注
1	＋5 V	＋5 V 电源	—	—
2	＋5 V	＋5 V 电源	—	—
3	ADDR19	地址线	O	与 CPU 板的 ADDR19 相连
4	ADDR18	地址线	O	与 CPU 板的 ADDR18 相连
5	ADDR17	地址线	O	与 CPU 板的 ADDR17 相连
6	ADDR16	地址线	O	与 CPU 板的 ADDR16 相连
7	ADDR15	地址线	O	与 CPU 板的 A15 相连
8	ADDR14	地址线	O	与 CPU 板的 A14 相连

续表 1－22

序号	代号	含义	I/O	备注
9	ADDR13	地址线	O	与 CPU 板的 A13 相连
10	ADDR12	地址线	O	与 CPU 板的 A12 相连
11	GND	地	—	—
12	GND	地	—	—
13	ADDR11	地址线	O	与 CPU 板的 A11 相连
14	ADDR10	地址线	O	与 CPU 板的 A10 相连
15	ADDR9	地址线	O	与 CPU 板的 A9 相连
16	ADDR8	地址线	O	与 CPU 板的 A8 相连
17	ADDR7	地址线	O	与 CPU 板的 A7 相连
18	ADDR6	地址线	O	与 CPU 板的 A6 相连
19	ADDR5	地址线	O	与 CPU 板的 A5 相连
20	ADDR4	地址线	O	与 CPU 板的 A4 相连
21	＋5 V	＋5 V 电源	—	—
22	＋5 V	＋5 V 电源	—	—
23	ADDR3	地址线	O	与 CPU 板的 A3 相连
24	ADDR2	地址线	O	与 CPU 板的 A2 相连
25	ADDR1	地址线	O	与 CPU 板的 A1 相连
26	ADDR0	地址线	O	与 CPU 板的 A0 相连
27	ADDR21	地址线	O	—
28	ADDR20	地址线	O	—
29	GND	地	—	—
30	GND	地	—	—
31	GND	地	—	—
32	GND	地	—	—
33	NC	空脚	空	—
34	NC	空脚	空	—
35	NC	空脚	空	—
36	NC	空脚	空	—
37	NC	空脚	空	—

续表 1－22

序 号	代 号	含 义	I/O	备 注
38	NC	空脚	空	—
39	NC	空脚	空	—
40	NC	空脚	空	—
41	＋3.3 V	＋3.3 V电源	—	—
42	＋3.3 V	＋3.3 V电源	—	—
43	NC	空脚	空	—
44	NC	空脚	空	—
45	NC	空脚	空	—
46	NC	空脚	空	—
47	NC	空脚	空	—
48	NC	空脚	空	—
49	NC	空脚	空	—
50	NC	空脚	空	—
51	GND	地	—	—
52	GND	地	—	—
53	DATA15	数据线	I/O	与 CPU 板的 D15 相连
54	DATA14	数据线	I/O	与 CPU 板的 D14 相连
55	DATA13	数据线	I/O	与 CPU 板的 D13 相连
56	DATA12	数据线	I/O	与 CPU 板的 D12 相连
57	DATA11	数据线	I/O	与 CPU 板的 D11 相连
58	DATA10	数据线	I/O	与 CPU 板的 D10 相连
59	DATA9	数据线	I/O	与 CPU 板的 D9 相连
60	DATA8	数据线	I/O	与 CPU 板的 D8 相连
61	GND	地	—	—
62	GND	地	—	—
63	DATA7	数据线	I/O	与 CPU 板的 D7 相连
64	DATA6	数据线	I/O	与 CPU 板的 D6 相连
65	DATA5	数据线	I/O	与 CPU 板的 D5 相连
66	DATA4	数据线	I/O	与 CPU 板的 D4 相连

续表 1-22

序号	代号	含义	I/O	备注
67	DATA3	数据线	I/O	与 CPU 板的 D3 相连
68	DATA2	数据线	I/O	与 CPU 板的 D2 相连
69	DATA1	数据线	I/O	与 CPU 板的 D1 相连
70	DATA0	数据线	I/O	与 CPU 板的 D0 相连
71	GND	地	—	—
72	GND	地	—	—
73	RD	读信号	O	—
74	NEW	写信号	O	—
75	NOE	使能信号	O	—
76	NWIT	等待信号	I	—
77	MSTRB	存储器选通单元	O	—
78	NGCS4	片选信号 4	O	—
79	GND	地	—	—
80	GND	地	—	—

表 1-23　J5 接口

序号	代号	含义	I/O	备注
1	+12 V	电源	—	—
2	−12 V	电源	—	—
3	DGND	地	—	—
4	DGND	地	—	—
5	+5 V	+5 V 电源	—	—
6	+5 V	+5 V 电源	—	—
7	GND	地	—	—
8	GND	地	—	—
9	+5 V	+5 V 电源	—	—
10	+5 V	+5 V 电源	—	—
11	NC	空脚	空	—
12	NC	空脚	空	—

续表 1-23

序 号	代 号	含 义	I/O	备 注
13	NC	空脚	空	—
14	NC	空脚	空	—
15	NC	空脚	空	—
16	NC	空脚	空	—
17	NC	空脚	空	—
18	NC	空脚	空	—
19	+3.3 V	+3.3 V 电源	—	—
20	+3.3 V	+3.3 V 电源	—	—
21	SIOCLK	SIO 输出位时钟	O	实际使用的是 GPIO 口
22	空	空	空	—
23	SIORDY	SIO 就绪	I	实际使用的是 GPIO 口
24	SIOTXD	SIO 发送数据	O	实际使用的是 GPIO 口
25	GND	地	—	—
26	GND	地	—	—
27	NC	空脚	空	—
28	NC	空脚	空	—
29	NC	空脚	空	—
30	SIORXD	SIO 接收数据	I	实际使用的是 GPIO 口
31	GND	地	—	—
32	GND	地	—	—
33	NC	空脚	空	—
34	NC	空脚	空	—
35	IISLRCLK	IIS 左右声道时钟	O	—
36	IISDO	IIS 数据输出	O	—
37	GND	地	—	—
38	GND	地	—	—
39	IISCLK	IIS 输出时钟	O	—
40	NC	空脚	空	—
41	NC	空脚	空	—

续表 1-23

序号	代号	含义	I/O	备注
42	IISDI	IIS 数据输入	I	—
43	GND	地	—	—
44	GND	地	—	—
45	TOUT0	定时器输出 0	O	—
46	NC	空脚	空	—
47	NC	空脚	空	—
48	EINT1	中断 1	I	外部输入的中断信号,连接到 CPU 的中断 3
49	XF	GPIO	空	该 CPU 板上为空引脚
50	NC	空脚	空	—
51	GND	地	—	—
52	GND	地	—	—
53	EINT2	中断 2	I	外部输入的中断信号,连接到 CPU 的中断 2
54	NC	空脚	空	—
55	NC	空脚	空	—
56	NGCS2	片选信号 5	O	—
57	NC	空脚	空	—
58	NC	空脚	空	—
59	RESET	复位信号	O	—
60	NC	空脚	空	—
61	GND	地	—	—
62	GND	地	—	—
63	NC	空脚	空	—
64	NC	空脚	空	—
65	NC	空脚	空	—
66	NC	空脚	空	—
67	NC	空脚	空	—
68	NC	空脚	空	—
69	NGCS5	片选信号 5	O	—
70	NGCS4	片选信号 4	O	—
71	NC	空脚	空	—

续表 1 - 23

序　号	代　号	含　义	I/O	备　注
72	NC	空脚	空	—
73	NC	空脚	空	—
74	NC	空脚	空	—
75	CPUDET	子板检测信号	I	子板输入给 CPU 板的信号，低有效。该信号用来检测是否有子板插在 CPU 板上
76	GND	地	—	—
77	GND	地	—	—
78	NC	空脚	空	—
79	GND	地	—	—
80	GND	地	—	—

1.5　E_Lab 总线的介绍

在实验箱的左下部，有 JP3 和 JP4 两条扩展接口，称为 E_Lab 总线接口。在深入掌握 ARM 系统后，可以通过 E_Lab 总线进一步开发属于自己的开发板。

E_Lab 总线的接口定义说明(JP1 和 JP2)如表 1 - 24 和表 1 - 25 所列。JP1 用来扩展地址总线，以及读/写和片选信号；JP2 用来扩展外设信号(数据)接口。值得注意的是，E_Lab 总线接口使用双排插座，每个插座并列的两个引脚的信号定义是相同的。

表 1 - 24　底板 JP1 插座引脚信号

序　号	代　号	含　义	I/O	备　注
1,2	MCCS0	—	O	片选信号
3,4	MCCS1	—	O	片选信号
5,6	MCCS2	—	O	片选信号
7,8	MCCS3	—	O	片选信号
9,10	A4	地址线	O	与 CPU 的 ADDR4 相连接
11,12	A5	地址线	O	与 CPU 的 ADDR5 相连接
13,14	A6	地址线	O	与 CPU 的 ADDR6 相连接
15,16	A7	地址线	O	与 CPU 的 ADDR7 相连接
17,18	A8	地址线	O	与 CPU 的 ADDR8 相连接

续表 1-24

序 号	代 号	含 义	I/O	备 注
19,20	A9	地址线	O	与 CPU 的 ADDR9 相连接
21,22	A10	地址线	O	与 CPU 的 ADDR10 相连接
23,24	A11	地址线	O	与 CPU 的 ADDR11 相连接
25,26	ACS0		O	片选信号
27,28	ACS1		O	片选信号
29,30	ACS2		O	片选信号
31,32	ACS3		O	片选信号

表 1-25 底板 JP2 插座引脚信号

序 号	代 号	含 义	I/O	备 注
1,2,3,4	+5V	电源	—	—
5,6,7,8	GND	地	—	—
9,10	A0	地址线	O	与 CPU 的 ADDR0 相连接
11,12	A1	地址线	O	与 CPU 的 ADDR1 相连接
13,14	A2	地址线	O	与 CPU 的 ADDR2 相连接
15,16	A3	地址线	O	与 CPU 的 ADDR3 相连接
17,18	D0	数据线	I/O	—
19,20	D1	数据线	I/O	—
21,22	D2	数据线	I/O	—
23,24	D3	数据线	I/O	—
25,26	D4	数据线	I/O	—
27,28	D5	数据线	I/O	—
29,30	D6	数据线	I/O	—
31,32	D7	数据线	I/O	—
33,34	ALE	—	O	地址锁定使能
35,36	R/W	—	O	读/写使能
37,38	BRE	—	O	Busy/Ready 信号
39,40	ACS4	—	O	片选信号
41,42, 43,44	+12 V	电源	—	—
45,46, 47,48	-12 V	电源	—	—

综上所述，本章介绍了该系统的硬件资源，看完本章内容，应该对实验系统有了基本了解。在后面的几章中，将会结合随书附带的光盘给出的实验程序，详细介绍每个单元在实验中的具体应用。

第2章

基于 ARM 系统资源的实验

当进行嵌入式系统开发时，选择合适的开发工具可以加快开发进度，并节省开发成本。因此，一套含有编辑软件、编译软件、汇编软件、连接软件、调试软件、工程管理及函数库的集成开发环境(IDE)是必不可少的。

在当今的 ARM 领域中，被多数嵌入式开发人员使用的集成开发环境有 ARM SDT 2.5 和 ARM ADS，其中 ARM ADS 为 ARM 公司推出的 ARM 集成开发工具，最新版本为 ADS 1.2。这两种开发工具都是 ARM 公司为了方便用户开发使用 ARM 内核芯片而推出的，目前已被广泛应用。这两种开发工具各具优点和缺点：SDT 调试不需要仿真器，只需要有一根 JTAG 调试电缆就可以，成本低，但是它在调试的时候占用 CPU 的资源多，调试的稳定性稍差，比较适合学生学习使用；ADS 1.2 在仿真时要外接仿真器，其在调试时不占用 CPU 的资源，稳定性好，但是成本高，适合用于科研教学和嵌入式的产品开发。

在本章中，主要针对 ARM 的实验开发环境，ARM 中汇编和高级语言的使用，以及三星的 S3C44B0X 硬件资源进行一系列的硬件实验。这其中包括：ARM SDT 2.5 开发环境创建与简要介绍，ARM ADS 1.2 开发环境创建及简要介绍，基于 ARM 的汇编语言程序设计，基于 ARM 的 C 语言程序设计，基于 ARM 的硬件 BOOT 程序的基本设计，ARM 的 I/O 接口实验，ARM 的中断实验，ARM 的 DMA 实验、串口通信实验，ARM 的 A/D 接口实验，键盘接口和七段数码管的控制实验，LCD 的显示实验，触摸屏实验，音频录放实验，USB 设备收发数据实验，SD 卡检测实验，以太网传输实验，以及 PS2 接口键盘鼠标实验。

这些实验是脱离操作系统的硬件实验，通过此类实验可以了解和学习 ARM 硬件的架构，以及软件的启动和运行过程，从而真正理解 ARM 芯片的应用。

2.1 SDT 2.5 开发环境创建与简要介绍

【实验目的】

- 熟悉 SDT 2.5 开发环境。
- 正确使用并口仿真电缆进行编译、下载和调试。

【实验设备】

- EL-ARM-830 教学实验箱，PentiumII 以上的 PC 机，并口仿真电缆。
- PC 操作系统 Win98 或 Win2000 或 WinXP，ARM SDT 2.5 集成开发环境，仿真器驱动程序。

【实验内容】

- 学习如何配置 SDT 2.5 编辑、编译和连接器开发环境。
- 学习如何配置 SDT 2.5 调试器开发环境。
- 学习如何使用 SDT 2.5 开发环境进行代码的编写、编译、调试和下载。

【实验步骤】

1. SDT 2.5 编辑、编译和连接器开发环境的配置

① 新建一个工程文件。运行 ARM SDT 2.5(ARM Project Manager)。选择 File|New 菜单，并在对话框中选择 Project 选项。单击“确定”后，弹出 New Project 对话框，如图 2-1所示。在该对话框中，新建一个工程文件(project2.apj)。

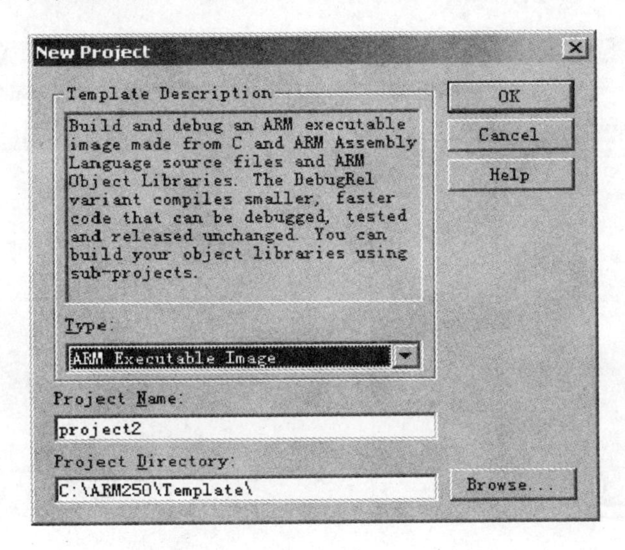

图 2-1 New Project 对话框

② 对整个工程的汇编进行设置。如图 2-2 所示，选中工程树的根目录，在菜单中选择 Project|Tool Configuration for project2.apj|＜arm＞＝armasm|set。

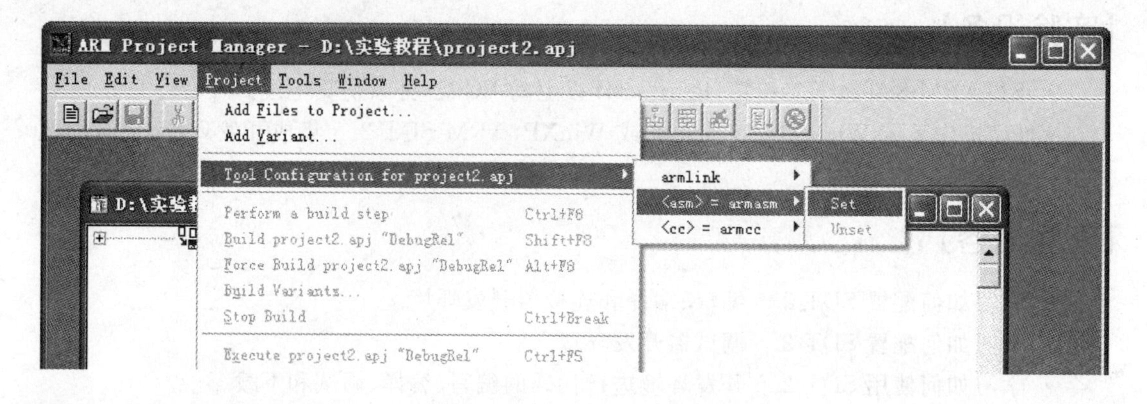

图 2-2　整个工程的汇编设置

③ 在单击 set 后，会出现如图 2-3 所示的汇编设置对话框。在该对话框中设置 Floating Point Processor 为 fpa，其他设置保持不变。

④ 对整个工程的连接方式进行设置。选中工程的根目录，在菜单中选择 Project | Tool Configuration for project2. apj | armlink | set 。在弹出的对话框中，选中 Entry and Base 标签，如图 2-4 所示。

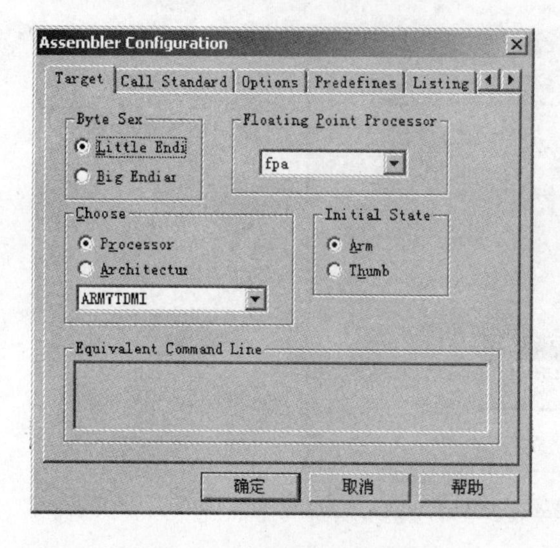

图 2-3　汇编设置对话框

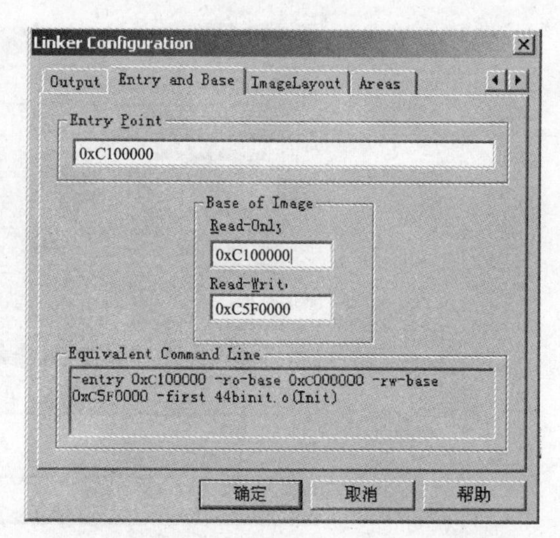

图 2-4　整个工程的连接方式进行设置

下面设置连接的 Read-Only（只读）和 Read-Write（读/写）地址。只读地址存放程序代码段，而读/写区存放程序的数据段。地址 0xC100000 是 CPU 板上 SDRAM 的地址，但它不是起始的 SDRAM 地址，起始为 0xC000000，这是由系统硬件决定的；地址

0xC5F0000 指的是系统可读/写的内存地址。也就是说，在 0xC100000～0xC5EFFFF 之间是只读区域，存放程序的代码段，而从 0xC5F0000 开始是程序的数据区。从 0xC000000～0xC100000 留给 LCD 显示用。图 2－4 中，Entry Point 的地址设置为 0xC100000 表示程序下载到 SDRAM 里程序运行的起始地址。

选择 Linker Configuration 的 LmageLayout 标签，如图 2－5 所示，在 Place at beginning at of image 栏中填写整个项目的入口程序。图 2－5 中指定生成的所有代码中，程序从汇编文件 44binit. o 开始执行，并且是从该文件的 init 段开始运行。

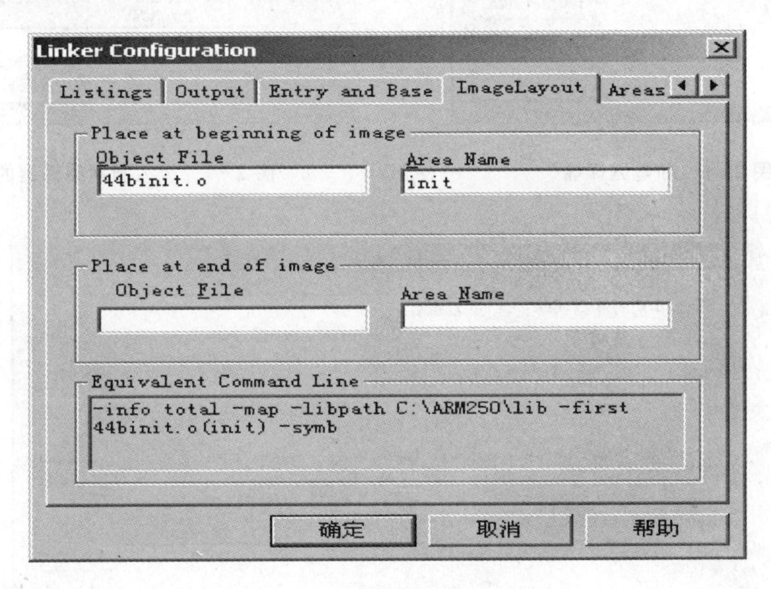

图 2－5 设置整个项目的入口程序

⑤ 为编译器新建一个步骤，该步骤的目的是将一个. axf 文件生成一个能在 Flash 中运行的. bin 文件。选择 Project | Edit Project Templete 菜单，将弹出如图 2－6 所示界面。单击 New 按钮，弹出如图 2－7 所示对话框（我们提供的模板已经加上了这一编译步骤，可以直接套用，但为了方便学习，列出参考添加步骤）。

在图 2－7 所示的对话框中添入步骤名 RomImage，按 OK 按钮后，弹出如图 2－8 所示的对话框。

按照图 2－8 里的内容设置 RomImage。Input Partition 文本框内显示的是 Image 里的. axf文件，前缀名为项目名。Output Partition 文本框内显示的是 Flash 内的. bin 文件，前缀名也为项目名。该 bin 文件是通过命令行 fromelf-nozeropad <$projectname>. axf-bin <$projectname>. bin 来生成的。Image 和 Flash 文件可以在设置完毕的工程窗口中生成。

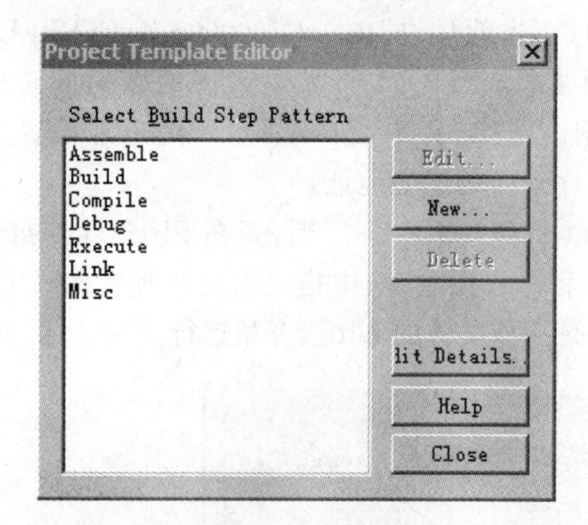

图 2-6　新建编译器

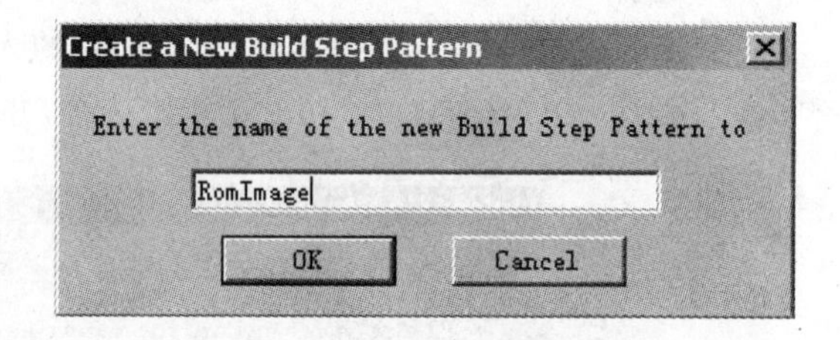

图 2-7　输入新建编译器的名字

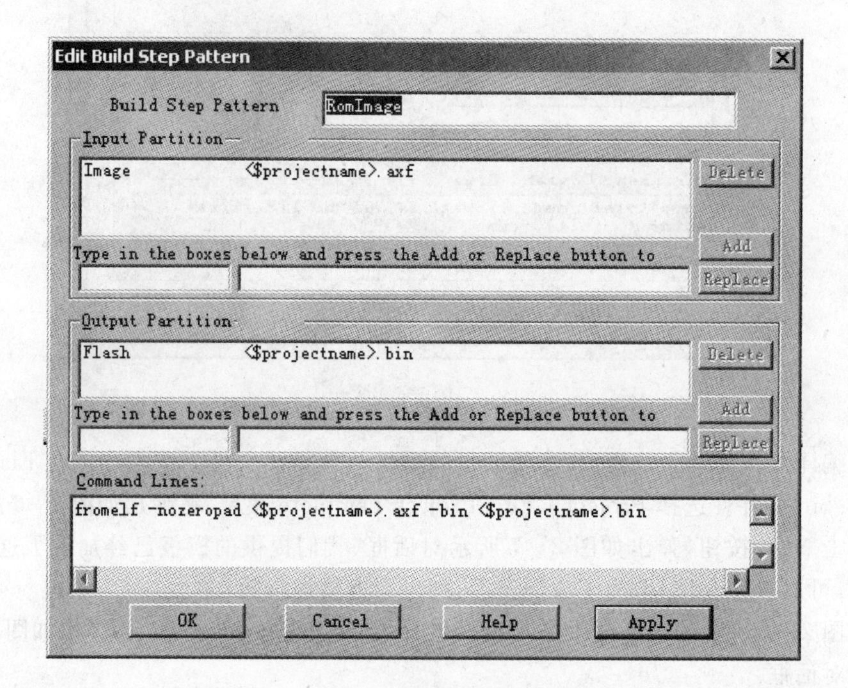

图 2-8　设置 RomImage 的内容

完成该项操作首先要在 Type in the boxes…下面的前一文本框内填 Image，在后面的文本框内填＜$projectname＞. axf，然后，单击右面的 Add 按钮即可。

⑥ 选中工程的根目录后，选择 Project | Edit Variables for projectname. apj 菜单，将弹出 Edit Variables for projectname. apj 对话框。在列表框中选择 build_target，在 Value 栏中填入＜$projectname＞. bin，如图 2-9 所示。单击 Apply 按钮后，再单击 OK 按

钮退出。

⑦ 重新命名模板名称。选中工程的根目录,选择 Project | Edit project Template 菜单,弹出 Project Template Edit or 对话框。单击 Edit Detail 按钮,在弹出的对话框中(图 2-10)可以重新命名模板名称。

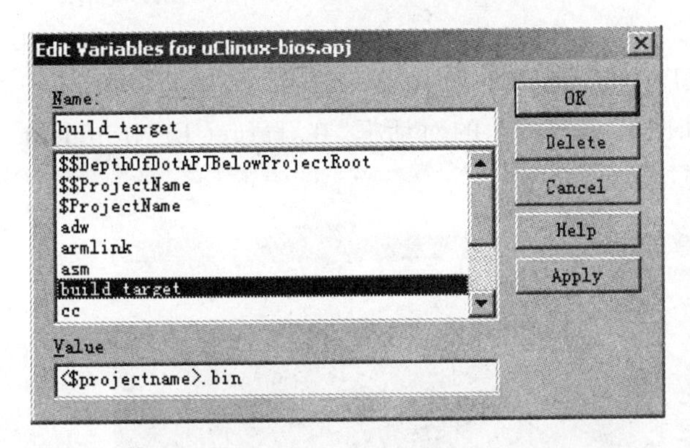

图 2-9　Edit Variables for projectname. apj 对话框

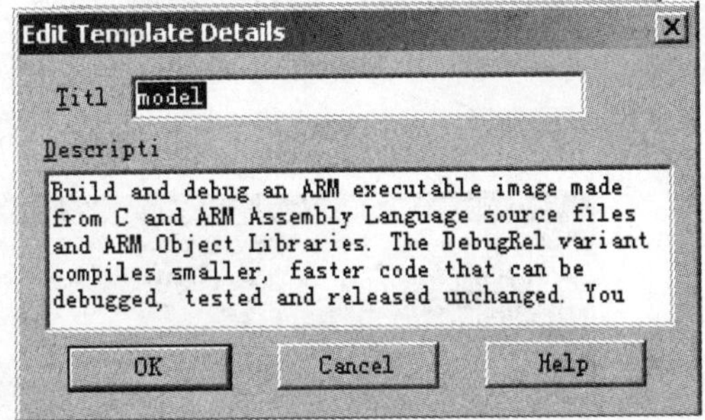

图 2-10　重新命名模板名称

单击 OK,模板建立成功。

⑧ 在随书所配光盘中的调试软件中,有 model. apj 模板。打开该模板后,选中工程树中 Debug 下的 Sources 项(如图 2-11 所示),可通过菜单 Project|Add Files to Sourses 填加 *.s 和 *.c 文件。选中工程树中 Debug 下的 IncludedFiles 项,可通过菜单 Project|Add Files to includes 填加 *.h 文件。同样的方法,还可以填加库文件。

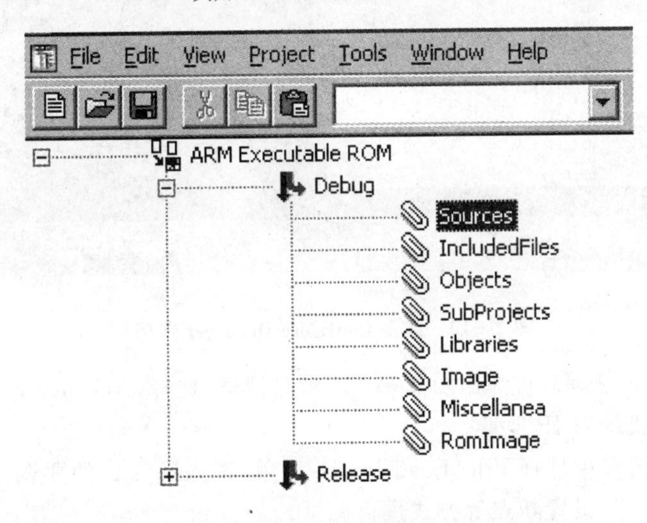

图 2-11　填加文件

使用者可以打开该实验系统提供的源码，或者自编代码。

2. SDT 2.5 调试器开发环境的配置

① 启动 SDT（ARM Debugger for Windows）调试软件。若是 Win98 系统，要先运行 JTAG.exe；若是 Win2000/XP 系统，要先运行 JTAG-NT&2000.exe。然后，运行 SDT 调试软件。

② 首次使用 SDT 调试软件时，要对 SDT 进行配置。如图 2－12 所示，选择 Options| Configure Debugger 菜单，将弹出如图 2－13 所示的对话框，在 Target Environment 下选择 remote_a。

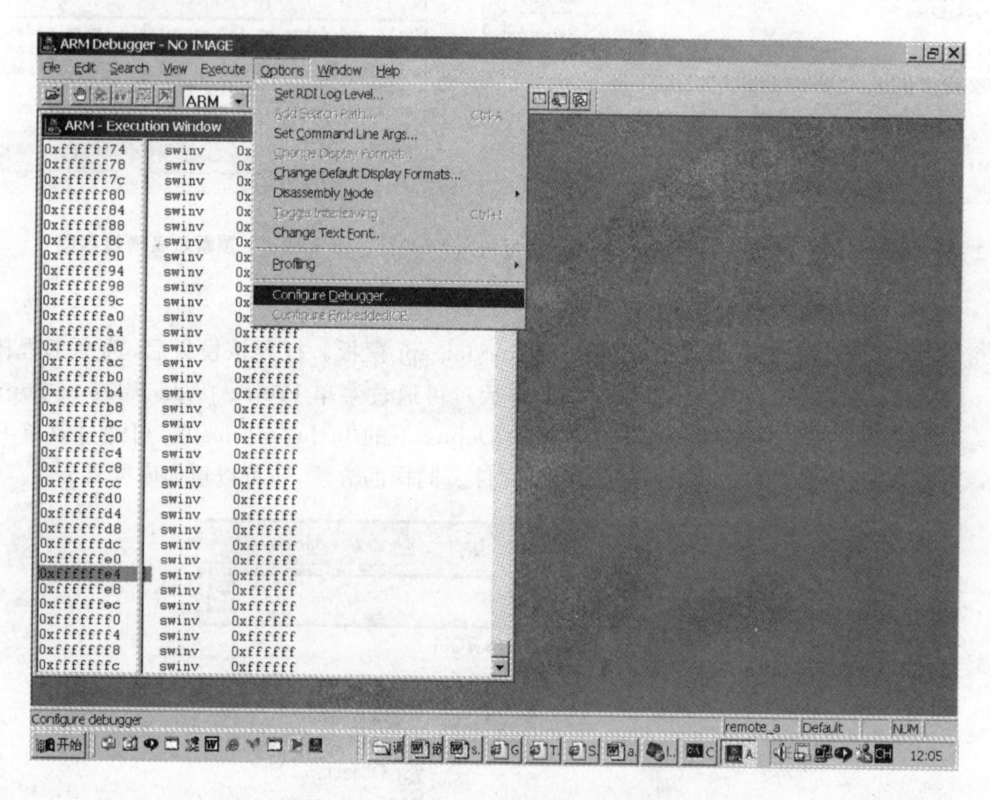

图 2－12 选择 Configure Debugger 选项

单击 Configure 按钮，将弹出图 2－14 所示对话框，选择 Ethernet，输入 IP 地址为 127.0.0.1，即本机缺省 IP 地址。

③ 在该软件主窗口中选择 File| Load Image 菜单，调入编译好的要调试的映像文件。可按照单步、全速、设置断点等方式进行调试。

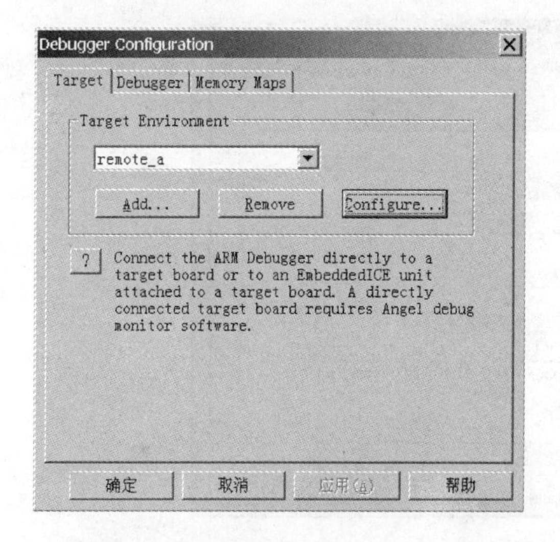

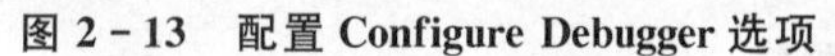
图 2-13　配置 Configure Debugger 选项

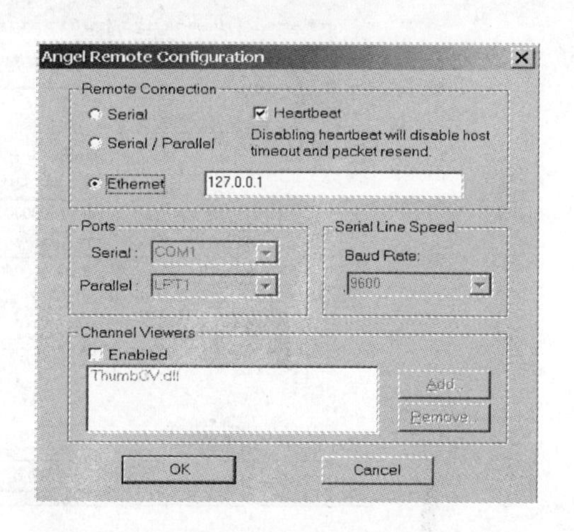

图 2-14　设置 IP 地址

3. SDT 2.5 开发环境的使用

① 要进行仿真调试，需要一个 ARM 的 Boot Loder 程序(已经烧到 Flash 里)。如果该程序已被擦除，需重新烧写，文件名为 S3c44b0.s19。

② 对整个工程的汇编进行设置。运行 ARM SDT 2.5(ARM Project Manager)，选择 File|open 菜单，打开项目文件 SDT.apj(在随书所配光盘中的硬件实验/SDT/实验一目录中)。选中工程树的根目录，在菜单中选择 Project|Tool Configuration for SDT.apj|<arm>=armasm|set，具体的参数配置和前面在 SDT 编辑、编译和连接的配置一样。在弹出的对话框中设置 Floating Point Processor 为 fpa，其他设置保持不变。

③ 对整个工程的连接方式进行设置。选中工程的根目录，在菜单中选择 Project|Tool Configuration for sdt.apj|armlink|set，在弹出的对话框中选中 Entry and Base 标签，设置连接的 Read-Only (只/读)和 Read-Write(读/写)地址。只读地址存放程序代码段，读/写区存放程序的数据段。在 Read -Only 下的文本框中输入 0x0C000000，因为此时程序代码是从 SDRAM 的开始处运行，所以要填写 SDRAM 的地址(0x0C000000 为 SDRAM 的起始地址)。在 Read-write 下的文本框中输入 0xC200000，存放程序的数据段就从此地址开始。也就是说，从 0xC000000～0xC1FFFFF 存放的是程序代码。单击确定，完成设置。如图 2-15 所示，Entry Point 不设置，则使用程序代码的开始地址。当有显示液晶显示时，应设 Read-Only 为 0x0C100000，以把从 0x0C000000～0x0C0FFFFF 的地址留给 LCD 作显示缓冲区使用。

④ 接下来就可以进行编译连接了。在编译连接之前，首先介绍如图 2-16 所示的几个重要按钮。

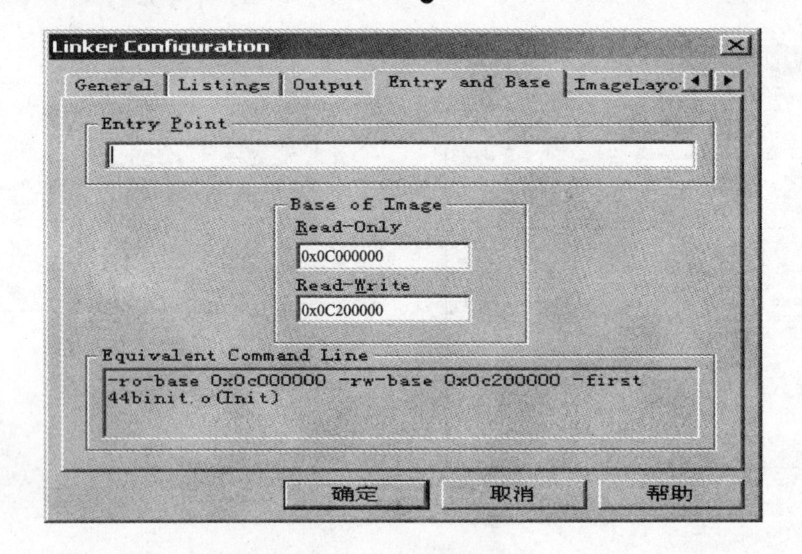

图 2-15　连接器配置

这 3 个按钮和编译、连接相关。左起第一个是单个文件的编译按钮，第二个是单个文件的连接按钮，第三个是整个项目工程的编译连接按钮。通常只要用第三个按钮就可以了。单击第三个按钮，如果提示信息为 0 个错误，则说明项目的编译、连接通过。若编译没有通过，检查 SDT 软件是否安装在 C 盘(应安装在 C 盘)，并且检查是否缺少图 2-5 中的配置。正确配置后，再编译，应能通过编译。

图 2-16　与编译连接相关的按钮

⑤ 编译和连接通过了，接下来要进行调试。

- 连接硬件。给实验箱上的 CPU 板连上电缆(要在断电情况下进行)。把 SDT 调试电缆的 JTAG 头接到 CPU 板上，并口接到 PC 机上。串口线一端接 CPU 板，一端接 PC。连好之后，给系统加电。
- 打开软件。这时，若 PC 系统是 Win98，则先要运行 JTAG.exe；若系统是 Win2000 或 WinXP，则要先运行 JTAG-NT&2000.exe。然后，再打开调试软件 ARM Debugger for windows，进入调试环境。
- 调试前要配置调试环境。单击菜单 Options|configer debugger，将弹出如图 2-13 所示的对话框，选择 Target 标签，在 Target Environment 下选择 Remote_a。然后，单击 Configure 按钮，将弹出如图 2-14 所示的对话框，在 Ethernet 后的文本框中填写 127.0.0.1，这是本机的 IP 地址。最后，单击确定。

配置好调试环境后，加载映像文件。选择 File| Load Image 菜单，选择随书所配光盘中的硬件实验\SDT\实验一\debug 目录下找到映像文件 Eucos.axf，进行加载。打开

超级终端,按图 2－17 所示进行配置。之后单击全速运行,就会在超级终端里看到图 2－18所示的界面。

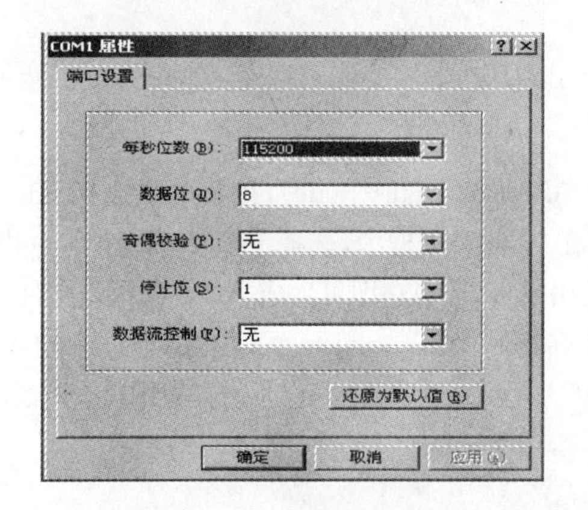

图 2－17　配置串口属性

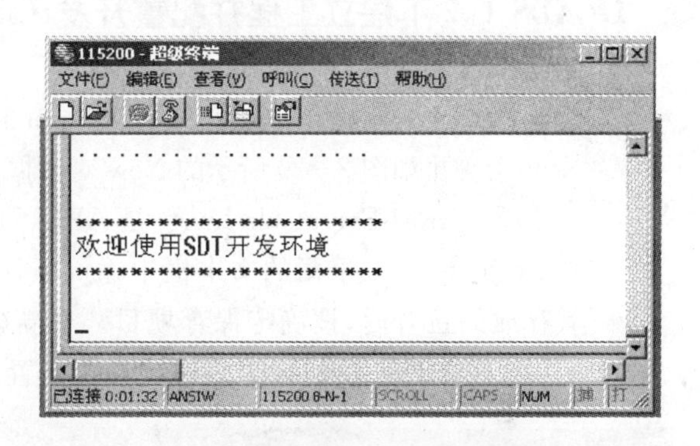

图 2－18　超级终端显示界面

最后,将常用的调试按钮(如图 2－19 所示)介绍一下。

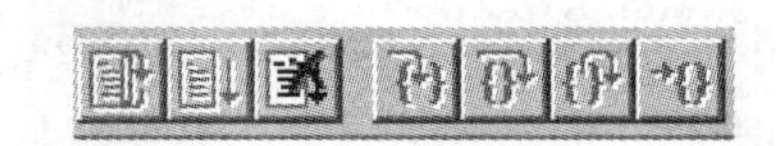

图 2－19　调试按钮

从左边起第 1 个是导入上次导入的文件按钮,第 2 个是全速运行按钮,第 3 个是停止调试按钮,第 4 个是跳入要运行的函数内部按钮,第 5 个是单步运行按钮,第 6 个是从运行的函数中跳出按钮,第 7 个是跳到光标处运行按钮。

到此,SDT 开发环境的简要介绍完毕。

2.2　ARM ADS 1.2 开发环境创建及简要介绍

【实验目的】

- 熟悉 ADS 1.2 开发环境。
- 正确应用并口仿真器进行编译、下载和调试。

【实验设备】

- EL-ARM-830 教学实验箱,PentiumII 以上的 PC 机,硬件多功能仿真器。
- PC 操作系统 Win98 或 Win2000 或 WinXP,ADS 1.2 集成开发环境,仿真器驱动程序。

【实验内容】

- 在 ADS 1.2 下建立工程,并配置开发环境。

• 在 ADS 1.2 下进行仿真和调试。

【实验步骤】

1. ADS 1.2 下建立工程并配置开发环境

① 建立工程。

运行 ADS 1.2 集成开发环境(CodeWarrior for ARM Developer Suite),在菜单中选择 File|New,会弹出如图 2-20 所示的 New 对话框。在 New 对话框中,选择 Project 标签,其中共有 7 项。ARM Executable Image 是 ARM 的通用模板,选中它即可生成 ARM 的执行文件。在 Project name 下面的文本框中输入项目的名称,并在 Location 下面的文本框中输入其存放的位置后,按确定保存项目。在新建的工程中,选择 Debug 版本,如图 2-21 所示,接下来要对 Debug 版本进行参数设置。

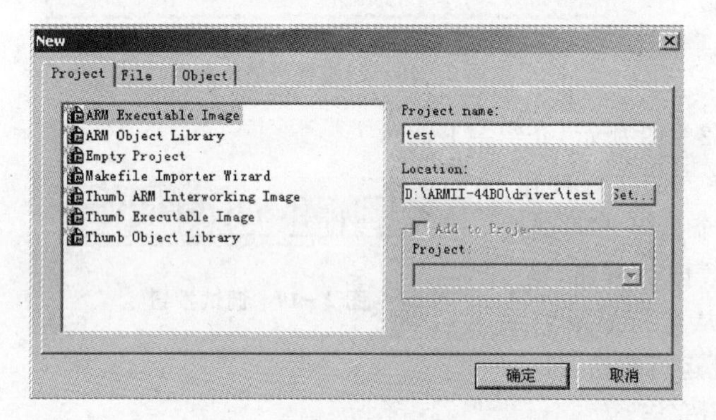

图 2-20　新建工程对话框

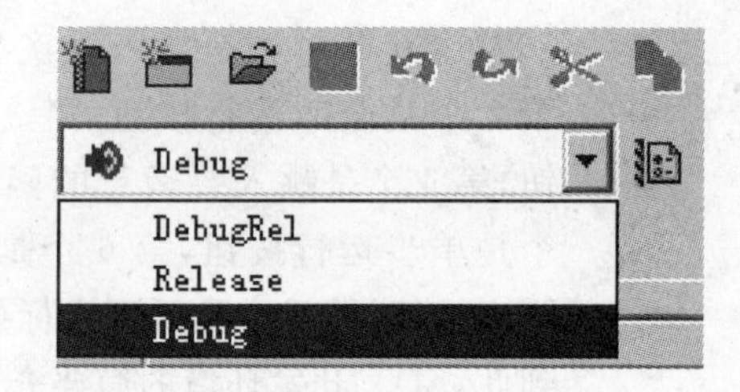

图 2-21　编译版本选择

在如图 2-22 所示的界面中,选择 Edit|Debug Settings 菜单,将弹出如图 2-23 所示的界面。选中 Target Setting 项,在 Post-linker 后的选择框中选中 ARM fromELF 项,按 OK 确定。这是生成可执行代码的初始开关。

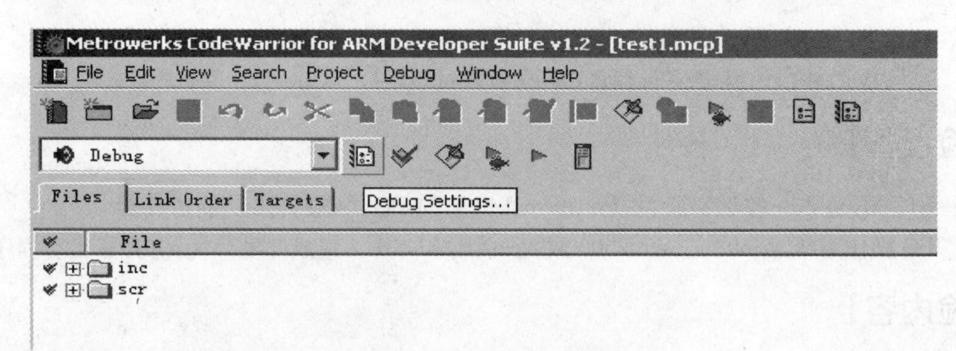

图 2-22　选中 Debug 版本

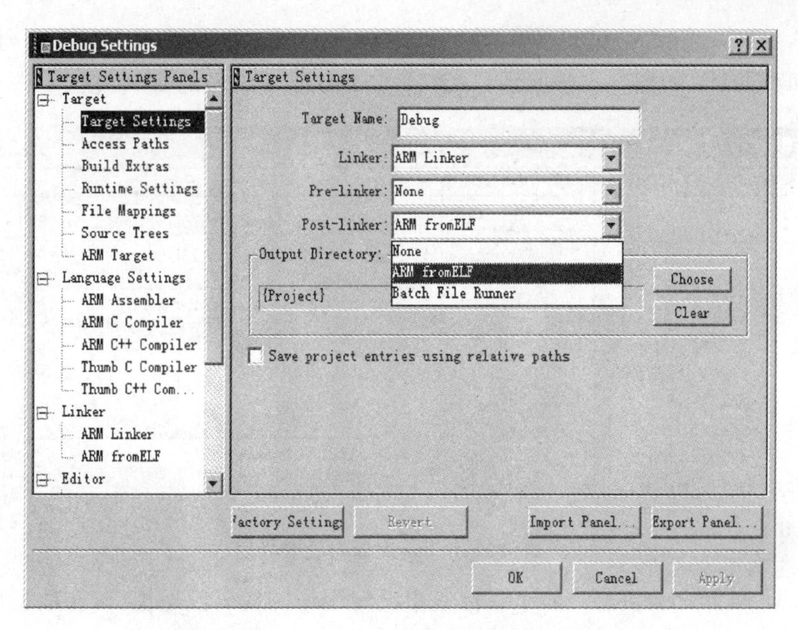

图 2－23　Debug Target 设置界面

② 单击 ARM Assembler 项，在 Architecture or Processer 下的选择框中选择 ARM7TDMI，如图 2－24 所示。ARM7TDMI 是要编译的 CPU 核。

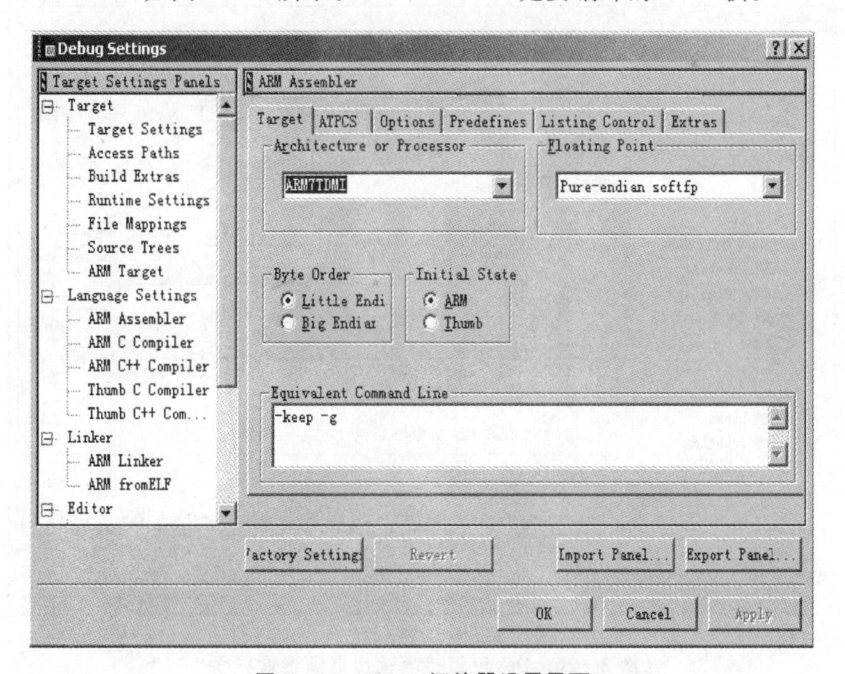

图 2－24　Debug 汇编器设置界面

③ 单击 ARM C Compliler 项，在 Architecture or Processer 下的选择框中选择 ARM7TDMI，如图 2-25 所示。ARM7TDMI 是要编译的 CPU 核。

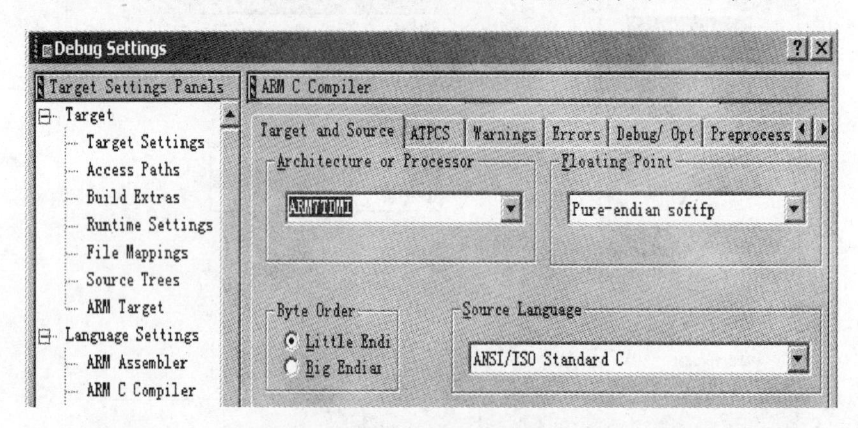

图 2-25　Debug 编译器设置界面

④ 单击 ARM linker 项，在 Output 标签中设定程序的代码段地址，以及数据使用的地址，如图 2-26 所示。在 RO Base 下的文本框中填写程序代码存放的起始地址，在 RW Base 下的文本框中填写程序数据存放的起始地址。该地址属于 SDRAM 的地址。

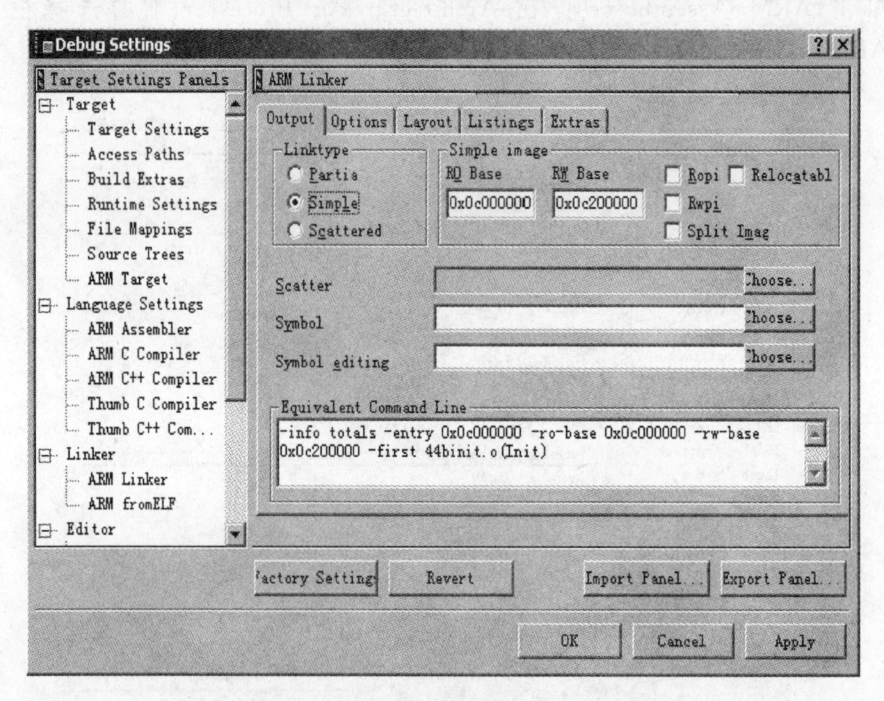

图 2-26　Debug 链接器输出选项设置界面

单击 Options 标签，如图 2－27 所示。在 Image entry point 下的文本框中填写程序代码的入口地址，其他内容保持不变。如果是在 SDRAM 中运行，则可在 0x0C000000～0x0CFFFFFF 中选值，这是 16 MB SDRAM 的地址。但是要注意，这里用的是起始地址，所以必须留出用户的程序空间，并且还要留出足够的程序所使用的数据空间，而且还必须是 4 字节对齐的地址（ARM 状态）。通常入口点 Image entry point 为 0xC100000，RO_base 也为 0xC100000。

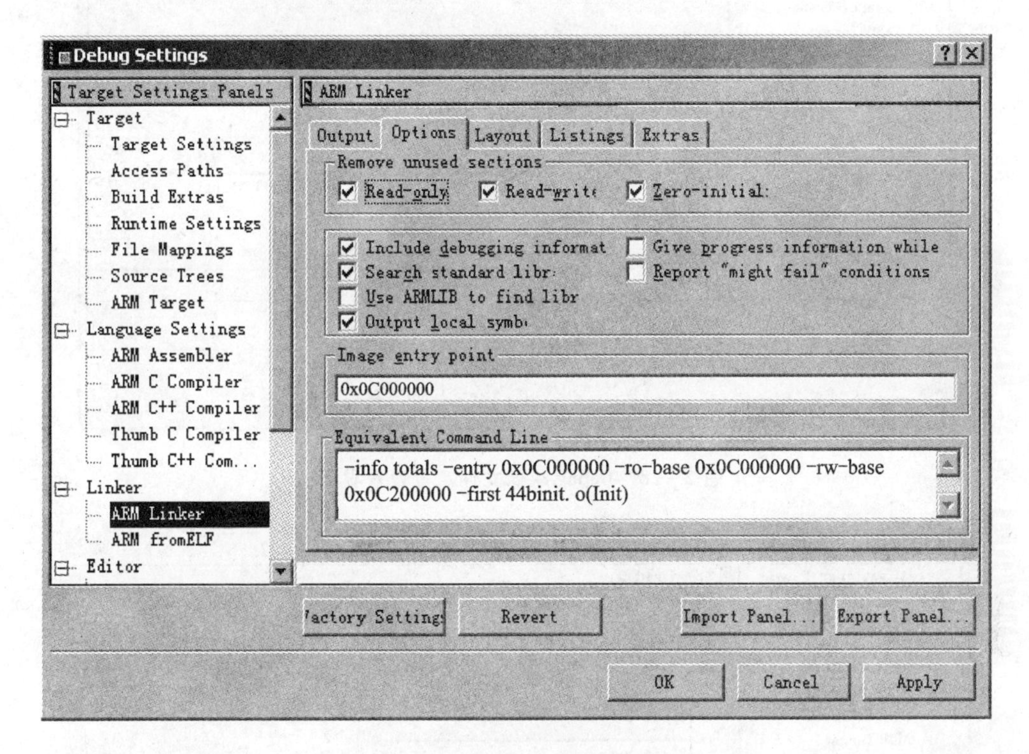

图 2－27　Debug 链接器设置界面

单击 Layout 标签，如图 2－28 所示。在 Place at beginning of image 框内，需要填写项目入口程序的目标文件名。如果整个工程项目的入口程序是 44binit. s，那么应在 Object/Symbol 下的文本框中填写其目标文件名 44binit. o，并在 Section 下的文本框中填写程序入口的起始段标号。设置此处的作用是通知编译器，整个项目从该段开始运行。

⑤ 单击 ARM fromELF 项，如图 2－29 所示。在 Output file name 栏中设置输出文件名 ＊. bin（图 2－29 中使用的是 test. bin），前缀名可以自己取，在 Output format 下的选择框中选择 Plain binary，这是设置要下载到 Flash 中的二进制文件。

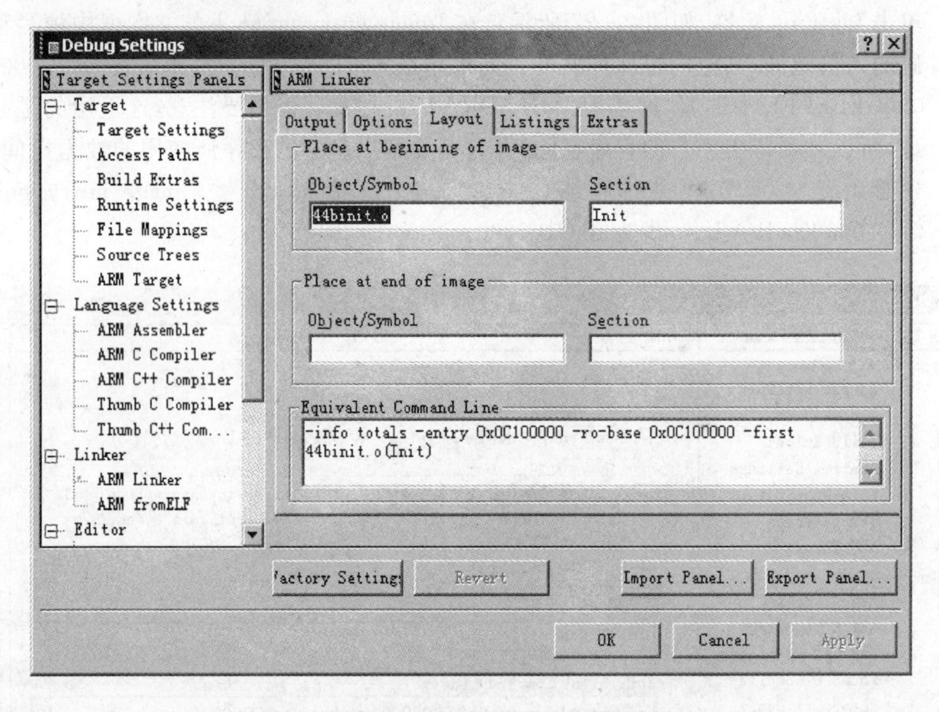

图 2-28　Debug 映像文件定位设置界面

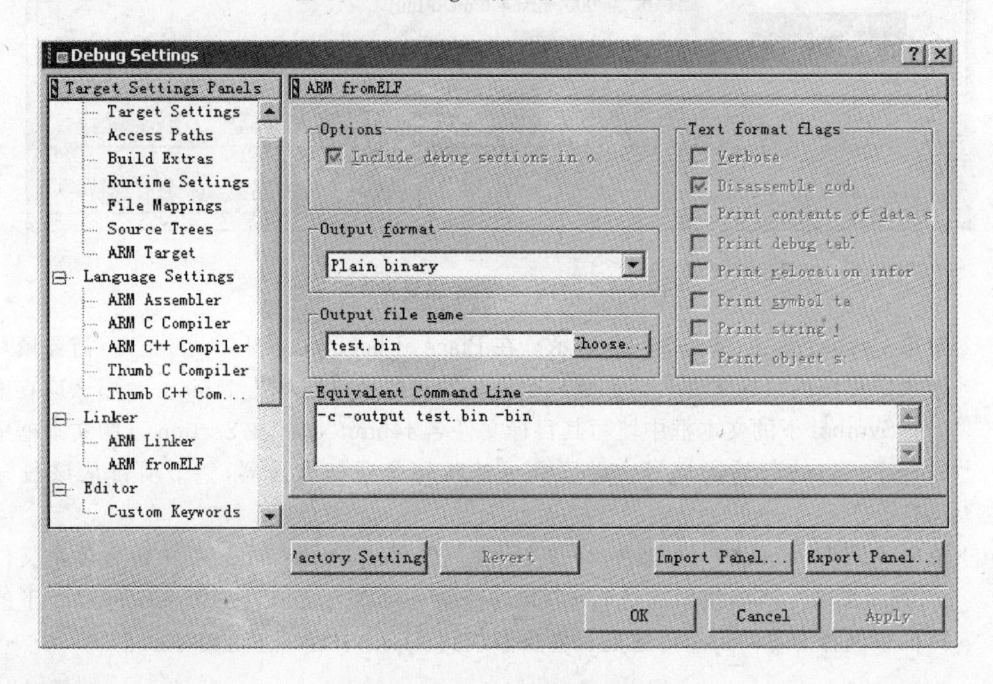

图 2-29　输出文件格式设置界面

⑥ 到此，在 ADS 1.2 中的基本设置已经完成，可以将该新建的空项目文件作为模板保存起来。下面，要将该项目工程文件改一个合适的名字，如 S3C44B0X ARM.mcp 等，然后，在 ADS 1.2 软件安装目录下的 Stationary 目录下新建一个合适的模板目录名，如 S3C44B0X ARM Executable Image，再将刚刚设置完的 S3c44B0X ARM.mcp 项目文件存放到该目录下即可。这样，就能在图 2-20 所示的界面中看到该模板。

⑦ 为项目工程添加文件。新建项目工程后，可选择 Project|Add Files 菜单，把和工程相关的所有文件添加进来。ADS 1.2 不能自动进行文件分类，用户必须通过 Project|Create Group 菜单来创建文件夹，然后把加入的文件选中，并移入文件夹中。也可以通过在文件添加区内右击鼠标，完成上述操作，如图 2-30 所示。先选 Add Files，加入文件，再选 Create Group，创建文件夹，然后把文件移入到文件夹内。

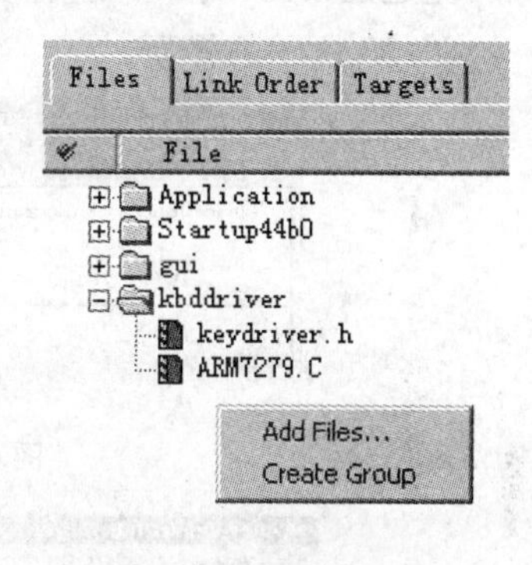

图 2-30 添加文件

⑧ 读者可根据自己的习惯，选择 Edit|Preference 菜单，在弹出的界面内更改关于文本编辑的颜色、字体大小、形状，变量、函数的颜色等设置，如图 2-31 所示。

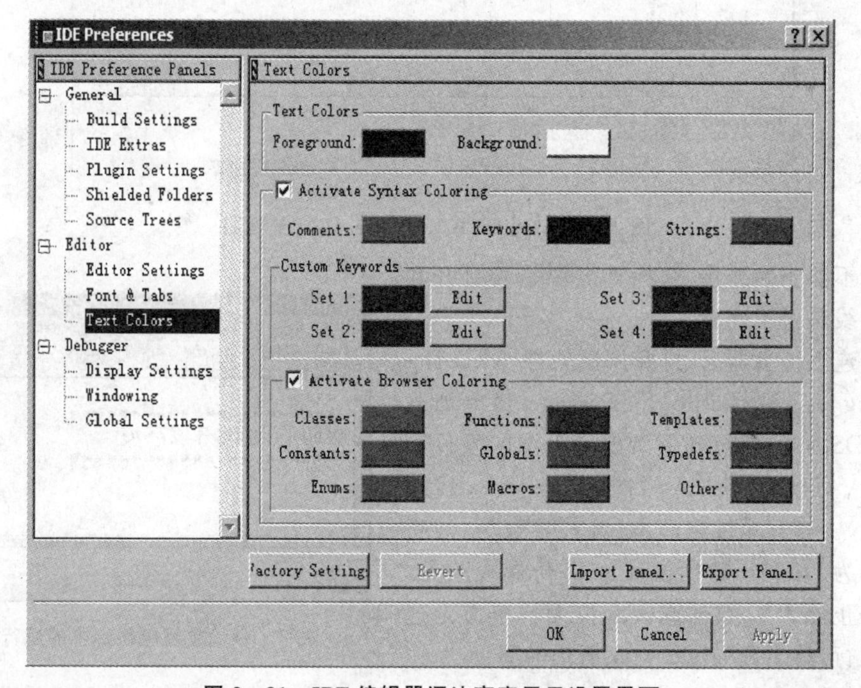

图 2-31 IDE 编辑器语法高亮显示设置界面

2. ADS 1.2 下的仿真和调试

① 硬件准备工作。在 ADS 1.2 下进行仿真调试前，首先要连接多功能仿真器。在连上调试电缆后，先给仿真器上电，然后给实验箱上电。

② 打开 Multi-ICE Server.exe 程序，如图 2－32 所示，并连接实验箱。首先单击标注区域左起的第三个按钮，进行复位，再单击第一个按钮进行自动连接，正确连接后出现如图 2－33 所示的界面。

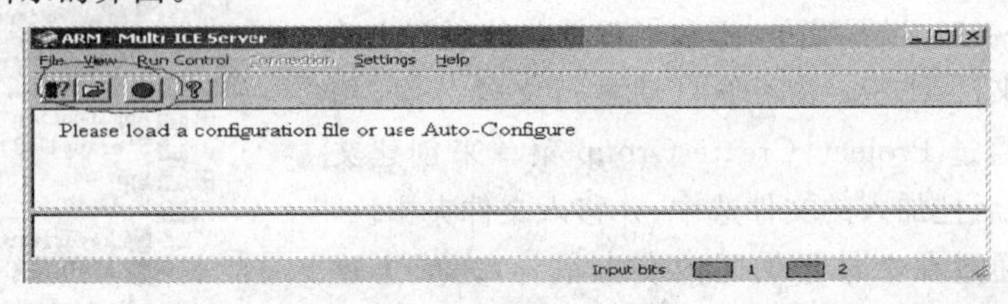

图 2－32 Multi－ICE 开始运行界面

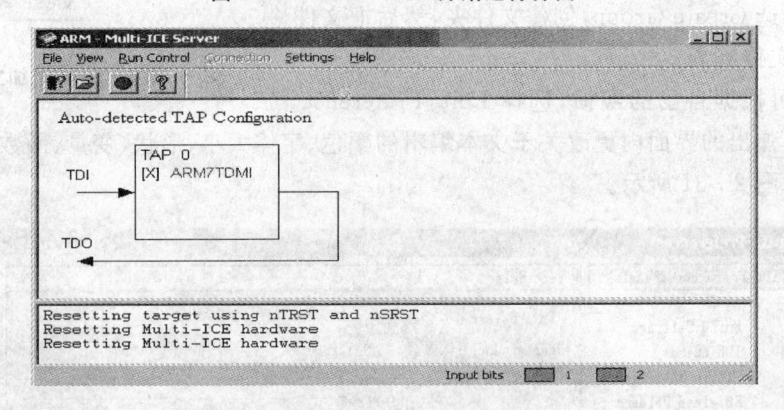

图 2－33 Multi－ICE 监测到 ARM 处理器

如不能正确连接，请检查电源是否打开和连线是否正确。

③ 当连上仿真器后，打开调试软件 AXD Debugger。选择 File|load image 菜单加载 ADS.axf 文件（随书所配光盘中的硬件实验\ADS\实验二\ADS\ADS_data 目录下）。打开超级终端，设置其参数为：波特率为115200，数据位数为 8，奇偶校验无，停止位无 1，数据流控制位无。单击全速运行，将出现如图 2－34 所示的界面。

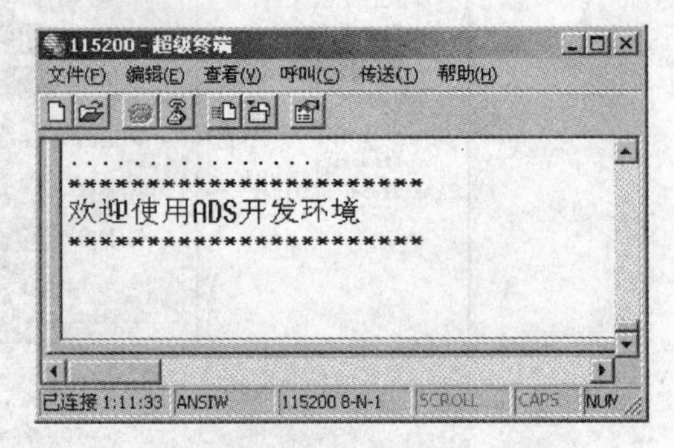

图 2－34 在超级终端中的运行结果

最后介绍 ADS 环境下的调试按钮，如图 2－35 所示。左起第一个是全速运行按钮，第二个是停止运行按钮，第三个是跳入函数内部按钮，第四个是单步执行按钮，第五个是跳出函数按钮。

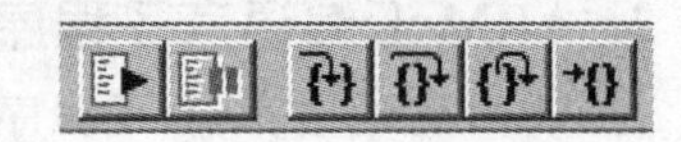

图 2－35　调试按钮

到此，开发环境就全部介绍完了，这是 ARM 的开发基础，希望你有所收获。

2.3　基于 ARM 的汇编语言程序设计简介

【实验目的】

了解 ARM 汇编语言的基本框架，学会使用 ARM 的汇编语言进行编程。

【实验设备】

- EL-ARM-830 教学实验箱，PentiumII 以上的 PC 机，仿真器电缆。
- PC 操作系统 Win98 或 Win2000 或 WinXP，ARM SDT 2.5 或 ADS 1.2 集成开发环境，仿真器驱动程序。

【实验内容】

- 利用串口调试工具观察数据的收发情况。
- 改变汇编语句，发送其他数据，在串口调试工具窗口中观察结果。

【实验原理】

1. ARM 汇编语言程序的基本结构

在 ARM 汇编语言程序中，是以程序段为单位来组织源文件的。段是相对独立的指令或数据序列，具有特定的名称。段可以分为代码段和数据段，代码段的内容为执行代码，数据段存放代码运行时所需的数据。一个汇编程序至少应该有一个代码段，当程序较长时，可以分割为多个代码段和数据段。

多个段在程序编译链接时最终形成一个可执行文件。可执行映像文件通常由以下几部分构成：

- 一个或多个代码段，代码段为只读属性。
- 零个或多个包含初始化数据的数据段，数据段的属性为可读/写。
- 零个或多个不包含初始化数据的数据段，数据段的属性为可读/写。

链接器根据系统默认或用户设定的规则，将各个段安排在存储器中的相应位置。源程序

中，段之间的相邻关系与执行的映像文件中的段之间的相邻关系不一定相同。

2. ARM 汇编语言子程序的调用

在 ARM 汇编语言中，子程序调用是通过 BL 指令完成的。

BL 指令完成两个操作：将子程序的返回地址放在 LR 寄存器中，同时将 PC 寄存器值设置成目标子程序的第一条指令地址。

在子程序返回时，可以通过将 LR 寄存器的值传送到 PC 寄存器中来实现。

子程序调用时通常使用寄存器 R0～R3 来传递参数和返回结果。

3. ARM 汇编语言语句格式

ARM 汇编语言语句格式如：

{symbol}{instruction derective|Pseudo－instruction}{;comment}

其中，instruction 为指令。在 ARM 汇编语言中，指令不能从一行的行头开始。在一行语句中，指令的前面必须有空格或者符号。

derective 为伪操作。

Pseudo－instruction 为伪指令。

symbol 为符号。在 ARM 汇编语言中，符号必须从一行的行头开始，并且符号中不能包含空格。在指令和伪指令中，符号用作地址标号(label)；在有些伪操作中，符号用作变量或者常量。

comment 为语句的注释。在 ARM 汇编语言中注释以分号(;)开头。注释的结尾即为一行的结尾。注释也可以单独占用一行。

在 ARM 汇编语言中，各个指令、伪指令及伪操作的助记符必须全部用大写字母，或者全部用小写字母，不能在一个伪操作助记符中既有大写字母又有小写字母。

源程序中，语句之间可以插入空行，以使源代码的可读性更好。

如果一条语句很长，为了提高可读性，可以将该长语句分成若干行来写。这时在一行的末尾用"\"表示下一行将续在本行之后。

注意：在"\"之后不能再有其他字符，空格和制表符也不能有。

1). ARM 汇编语言中的伪操作

在 ARM 中，主要有以下类型的伪操作：

符号定义伪操作。

数据定义伪操作。

汇编控制伪操作。

信息报告伪操作。

其他伪操作。

符号定义伪操作

符号定义伪操作用于定义 ARM 汇编中的变量，并对变量进行赋值以及定义寄存器名称，主要包括如下伪操作：

GBLA、GBLL 及 GBLS　声明全局变量。

LCLA、LCLL 及 LCLS　声明局部变量。

SETA、SETL 及 SETS　为这些变量赋值。

数据定义伪操作

数据定义伪操作包括以下的伪操作：

LTORG　声明一个数据缓冲池的开始。

MAP　定义一个结构化的内存表的首地址。

FIELD　定义结构化的内存表中的一个数据域。

SPACE　分配一块内存单元，并用 0 初始化。

DCB　分配一段字节的内存单元，并用指定的数据初始化。

DCD 及 DCDU　分配一段字的内存单元，并用指定的数据初始化。

DCDO　分配一段字的内存单元，并将个单元的内容初始化成该单元相对于基态值寄存器的偏移量。

DCFD 及 DCFDU　分配一段双字的内存单元，并用双精度的浮点数据初始化。

DCFS 及 DCFSU　分配一段字的内存单元，并用单精度的浮点数据初始化。

DCI　分配一段字节的内存单元，用指定的数据初始化，指定内存单元中存放的是代码，而不是数据。

DCQ 及 DCQU　分配一段双字的内存单元，并用 64 位的整数数据初始化。

DCW 及 DCWU　分配一段半字的内存单元，并用指定的数据初始化。

DATA　在代码段中使用数据(现已不再使用，仅用于保持向前兼容)。

汇编控制伪操作

IF、ELSE 及 ENDIF　条件汇编指令，根据条件把一段源代码包括在汇编语言程序内，或排除在程序之外。

WHILE 及 WEND　根据条件重复汇编相同的一段源代码。

MACRO 及 MEND　宏定义的开始与结束标识。

MEXIT　用于从宏中跳转出去。

信息报告伪操作

ASSERT　断言错误伪操作。

INFO　汇编诊断信息显示伪操作。

OPT　设置列表选项伪操作。

TTL 及 SUBT　用于在列表文件每一项的开头插入一个标题和子标题。

其他的伪操作

ALIGN　通过添加补丁字节，使当前位置满足一定的对齐方式。

AREA　定义一个代码段或数据段。

CODE16 及 CODE32　告诉汇编编译器后面的指令序列为 16 位的 Thumb 指令还是 32 位的 ARM 指令。

END　标识程序段的结束。

ENTRY　指定程序的入口点。

EQU　为数字常量、基于寄存器的值和程序中的标号定义一个字符名称。

EXPORT 或 GLOBAL　声明一个全局变量。

EXTERN　对外部变量使用的声明。若本源文件没有引用该符号，该符号将不会加入到本源文件的符号表中。

GET 或 INCLUDE　将一个源文件包含到当前源文件中，并将被包含的文件在其当前位置进行汇编处理。

IMPORT　对外部变量使用的声明。不论本源文件是否实际引用该符号，该符号都被加入到本源文件的符号表中。

2）ARM 汇编语言中的伪指令

ARM 中伪指令不是真正的 ARM 指令或者 Thumb 指令，这些伪指令在汇编编译器对源程序进行汇编处理时被替换成对应的 ARM 或者 Thumb 指令（序列）。ARM 伪指令包括 ADR、ADRL、LDR 和 NOP 等。

ADR（小范围的地址读取伪指令），该指令将基于 PC 的地址值或基于寄存器的地址值读取到寄存器中。

ADRL（中等范围的地址读取伪指令），该指令将基于 PC 或基于寄存器的地址值读取到寄存器中。与 ADR 伪指令相比，ADRL 伪指令可以读取更大范围的地址。ADRL 伪指令在汇编时被编译器替换成两条指令。

LDR（大范围的地址读取伪指令），该指令将一个 32 位的常数或者一个地址值读取到寄存器中。

NOP（空操作伪指令），该指令在汇编时将被替换成 ARM 中的空操作，比如可能为 MOV RO 和 RO 等。

3)ARM 汇编语言中的符号

在 ARM 汇编语言中，符号（symbols）可以代表地址（addresse）、变量（variables）和数字常量（numeric constants）。当符号代表地址时，又称为标号（label）。当标号以数字开头时，其作用范围为当前段（当没有使用 ROUT 伪操作时），这种标号又称为局部标号（lacal lable）。符号包括变量、数字常量、标号和局部标号。

符号的命名规则如下：

- 符号由大小写字母、数字，以及下划线组成。
- 局部标号以数字开头，其他的符号都不能以数字开头。
- 符号是区分大小写的。
- 符号中的所有字符都是有意义的。
- 符号在其作用范围内必须惟一，即在其作用范围内不可有同名的符号。
- 程序中的符号不能与系统内部变量或者系统预定义的符号同名。
- 程序中的符号通常不要与指令助记符或者伪操作同名。当程序中的符号与指令助记符或者伪操作同名时，用双竖线将符号括起来，如||require||，这时双竖线并不是符号的组成部分。

变量

程序中，变量的值在汇编处理过程中可能会发生变化。在ARM汇编语言中变量有数字变量、逻辑变量和串变量3种类型。变量的类型在程序中是不能改变的。

数字变量的取值范围为数字常量和数字表达式所能表示的数值范围；逻辑变量的取值范围为{true}及{false}；串变量的取值范围为串表达式可以表示的范围。

数字常量

数字常量是32位的整数。在ARM汇编语言中，使用EQU来定义数字常量。数字常量一经定义，其数值就不能再修改。

汇编时的变量替换

如果在串变量前面有一个$字符，在汇编时编译器将用该串变量的数值取代该串变量。

标号

标号是表示程序中的指令或者数据地址的符号。根据标号的生成方式可以分为以下3种：

基于PC的标号。基于PC的标号是位于目标指令前或者程序中数据定义伪操作前的标号。这种标号在汇编时将被处理成PC值加上(或减去)一个数字常量。它常用于表示跳转指令的目标地址，或者代码段中所嵌入的少量数据。

基于寄存器的标号。基于寄存器的标号通常用MAP和FIELD伪操作定义，也可以用EQU伪操作定义。这种标号在汇编时将被处理成寄存器的值加上(或减去)一个数字常量。它常用于访问位于数据段中的数据。

绝对地址。绝对地址是一个32位的数字量。它可以寻址的范围为0～2321，即直接可以寻址整个内存空间。

局部标号

局部标号主要在局部范围内使用。它由两部分组成：开头是一个0～99之间的数字，后面紧接一个通常表示该局部变量作用范围的符号。

局部变量的作用范围通常为当前段，也可用伪操作ROUT来定义局部变量的作用范围。

4. ARM 汇编的一些简要书写规范

ARM 汇编中，所有标号必须在一行的顶格书写，其后面不要添加“:”，而所有指令均不能顶格书写。ARM 汇编对标识符的大小写敏感，书写标号及指令时字母大小写要一致。在 ARM 汇编中，ARM 指令、伪指令、寄存器名等可以全部大写或者全部小写，但不要大小写混合使用。注释使用“;”号，注释的内容由“;”号起到此行结束，注释可以在一行的顶格书写。详细的汇编语句及规范请参照 ARM 汇编的相关书籍和文档。

5. 简单的例子

下面是一个代码段的例子：

```
AREA Init,CODE,READONLY
ENTRY
LDR      R0, =0x3FF5000
LDR      R1, 0x0f
STR      R1, [R0]
LDR      R0, =0x3F50008
LDR      R1, 0x1
STR      R1, [R0]
⋮
⋮
END
```

在汇编程序中，用 AREA 指令定义一个段，并说明定义段的相关属性。本例中定义了一个名为 Init 的代码段，属性为只读。ENTRY 伪指令标识程序的入口，程序的末尾为 END 指令，该伪指令告诉编译器源文件的结束，每一个汇编文件都要以 END 结束。

【实验步骤】

① 本实验仅使用实验教学系统的 CPU 板和串口。在进行本实验时，LCD 电源开关、音频的左右声道开关、A/D 通道选择开关、触摸屏中断选择开关等均应处在关闭状态。

② 在 PC 机并口和实验箱 CPU 板上的 JTAG 接口之间，连接 SDT 调试电缆，串口间连接公/母接头串口线。

③ 检查连接是否可靠。确认可靠后，接入电源线，系统上电。

④ 启动 SDT 开发环境，打开随书所配光盘中的硬件实验\SDT\实验三\asm. apj 项目文件。先编译一下，若出现编译错误，参照 2.2 节中的解决办法解决。

⑤ 编译通过后，先启动 JTAG 驱动程序 JTAG-NT&2000. exe(操作系统是 Win2000；若是 Win98，需用 JTAG. exe)，再运行 SDT 调试环境，装载随书所配光盘中实验程序\硬件实验\SDT\实验三\Debug 中的映像文件 EuCos. axf。

⑥ 打开串口调试工具，配置波特率为 115200，校验位无，数据位为 8，停止位为 1。选中十六进制显示后，在 SDT 调试环境下全速运行映像文件，应出现如图 2-36 所示界面。本程序连续发送了 5 个字节的 AA。

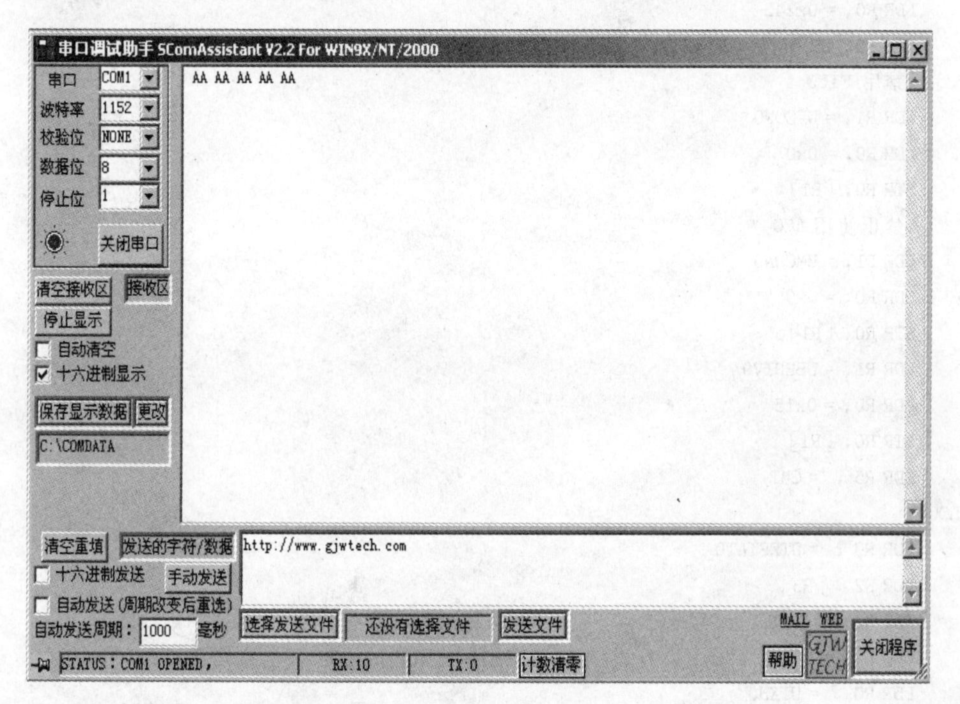

图 2-36

【参考程序】

以下是 ARM 中汇编程序的实例。

1. 程序源码分析

UART 前面的程序为系统的初始化部分，这将在后边 Boot Loader 的章节里详细介绍；UART 后面的程序为主程序。程序源码如下：

```
    ⋮
    ⋮
    B       UART
    ;UART LINE CONFIG   正常模式,无奇偶校验,一个停止位,8 个数据位
UART
    LDR  R1, = ULCON0
    LDR  R0, = 0x03
```

```
    STR  R0,[R1]
    ;RX边沿触发,TX电平触发,禁用延时中断,使用RX错误中断,正常操作模式,中断请求或表决模式
    LDR R1, = UCON0
    LDR R0, = 0x245
    STR R0,[R1]
    ;禁用 FIFO
    LDR R1, = UFCON0
    LDR R0, = 0x0
    STR R0, [R1]
    ;禁止使用 AFC
    LDR R1, = UMCON0
    LDR R0, = 0x0
    STR R0, [R1]
    LDR R1, = UBRDIV0
    LDR R0, = 0x15
    STR R0, [R1]
    LDR R5 , = CNT
LOOP
    LDR R3 , = UTRSTAT0
    LDR R2 , [R3]
    TST R2 ,#0x02                   ;判断发送缓冲区是否为空
    BEQ LOOP                        ;为空则执行下边的语句,不为空则跳转到 LOOP
    LDR R0 , = UTXH0
    LDR R1 , = 0xaa                 ;向数据缓冲区放置要发送的数据
    STR R1 ,[R0]
    SUB R5 ,R5, #0x01
    CMP R5 ,#0x0
    BNE LOOP                        ;连续发送五次,之后跳入下边的无限循环
    LOOP2    B   LOOP2
```

分析清楚之后,修改语句 LDR R1 ,=0xaa ,把 0xaa 换成其他的数据。然后保存、编译、调试,并观察结果。

2. 数据块复制

本程序将数据从源数据区 src 复制到目标数据区 dst。复制时,以 8 个字为单位进行。对于最后所剩不足 8 个字的数据,以字为单位进行复制,这时程序跳转到 copywords 处执行。在进行以 8 个字为单位的数据复制时,保存了所用的 8 个工作寄存器。具体程序如下:

```
    AREA    Block ,CODEI,READONLY          ;设置本段程序的名称(Block)及属性
    num     EQU        2 0                 ;设置将要复制的字数
    ENTRY                                  ;标识程序入口点
    Start
    LDR     r0 = src                       ;r0 寄存器指向源数据区 src
    LDR     rl = dst                       ;rl 寄存器指向目标数据区 dst
    MOV     r2,#mum                        ;r2 寄存器指定将要复制的字数
    MOV     sp,#0x400                      ;设置数据栈指针(r13),用于保存工作寄存器值
    Blockcopy                              ;进行以 8 个字为单位的数据复制
    MOVS    r3,r2,LSR #3                   ;需要进行的以 8 个字为单位的复制次数
    BEQ     copywords                      ;对于剩下不足 8 个字的数据,跳转到 copywords,
                                           ;以字为单位复制
    STMFD   sp!,{r4 - rll}                 ;保存工作寄存器
    Octcopy
    LDMIA   r0!,{r4 - rll}                 ;从源数据区读取 8 个字的数据,放到 8 个寄存器中,
                                           ;并更新目标数据区指针 r0
    STMIA   rl!,{r4 - r11}                 ;将这 8 个字数据写入到目标数据区中,并更新目标数据
                                           ;区指针 rl
    SUBS    r3,r3,#1                       ;将块复制次数减 1
    BNE     octcopy                        ;循环,直到完成以 8 个字为单位的块复制
    LDMFD   sp!,{r4 - rll}                 ;恢复工作寄存器值
    Copywords
    ANDS    r2,r2,#7                       ;剩下不足 8 个字的数据的字数
    BEQ Stop                               ;数据复制完成
    Wordcopy
    LDR     r3,[r0],#4                     ;从源数据区读取 18 个字的数据,放到 r3 寄存器中,
                                           ;并更新目标数据区指针 r0
    STR     r3,[rl],#4                     ;将 r3 中的数据写入到目标数据区中,并更新目标数据
                                           ;区指针 rl
    SUBS    r2,r2  #1                      ;将字数减 1
    BNE wordcopy                           ;循环,直到完成以字为单位的数据复制
Stop
;调用 angel_SWIreason_ReportException
;ADP_Stopped_ApplicationExit
;ARM semihosting  SWI
;从应用程序中退出
  MOV     r0,#0x18
```

```
  LDR    r1,0x20026
  SWI    0x123456
;定义数据区 BlockData
  AREA BlockData, DATA, READWRITE
;定义源数据区 src 及目标数据区 dst
src  DCD   1,2,3,4,5,6,7,8,1,2,3,4,5,6,7,8,1,2,3,4
dst  DCD   0,0,0,0,0,0,0,0,0,0,0,0,0,0,0,0,0,0,0,0
;结束汇编
        END
```

2.4 基于 ARM 的 C 语言程序设计简介

【实验目的】

- 了解 ARM 的 C 语言程序的基本框架。
- 学会使用 ADS 1.2 进行 ARM 的 C 语言程序编程。

【实验设备】

- EL-ARM-830 教学实验箱,PentiumII 以上的 PC 机,仿真器电缆。
- PC 操作系统 Win98 或 Win2000 或 WinXP,ARM SDT 2.5 或 ADS 1.2 集成开发环境,仿真器驱动程序

【实验内容】

- 汇编语言程序调用 C 语言程序。
- C 语言程序调用汇编语言程序。
- 用 C 语言程序编写一个简单的应用程序。

【实验原理】

1. ARM C 语言程序简介与使用规则

1) ARM 使用 C 语言程序编程是大势所趋

在应用系统的程序设计中,若所有的编程任务均由汇编语言来完成,其工作量太大,并且不易移植。由于 ARM 的程序执行速度和存储器的存储速度较高,并且存储器的存储量也很大,而采用 C 语言程序可使得应用程序的开发时间大大缩短,代码的移植也变得十分方便,同时,还提高了程序的重复使用率,使得程序架构清晰易懂,管理较为容易。因此,C 语言程序的

使用在 ARM 编程中具有重要地位。

2) ARM C 语言程序的基本规则

在 ARM 程序的开发中，需要尽量缩短程序执行时间的代码一般使用汇编语言来编写，比如 ARM 的启动代码，ARM 操作系统的移植代码等。除此之外，绝大多数代码都可以使用 C 语言来编写。

ARM C 语言程序使用的是标准的 C 语言程序。ARM 的开发环境实际上就是一个嵌入了 C 语言程序的集成开发环境，只不过这个开发环境和 ARM 的硬件紧密相关。

2. C 语言程序和 ARM 的汇编语言程序间的相互调用

在使用 C 语言程序时，可能需要用到与汇编语言的混合编程。当汇编代码较为简洁时，可使用直接内嵌汇编的方法；否则，需要将汇编文件以文件的形式加入到项目当中，通过 ATPCS 规则，完成与 C 语言程序间的相互调用与访问。因此，C 语言程序和 ARM 的汇编语言程序之间的相互调用必须遵守 ATPCS 规则。使用 ADS 的 C 语言程序编译器编译的 C 语言子程序要满足用户指定的 ATPCS 规则。但是，对于汇编语言来说，要完全依赖用户来保证各个子程序遵循 ATPCS 规则。具体来说，汇编语言的子程序应满足下面 3 个条件：

- 在子程序编写时，必须遵守相应的 ATPCS 规则；
- 堆栈的使用要遵守相应的 ATPCS 规则；
- 在汇编编译器中使用-atpcs 选项。

ATPCS 是 ARM 和 Thumb 的过程调用标准（ARM/Thumb Procedure Call Standard），它规定了一些子程序间调用的基本规则，如寄存器的使用规则，堆栈的使用规则，参数的传递规则等。

1) 汇编语言程序调用 C 语言程序

汇编语言程序的设置要遵循 ATPCS 规则，以保证程序调用时参数正确传递。

在通过汇编语言程序调用 C 语言程序之前，需要在汇编语言程序中使用 IMPORT 伪指令，声明将要调用的 C 语言程序函数。另外，还要正确设置入口参数，并使用 BL 指令调用子程序。

2) C 语言程序调用汇编语言程序

在通过 C 语言程序调用汇编语言程序之前，需要使用 extern 关键字声明外部函数（声明要调用的汇编子程序），并在汇编语言程序中使用 EXPORT 伪指令声明本子程序，使其他程序可以调用此子程序。

3. 在 C 语言程序的环境内开发应用程序

一般需要一个汇编的启动程序，从该程序跳到 C 语言程序下的主程序，然后，执行 C 语言程序。

在 C 环境中读/写硬件寄存器时，一般使用宏调用。在每个项目文件的 Startup44b0/INC 目录下都有一个名为 44b.h 的头文件，该文件定义了所有关于 S3C44B0X 的硬件寄存器的宏。通过对宏的读/写，就能操作 S3C44B0X 的硬件了。具体的编程规则同标准 C 语言程序。

下面是一个简单的小例子：

```
IMPORT   Main
AREA     Init ,CODE, READONLY;
ENTRY
LDR      R0, = 0x01d00000
LDR      R1, = 0x245
STR      R1 , [R0]                    ;把 0x245 放到地址 0x01D00000
BL       Main                         ;跳转到 Main()函数处的 C/C+ +程序
END                                   ;标识汇编语言程序结束
```

以上是一段简单的程序，先初始化寄存器，之后跳转到 Main()函数标识的 C/C++代码处，执行主要任务。此处，Main 声明的是 C 语言程序中的 Main()函数。

【实验步骤】

① 本实验仅使用实验教学系统的 CPU 板和串口。在进行本实验时，LCD 电源开关、音频的左右声道开关、A/D 通道选择开关、触摸屏中断选择开关等均应处在关闭状态。

② 在 PC 机并口和实验箱 CPU 板上的 JTAG 接口之间，连接 SDT 调试电缆；在串口间连接公/母接头串口线。

③ 检查线缆连接是否可靠。确认可靠后，接入电源线缆，给系统上电。

④ 启动 SDT 开发环境，打开随书所配光盘中的硬件实验\SDT\实验四\C.apj 项目文件。先进行编译。若出现编译错误，参照 2.2 节中的解决办法解决。

⑤ 编译通过后，先启动 JTAG 驱动程序 JTAG-NT&2000.exe(操作系统是 Win2000；若是 Win98，需用 JTAG.exe)，再运行 SDT 调试环境，装载随书所配光盘中的实验程序\硬件实验\SDT\实验四\Debug 中的映像文件 EuCos.axf。

⑥ 打开串口调试工具，配置波特率为 115200，校验位为无，数据位为 8，停止位为 1。不要选十六进制显示。在 SDT 调试环境下全速运行映像文件，应出现如图 2-37 所示界面。本程序连续发送 55。

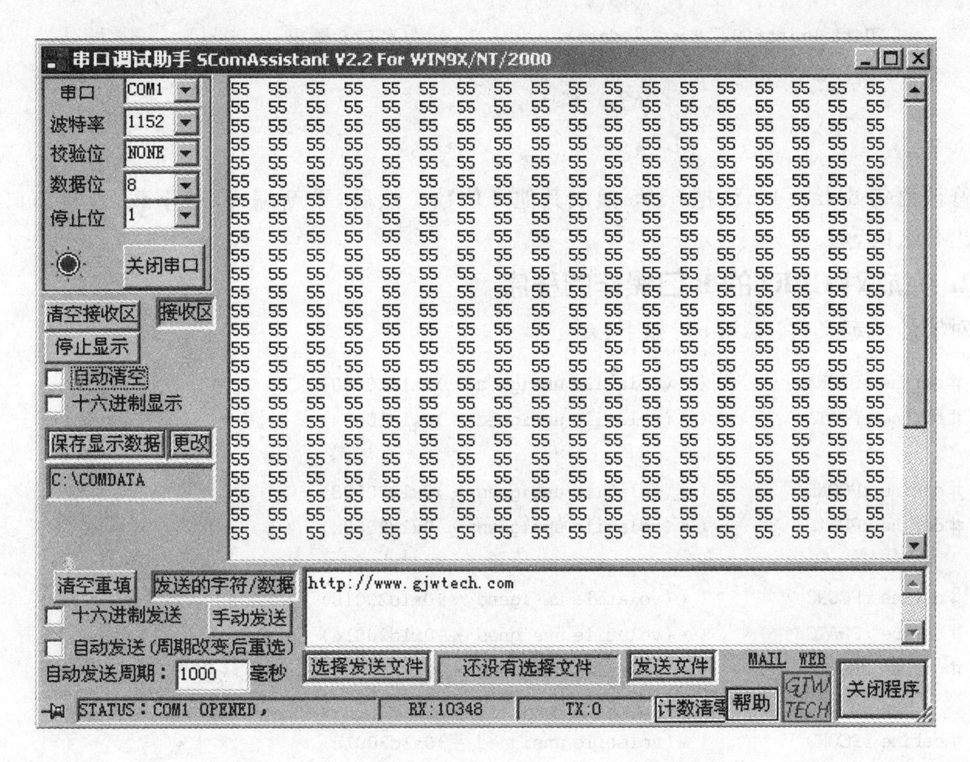

图 2-37

【参考程序】

1. 主程序源码分析

在 C 语言程序前的部分为系统的初始化。这将在后边 Boot Loader 的章节里详细介绍。主程序源码如下:

```
#include "..\inc\config.h"                    //嵌入包括硬件的头文件
unsigned char data;                           //定义全局变量

void Main(void)
{
    Target_Init();                            //目标板初始化,串口的硬件初始化在 target.c
                                              //中定义
    Delay(10);                                //延时
    data = 0x55;                              //给全局变量赋值
    while(1)
    {
```

```
        Uart_Printf(0,"%x   ",data);            //串口 0 输出
        Delay(10);
    }
}
```

修改语句 data=0x55，把 0x55 换成其他 8 位数。然后，重新编译，并下载，观察串口工具上输出什么内容。

2. 完成对 GPIO 的 B 口操作的程序

对宏的预定义(在 44b.h)，如下：

```
#define rPCONA      (*(volatile unsigned *)0x1d20000)
#define rPDATA      (*(volatile unsigned *)0x1d20004)

#define rPCONB      (*(volatile unsigned *)0x1d20008)
#define rPDATB      (*(volatile unsigned *)0x1d2000c)

#define rPCONC      (*(volatile unsigned *)0x1d20010)
#define rPDATC      (*(volatile unsigned *)0x1d20014)
#define rPUPC       (*(volatile unsigned *)0x1d20018)

#define rPCOND      (*(volatile unsigned *)0x1d2001c)
#define rPDATD      (*(volatile unsigned *)0x1d20020)
#define rPUPD       (*(volatile unsigned *)0x1d20024)
```

在程序中的实现如下：

```
for(;;)
{
    if(flag==0)
    {
        for(i=0;i<100000;i++);          //延时
        rPCONB=0x7cf;
        rPDATB=0x7ef;
        for(i=0;i<100000;i++);          //延时
        flag=1;
    }
    else
    {
        for(i=0;i<100000;i++);          //延时
        rPCONB=0x7cf;
        rPDATB=0x7df;
```

```
        for(i = 0;i<100000;i ++ );          //延时
        flag = 0;
      }
  }
```

2.5 基于 ARM 的硬件 Boot 程序的基本设计

【实验目的】

- 掌握 ARM 启动的基本知识和流程。
- 掌握 SoC 芯片系统的基本初始化内容。

【实验设备】

- EL-ARM-830 教学实验箱,PentiumII 以上的 PC 机,仿真器电缆。
- PC 操作系统 Win98 或 Win2000 或 WinXP,ARM SDT 2.5 或 ADS 1.2 集成开发环境,仿真器驱动程序。

【实验内容】

- 认真学习 ARM 启动的流程,单步执行程序,查看各寄存器的变化。
- 学习中断向量表的配置。
- 学习堆栈的初始化工作。

【实验原理】

基于 ARM 芯片的应用系统,多数为复杂的片上系统。在该系统里,多数硬件模块都是可配置的,但需要由软件来预先设置其需要的工作状态,因此在用户的应用程序之前,需要有一段专门的代码来完成对系统的初始化工作。由于此类代码要直接面对处理器内核和硬件控制器进行编程,故一般均用汇编语言来实现。系统的基本初始化内容一般包括:

- 分配中断向量表;
- 初始化存储器系统;
- 初始化各工作模式的堆栈;
- 初始化有特殊要求的硬件模块;
- 初始化用户程序的执行环境;
- 切换处理器的工作模式;
- 呼叫主应用程序。

ARM 要求中断向量表必须放置在从 0x00000000 地址开始的连续 32 字节的空间内。当中断发生后，ARM 处理器便强制把 PC 指针指向与中断类型对应的向量表地址。因为每个中断只占据向量表中 4 字节的存储空间，这样只能放置一条 ARM 指令，所以通常放一条跳转指令，让程序跳转到存储器的其他地方，再执行中断处理。

下面分别介绍基本初始化工作的各项内容。

1. 分配中断向量表

ARM 芯片启动时，PC 指针会自动从地址 0 开始执行。当发生异常时，PC 指针跳转到异常处理关键字处，从那里开始执行。该关键字的地址应满足 4 字节对齐的地址。

当中断控制器设定为向量中断模块时（如定时器向量中断，ADC 向量中断，外部中断向量中断等），外设中断向量表同样需要相应的跳转指令。在发生相应中断时，从对应的中断向量表跳到存储器的某个地方。一般可选择让其跳到 SDRAM 的高端地址，然后，再跳入中断服务程序的地址，并往下执行。

2. 初始化存储器系统

这部分需要根据存储器类型、存储容量、时序配置和总线宽度等来编程。通常 Flash 和 SRAM 同属于静态存储器类型，可以合用同一个存储器端口；而 DRAM 因为有动态刷新和地址线复用等特性，通常配有专用的存储器端口。除存储器外，USB 存储器的相关配置，网络芯片存储器的相关配置，以及外接大容量存储卡的配置均在此处实现。

优化存储器端口的接口时序非常重要，这将影响到整个系统的性能。因为一般系统运行的速度瓶颈都发生在存储器访问时，所以存储器访问的时序应尽可能的快；而同时又要考虑到由此带来的稳定性问题。

3. 初始化堆栈

ARM 有 7 种执行状态，每一种状态的堆栈指针寄存器（SP）都是独立的。对程序中需要用到的每一种模式都要给 SP 定义一个堆栈地址。实现方法是，改变状态寄存器内的状态位，使处理器切换到不同的状态，然后给 SP 赋值。需要注意的是，不要切换到 User 模式进行 User 模式的堆栈设置，因为进入 User 模式后，就不能再操作 CPSR 回到别的模式了，这可能会对之后的程序执行造成影响。

4. 初始化有特殊要求的硬件模块

比如初始化时钟模块和看门狗模块等。

5. 初始化应用程序的执行环境

所谓应用程序执行环境的初始化，就是完成必要的从 ROM 到 RAM 的数据传输和内容清零。映像一开始总是存储在 ROM/Flash 里面的，其 RO 部分即可以在 ROM/Flash 里面执行，也可以转移到速度更快的 RAM 中执行；而 RW 和 ZI 这两部分必须转移到可写的 RAM 里。

6. 改变处理器模式

因为在初始化过程中,许多操作需要在特权模式下才能进行(比如对 CPSR 的修改),所以要特别注意,不能过早的进入用户模式。

内核级的中断使能也可以考虑在此处进行。如果系统中另外存在一个专门的中断控制器,比如三星的 S3C44B0X,那么这样做总是安全的。

7. 呼叫主应用程序

当所有的系统初始化工作完成之后,就需要把程序流程转入主应用程序。最简单的一种情况是,直接从启动代码跳转到应用程序的主函数入口,主函数名可由用户随便定义。

在 ARM ADS 1.2 环境中,还另外提供了一套系统级的呼叫机制如下:

```
IMPORT __main
B      __main
```

__main()是编译系统提供的一个函数,负责完成库函数的初始化,用于初始化应用程序执行环境,最后自动跳转到 main()函数。但这需要进一步设置一些参数,使用起来较复杂。

【实验步骤】

① 本实验仅使用实验教学系统的 CPU 板。在进行本实验时,LCD 电源开关、音频的左右声道开关、A/D 通道选择开关、触摸屏中断选择开关等均应处在关闭状态。

② ARM 的启动(该实验不是演示实验,是学习启动流程的实验)。

③ 可以单步执行工程文件,认真学习代码的注释,观察各存储器的变化。建议在 ADS 的开发环境 AXD Debugger 中运行随书所配光盘中的硬件实验\ADS\实验五\boot.mcp。运行之前,首先配置 Options|Configure Target|ARMUL,选 ARMUL 是使用软件仿真。因为 SDT 不支持中文显示,所以在 ADS 1.2 下较易学习。

【参考程序】

1. 中断向量表程序

中断向量表代码如下:

```
AREA  Init  ,CODE, READONLY
ENTRY
B     ResetHandler
B     UndefHandler
B     SWIHandler
B     PreAbortHandler
B     DataAbortHandler
B.
```

```
B     IRQHandler
B     FIQHandler
```

其中,关键字 ENTRY 是指定编译器保留这段代码,链接时要确保这段代码被链接在整个程序的入口地址,该地址即 R0 的连接地址。

2. 堆栈初始化应用程序

以下是一段堆栈初始化的代码示例:

```
;预定义处理器模式常量
USERMODE     EQU        0x10
FIQMODE      EQU        0x11
IRQMODE      EQU        0x12
SVCMODE      EQU        0x13
ABORTMODE    EQU        0x17
UNDEFMODE    EQU        0x1b
SYSMODE      EQU        0x1f
NOINT        EQU        0xc0                              ;屏蔽中断位

    InitStacks
    MOV     R0, LR
                                                          ;设置管理模式堆栈
    MSR     CPSR_c, # SVCMODE | NOINT
    LDR     SP, = StackSvc
                                                          ;设置中断模式堆栈
    MSR     CPSR_c, # IRQMODE | NOINT
    LDR     SP, = StackIrq
                                                          ;设置快速中断模式堆栈
    MSR     CPSR_c, # FIQMODE | NOINT
    LDR     SP, = StackFiq
                                                          ;设置中止模式堆栈
    MSR     CPSR_c, # ABORTMODE | NOINT
    LDR     SP, = StackAbt
                                                          ;设置未定义模式堆栈
    MSR     CPSR_c, # UNDEFMODE | NOINT
    LDR     SP, = StackUnd
                                                          ;设置系统模式堆栈
    MSR     CPSR_c, # SYSMODE | NOINT                     ;在此不能开中断
    LDR     SP, = StackUsr

    MSR     CPSR_c, # SVCMODE| NOINT                      ;开中断
    MOV     PC, R0
    LTORG
```

3. 时钟控制器配置

时钟控制器配置代码如下：

```
ldr    r0, = LOCKTIME                ;把上锁时间定时器地址给 r0
                                     ;赋初值 count = t_lock * Fin = 230 us * 10 MHz = 2300
ldr    r1, = 0x8fc;
str    r1,[r0]                       ;写入上锁时间定时器,PLL 稳定时间为 230 us
[ PLLONSTART
ldr    r0, = PLLCON                  ;PLL 控制寄存器地址给 r0
                                     ;设定锁相环 Fin = 10 MHz,Fout = 40 MHz
ldr    r1, = ((M_DIV<<12) + (P_DIV<<4) + S_DIV)
str    r1,[r0]                       ;写入 PLL 控制寄存器
]
ldr    r0, = CLKCON                  ;把时钟控制器地址给 r0
ldr    r1, = 0x7ff8                  ;给所有外设单元的时钟打开赋值
str    r1,[r0]                       ;写入时钟控制器
```

4. 常用存储器模型直接实现的代码

以下是在 ADS 1.2 环境下，一种常用存储器模型直接实现的代码：

```
LDR    r0, = |Image$$RO$$Limit|      ;得到 RW 数据源的起始地址
LDR    r1, = |Image$$RW$$Base|       ;RW 区在 RAM 里的执行区起始地址
LDR    r3, = |Image$$ZI$$Base|       ; ZI 区在 RAM 里面的起始地址
CMP    r0,r1                         ;比较它们是否相等
       BEQ     %F1
0     CMP     r1,r3
       LDRCC  r2,[r0],#4
       STRCC  r2,[r1],#4
       BCC     %B0
1     LDR     r1, = |Image$$ZI$$Limit|
       MOV     r2,#0
2     CMP     r3,r1
       STRCC  r2,[r3],#4
       BCC     %B2
```

该程序实现了 RW 数据的复制和 ZI 区域的清零功能。

其中引用到的 4 个符号是由链接器输出的。

|Image$$RO$$Limit|：表示 RO 区末地址后面的地址，即 RW 数据源的起始地址。

|Image$$RW$$Base|：RW 区在 RAM 里的执行区起始地址，也就是编译器选项 RW_Base 指定的地址。

|Image $$ ZI $$ Base|:ZI 区在 RAM 里面的起始地址。

|Image $$ ZI $$ Limit|:ZI 区在 RAM 里面结束地址后面的一个地址。

该程序先把 ROM 中从|Image $$ RO $$ Limt|地址开始的 RW 初始数据复制到 RAM 里面|Image $$ RW $$ Base|开始的地址。当 RAM 这边的目标地址到达|Image $$ ZI $$ - Base|后,表示 RW 区的结束和 ZI 区的开始,接下去就对这片 ZI 区进行清零操作,直到遇到结束地址|Image $$ ZI $$ Limit|。

详细内容请参阅 ADS 1.2 中 PDF 文件夹内的 ADS_LINKERGUIDE_A.PDF 文档。

异常及中断控制器的初始化程序代码如下:

```
void Exep_S3cINT_Init(void)
{    int rr,qq;
     pISR_UNDEF    = (unsigned)HaltUndef;
     pISR_SWI      = (unsigned)HaltSwi;
     pISR_PABORT   = (unsigned)HaltPabort;
     pISR_DABORT   = (unsigned)HaltDabort;
     pISR_FIQ      = (unsigned)HaltFIQ;
          rINTCON = 0x1;                    //所有中断均使用向量中断,打开 IRQ,禁止 FIQ
          rINTMOD = 0x00;                   //所有模式配置为 IRQ 模式
     rINTMSK = 0x07ffffff;                  //屏蔽所有中断
     rr = rI_ISPC;
     rr = rINTPND;
     rr = rEXTINPND;
rEXTINPND
rI_ISPC = 0x3ffffff;                        //中断清除;
     rr = rEXTINPND;
     qq = rINTPND;
}
```

5. 程序流程转入主应用程序

程序流程转入主应用程序的代码如下:

```
IMPORT  Main                    ;//用 IMPORT 伪指令来声明 C 语言程序 Main()
B       Main                    ;//调用 C 语言程序 Main()
```

2.6 ARM 的 I/O 接口实验

【实验目的】

- 了解 S3C44B0X 的通用 I/O 接口。

- 掌握 I/O 功能的复用,并熟练其配置,进行编程实验。

【实验设备】

- EL-ARM-830 教学实验箱,PentiumII 以上的 PC 机,仿真器电缆。
- PC 操作系统 Win98 或 Win2000 或 WinXP,ARM SDT 2.5 或 ADS 1.2 集成开发环境,仿真器驱动程序。

【实验内容】

- 学习配置 GPIO 寄存器。
- 在实验箱的 CPU 板上点亮 LED 灯 D7 和 D8,并轮流闪烁。

【实验原理】

S3C44B0X CPU 共有 71 个多功能复用输入输出口,分为 7 组端口:

2 个 9 位的 I/O 端口(PORT E 和 PORT F,E 为三功能复用,F 为四功能复用);

2 个 8 位的 I/O 端口(PORT D 和 PORT G,D 为两功能复用,G 为三功能复用);

1 个 16 位的 I/O 端口(PORT C,三功能复用);

1 个 10 位的 I/O 端口(PORT A,两功能复用);

1 个 11 位的 I/O 端口(PORT B,两功能复用)。

这些通用的 I/O 接口是可配置的。PORTA 和 PORTB 除功能口外,仅用作输出使用,剩下的 PORTC、PORTD、PORTE、PORTF、PORTG 均可作为输入/输出口使用。

可通过一些寄存器来实现对这些端口的配置。这些寄存器均有各自的地址(位长 32 位),往该地址中写入相应的数据,即可实现功能及数据配置。下面列出了各寄存器对应的地址:

PCONA (0x1d20000)
PDATA (0x1d20004)
PCONB (0x1d20008)
PDATB (0x1d2000c)
PCONC (0x1d20010)
PDATC (0x1d20014)
PUPC (0x1d20018)
PCOND (0x1d2001c)
PDATD (0x1d20020)
PUPD (0x1d20024)
PCONE (0x1d20028)
PDATE (0x1d2002c)

PUPE (0x1d20030)
PCONF (0x1d20034)
PDATF (0x1d20038)
PUPF (0x1d2003c)
PCONG (0x1d20040)
PDATG (0x1d20044)
PUPG (0x1d20048)

现对 B 口和 C 口举例说明。对于 B 口如表 2－1～表 2－3 所列。

表 2－1 B 口寄存器

寄存器	地 址	读/写类型	描 述	复位值
PCONB	0x01D20008	R/W	配置 PORT B	0x7FF
PDATB	0x01D2000C	R/W	数据寄存器	未定义

表 2－2 PCONB 寄存器

PCONB	位	描 述
PB10	[10]	0=OUT;1 = NGCS5
PB9	[9]	0 = OUT;1 = NGCS4
PB8	[8]	0=OUT;1 = NGCS3
PB7	[7]	0=OUT;1 = NGCS2
PB6	[6]	0=OUT;1 = NGCS1
PB5	[5]	0=OUT;1 = nWBE3
PB4	[4]	0=OUT;1 = nWBE2
PB3	[3]	0=OUT;1 = nCAS3
PB2	[2]	0=OUT;1 = nCAS2
PB1	[1]	0=OUT;1 = SCLK
PB0	[0]	0=OUT;1 = SCKE

表 2－3 PDATB 寄存器

PDATB	位	描 述
PB[10:0]	[10:0]	当端口配置为输出时，引脚状态和位状态一致； 当配置为功能引脚时，值未定义状态

也就是说，在地址 0x01D20008 处，给该地址的前十位的每一位赋值，那么，在 CPU 的引脚上就定义了引脚的功能值。当 B 口某引脚配置成输出端口时，则在 PDATB 对应地址中的对应位上，写入 1(该引脚输出为高电平)或写入 0(则该引脚输出为低电平)。若配置为功能引脚，则该引脚变成具体的功能引脚。

对于 C 口如表 2-4～表 2-7 所列。

表 2-4　C 口寄存器

寄存器	地　址	读/写类型	描　述	复位值
PCONC	0x01D20010	R/W	配置 PORT C	0xAAAAAAAA
PDATC	0x01D20014	R/W	数据寄存器	未定义
PUPC	0x01D20018	R/W	C 口上拉电阻配置	0

表 2-5　PCONC 寄存器

PCONC	位	描　述
PC15	[31:30]	00=Input;01=Output;10=DATA31;11=nCTS0
PC14	[29:28]	00=Input;01=Output;10=DATA30;11=nRTS0
PC13	[27:26]	00=Input;01=Output;10=DATA29;11=RxD1
PC12	[25:24]	00=Input;01=Output;10=DATA28;11=TxD1
PC11	[23:22]	00=Input;01=Output;10=DATA27;11=nCTS1
PC10	[21:20]	00=Input;01=Output;10=DATA26;11=nRTS1
PC9	[19:18]	00=Input;01=Output;10=DATA25;11=nXDREQ1
PC8	[17:16]	00=Input;01=Output;10=DATA24;11=nXDACK1
PC7	[15:14]	00=Input;01=Output;10=DATA23;11=VD4
PC6	[13:12]	00=Input;01=Output;10=DATA22;11=VD5
PC5	[11:10]	00=Input;01=Output;0=DATA21;11=VD6
PC4	[9:8]	00=Input;01=Output;10=DATA20;11=VD7
PC3	[7:6]	00=Input;01=Output;10=DATA19;11=IISCLK
PC2	[5:4]	00=Input;01=Output;10=DATA18;11=IISDI
PC1	[3:2]	00=Input;01=Output;10=DATA17;11=IISDO
PC0	[1:0]	00=Input;01=Output;10=DATA16;11=IISLRCK

表 2-6 PDATC 寄存器

PDATC	位	描 述
PC[15:0]	[15:0]	当端口配置为输入时，引脚状态和位状态一致； 当端口配置为输出时，引脚状态和位状态一致； 当配置为功能引脚时，值未定义状态

表 2-7 PUPC 寄存器

PUPC	位	描 述
PC[15:0]	[15:0]	0 对应引脚配置上拉电阻； 1 对应引脚不配置上拉电阻

也就是说，在地址 0x01D20010 处，给该地址的 32 位的每一位赋值，那么，在 CPU 的引脚上就定义了引脚的功能值。当 C 口某引脚配置成输入端口，则在 PDATC 对应地址中的对应位上得到 1(该引脚的输入为高电平)或 0(该引脚的输入为低电平)。当 C 口某引脚配置成输出端口，则在 PDATC 对应地址中的对应位上，写入 1(该引脚输出为高电平)或 0(该引脚输出为低电平)。若配置为功能引脚，则该引脚变成具体的功能引脚。

【实验步骤】

① 本实验使用实验教学系统的 CPU 板。在进行本实验时，LCD 电源开关、音频的左右声道开关、A/D 通道选择开关、触摸屏中断选择开关等均应处在关闭状态。

② 在 PC 机并口和实验箱 CPU 板上的 JTAG 接口之间，连接 SDT 调试电缆。

③ 接入电源线缆，给系统上电。

④ 打开 SDT 开发环境，打开随书所配光盘中的硬件实验\SDT\实验六目录下的 IO.apj 项目文件，并进行编译。若出现编译错误，参照 2.2 节中的解决办法解决。

⑤ 编译通过后，首先启动 JTAG 驱动程序 JTAG-NT&2000.exe(操作系统是 Win2000；若是 Win98，需用 JTAG.exe)，之后运行 SDT 的调试环境，装载随书所配光盘中的硬件实验\SDT\实验六\Debug 中的映像文件 EuCos.axf。在 SDT 调试环境下，全速运行映像文件。观察 CPU 板上 D7 和 D8 灯轮流闪烁，以及同亮和同灭。这是对 GPIO 口操作结果的体现。

【参考程序】

1. 主程序

主程序如下：

```
#include "../inc/config.h"
#define    PCB   (*(volatile unsigned *) 0x01d20008)
```

```
#define     PDB   (*(volatile unsigned *) 0x01d2000c)
void Main(void)
{   Target_Init();                  //目标板初始化
    PCB = 0x7cf;                    //配置端口 PB4 和 PB5 为输出类型
    while(1)
    { Delay(1000);
        PDB = 0x7ff;                //熄灭 D7 和 D8
        Delay(1000);
        PDB = 0x7ef;                //点亮 D7
        Delay(1000);
        PDB = 0x7df;                //点亮 D8
        Delay(1000);
        PDB = 0x7cf;                //点亮 D7 和 D8
    }
}
```

2. 对 GPIO 口各寄存器的读/写程序

在程序中对 GPIO 口各寄存器的读/写实现是通过给宏赋值实现的。这些宏在 44b.h 中定义,具体如下:

```
#define rPCONA        (*(volatile unsigned *)0x1d20000)
#define rPDATA        (*(volatile unsigned *)0x1d20004)

#define rPCONB        (*(volatile unsigned *)0x1d20008)
#define rPDATB        (*(volatile unsigned *)0x1d2000c)

#define rPCONC        (*(volatile unsigned *)0x1d20010)
#define rPDATC        (*(volatile unsigned *)0x1d20014)
#define rPUPC         (*(volatile unsigned *)0x1d20018)

#define rPCOND        (*(volatile unsigned *)0x1d2001c)
#define rPDATD        (*(volatile unsigned *)0x1d20020)
#define rPUPD         (*(volatile unsigned *)0x1d20024)

#define rPCONE        (*(volatile unsigned *)0x1d20028)
#define rPDATE        (*(volatile unsigned *)0x1d2002c)
#define rPUPE         (*(volatile unsigned *)0x1d20030)

#define rPCONF        (*(volatile unsigned *)0x1d20034)
#define rPDATF        (*(volatile unsigned *)0x1d20038)
```

```
#define rPUPF           (*(volatile unsigned *)0x1d2003c)

#define rPCONG          (*(volatile unsigned *)0x1d20040)
#define rPDATG          (*(volatile unsigned *)0x1d20044)
#define rPUPG           (*(volatile unsigned *)0x1d20048)
```

因此,配置端口 A 时,在程序中用如下语句即可:

```
rPCONA = 0x3cf;//配置第 4 和第 5 位为输出引脚
rPDATA = 0x3ef;//配置第 4 位输出为低电平,第 5 位输出为高电平
```

其他的各功能寄存器在 44b.h 中也都有相应的定义。参照该做法,可把 GPIO 引脚配置成输入/输出端口,也可配置成所需的功能引脚。

2.7 ARM 的中断实验

【实验目的】

- 掌握 ARM7 的中断原理,能够对 S3C44B0X 的中断资源及其相关中断寄存器进行合理配置。
- 掌握对 S3C44B0X 的中断编程方法。

【实验设备】

- EL-ARM-830 教学实验箱,PentiumII 以上的 PC 机,仿真器电缆。
- PC 操作系统 Win98 或 Win2000 或 WinXP,ARM SDT 2.5 或 ADS 1.2 集成开发环境,仿真器驱动程序。

【实验内容】

- 学习响应外部中断请求的配置方法。
- 通过响应定时器中断,执行中断服务子程序,使 CPU 板上的 LED 指示灯 D7 闪烁。

【实验原理】

1. ARM 的中断原理

在 ARM 中,有两类中断:IRQ 和 FIQ。IRQ 是普通中断,FIQ 是快速中断。在进行大批量的复制、数据转移等工作时,常使用这些中断,FIQ 的优先级高于 IRQ。同时,它们都属于 ARM 的异常模式。

一旦有中断发生,不管是外部中断,还是内部中断,正在执行的程序都会停下来,PC 指针

将跳入异常向量的地址处。若是 IRQ 中断,则 PC 指针跳到 0x18 处;若是 FIQ 中断,则跳到 0x1C 处。异常向量地址处一般存有中断服务子程序的地址,所以,接下来 PC 指针将跳入中断服务子程序中。当完成中断服务子程序后,PC 指针会返回到被打断的程序的下一条地址处,继续执行程序。以上就是 ARM 中断操作的基本原理。

由于生产 ARM 处理器的各厂家都集成了很多中断请求源,比如,串口中断、A/D 中断、外部中断、定时器中断、DMA 中断等,所以,很多中断可能会同时发出请求。因此,为了区分它们,这些中断都设有相应的优先级。另外,当发生中断时,它们都有相应的中断标志位。通过在发生中断时判断中断优先级和访问中断标志位的状态,来识别到底发生了哪一个中断。

在各厂家生产的 ARM 处理器中,一般在 IRQ 中断中,又可通过专门的寄存器将其配置为两类中断:非向量中断和向量中断。所谓非向量中断,就是当中断发生时,PC 指针跳到 0x18 处。一般在 IRQ 的异常向量地址 0x18 处,不会直接放中断子程序的地址,而是放一个地址标号。在地址标号处,罗列着判断各个中断标志寄存器中相应位的程序,以及若判断出该位置位,即发生相应中断,就跳入相应的中断服务子程序中的程序。所谓向量中断,就是 ARM 处理器生产商,把串口中断、A/D 中断、外部中断、定时器中断、DMA 中断等中断的向量地址固定,一旦发生中断,PC 指针跳到 0x18 处,芯片便确定出是什么中断(同时发生中断时,通过优先级判断)。之后,PC 指针直接跳入该中断的向量地址,该向量地址中存放着各自中断服务程序的地址,因此,PC 指针又会直接跳入中断服务子程序中。这样,可以避免通过软件判断所带来的中断延时。三星的 S3C44B0X 就可实现这两种 IRQ 中断的配置。

2. 三星的 S3C44B0X ARM 处理器的中断使用

首先,如果 ARM7TDMI CPU 的 PSR 寄存器中的 F 位为 1,则 CPU 不会响应中断控制器的 FIQ 中断;同样,如果 ARM7TDMI CPU 的 PSR 寄存器中的 I 位为 1,则 CPU 也不会响应中断控制器的 IRQ 中断。为了使 CPU 响应中断,必须在启动代码中将上述位设为 0,并使 INTMSK 寄存器中的相应位置 0。

S3C44B0X 共有 30 个中断源,如表 2-8 所列。其中,4 个外部中断(EXTIN4、EXTIN5、EXTIN6 和 EXTIN7)共用 1 个中断控制器,2 个 UART 错误中断(UERROR0/1)共用 1 个中断控制器,因此共有 26 个中断控制器。

表 2-8 中断源

中断源	描 述	主 组	从 ID
EINT0	外部中断 0	mGA	sGA
EINT1	外部中断 1	mGA	sGB
EINT2	外部中断 2	mGA	sGC
EINT3	外部中断 3	mGA	sGD

续表 2-8

中断源	描　述	主　组	从 ID
EINT4/5/6/7	外部中断 4/5/6/7	mGA	sGKA
TICK	RTC 时钟节拍中断	mGA	sGKB
INT_ZDMA0	通用 DMA0 中断	mGB	sGA
INT_ZDMA1	通用 DMA1 中断	mGB	sGB
INT_BDMA0	桥 DMA0 中断	mGB	sGC
INT_BDMA1	桥 DMA1 中断	mGB	sGD
INT_WDT	看门狗定时器中断	mGB	sGKA
INT_UERR0/1	UART0/1 错误中断	mGB	sGKB
INT_TIMER0	Timer0 定时器中断	mGC	sGA
INT_TIMER1	Timer1 定时器中断	mGC	sGB
INT_TIMER2	Timer2 定时器中断	mGC	sGC
INT_TIMER3	Timer3 定时器中断	mGC	sGD
INT_TIMER4	Timer4 定时器中断	mGC	sGKA
INT_TIMER5	Timer5 定时器中断	mGC	sGKB
INT_URXD0	UART0 接收中断	mGD	sGA
INT_URXD1	UART1 接收中断	mGD	sGB
INT_IIC	IIC 中断	mGD	sGC
INT_SIO	SIO 中断	mGD	sGD
INT_UTXD0	UART0 发送中断	mGD	sGKA
INT_UTXD1	UART1 发送中断	mGD	sGKB
INT_RTC	RTC 警报中断	mGKA	—
INT_ADC	ADC 中断	mGKB	—

中断的优先级由主组号和从 ID 号的级别控制。

sGA、sGB、sGC 和 sGD 的优先级高于 sGKA 和 sGKB 的优先级。sGA、sGB、sGC 和 sGD 可以编程确定中断的优先级，sGKA 总是高于 sGKB 的优先级。mGA、mGB、mGC 和 mGD 可以编程确定中断的优先级，mGKA 总是高于 mGKB 的优先级。INT_RTC 和 INT_ADC 中断源在 30 个中断源中优先级最低，并且 INT_RTC 的优先级高于 INT_ADC 的优先级。

要正确使用 S3C44B0X 的中断控制器，必须按如下设置寄存器：

INTCON　　　0x01E00000　　　R/W　　　中断控制寄存器

INTPND	0x01E00004	R	中断挂起寄存器
INTMOD	0x01E00008	R/W	中断模式寄存器
INTMSK	0x01E0000C	R/W	中断屏蔽寄存器
I_PSLV	0x01E00010	R/W	确定 Slave 组的 IRQ 优先级
I_PMST	0x01E00014	R/W	Master 寄存器的 IRQ 优先级
I_CSLV	0x01E00018	R	当前 Slave 寄存器的 IRQ 优先级
I_CMST	0x01E0001C	R	当前 Master 寄存器的 IRQ 优先级
I_ISPR	0x01E00020	R	IRQ 中断服务挂起寄存器
I_ISPC	0x01E00024	W	IRQ 中断服务清除寄存器
F_ISPC	0x01E0003C	W	FIQ 中断服务清除寄存器

中断控制寄存器主要是使能 FIQ 中断，使能 IRQ 中断，以及设定 IRQ 是向量或非向量模式。

中断挂起寄存器主要是提供哪个中断有请求的标志寄存器。相应位置 1，则说明有该中断请求产生；相应位置 0，则无该中断请求产生。

中断模式寄存器主要是配置该中断是 IRQ 型中断，还是 FIQ 型中断。

中断屏蔽寄存器的主要功能是屏蔽相应中断的请求，即使中断挂起寄存器的相应位已经置 1，若中断屏蔽寄存器相应位置 1，则中断控制器仍将屏蔽该中断请求，使 CPU 无法响应该中断。

I_PSLV、I_PMST、I_CSLV 和 I_CMST 寄存器是确定向量型 IRQ 中断的优先级级别的寄存器。

I_ISPR 为向量 IRQ 中断服务挂起状态寄存器。当向量 IRQ 中断发生时，该寄存器内只有一位被设置，即只有当前要服务的中断标志位置位。通过读该寄存器的值，就能判断出哪个中断发生了。

I_ISPC 和 F_ISPC 寄存器分别为 IRQ 中断服务清除寄存器和 FIQ 中断服务清除寄存器。它们的作用是，当向其写入数据时，就能清除掉中断挂起寄存器中的中断请求标志位，以使 CPU 不再响应中断。其实，CPU 响应中断是看中断挂起寄存器中的请求标志位有没有置位，若置位，且屏蔽位打开，ARM7TDMI 的 PSR 寄存器的 F 或 I 位也打开，那么，CPU 就响应中断；否则，如果有一个条件不成立，则 CPU 无法响应中断。

3. 中断编程实例

在 ADS1.2 的开发环境下，打开随书所配光盘中的硬件实验/ADS/实验七目录下的 Interrupt.mcp项目。在 Application/SRC/Main.c 中可以看到，主程序中，在进行目标板初始化后，程序将进入死循环，且等待中断。在 Startup44b0/target.C 文件中，包括有对要使用的中断控制器的初始化程序和 CPU 响应该中断后的中断服务子程序。

该项目的程序流程是，按下程序启动后，初始化定时器 1，设定定时器的中断时间。然后，等待定时器中断，当定时器中断到来时，就会进入定时器中断服务子程序，而中断服务子程序会把 D7 灯熄灭或点亮。从现象中看到 D7 灯忽闪一次，则说明定时器发生了一次中断。最后，关闭中断请求，等待下一次中断的到来。为使 CPU 响应中断，在中断服务子程序执行之前，必须打开 ARM7TDMI 的 CPSR 寄存器中的 I 位和相应中断屏蔽寄存器中的位。

打开 ARM7TDMI 的 CPSR 中的 I 位，是通过在 Startup44B0/SRC/target. c 中的 Target_Init( )函数中调用 StartInterrupt( )函数来完成的，StartInterrupt( )函数在 Startup44B0/SRC/44binit. s 中。打开相应中断屏蔽寄存器中的位，是通过 target. c 中的 void Timer1INT_Init(void)函数完成的。在做了这些准备后，就可以等待中断的到来了。

【实验步骤】

① 本实验仅使用实验教学系统的核心 CPU 板。在进行本实验时，LCD 电源开关，音频的左右声道开关、A/D 通道选择开关、触摸屏中断选择开关等均应处在关闭状态。

② 在 PC 机并口和实验箱的 CPU 之间，连接 SDT 调试电缆。

③ 检查线缆连接是否可靠。可靠后，接入电源线缆，给系统上电。

④ 打开随书所配光盘中的硬件实验\SDT\实验七目录下的 interrupt. apj 项目文件，并进行编译。若出现编译错误，参照 2. 2 节中的解决办法解决。

⑤ 编译通过后，首先启动 JTAG 驱动程序 JTAG-NT&2000. exe(操作系统是 Win2000；若是 Win98，需用 JTAG. exe)，之后运行 SDT 的调试环境，并装载随书所配光盘中的硬件实验\SDT\实验七\Debug 中的映像文件 EuCos. axf。在 SDT 调试环境下全速运行映像文件。观察 D7 的变化，D7 灯会由于定时中断 1 s 发生一次，而 1 s 闪烁一次。

⑥ 可以改变闪烁的频率，即修改 Startup44b0/target. c 文件内 void Timer1_init(void)函数里 rTCNTB1＝0x61A8 语句的赋值，数字量越小，闪烁频率越快。编译全速运行，观看结果。重新将该语句赋值为 rTCNTB1＝0x61A8，定义定时器中断 1 s 产生一次。改变 void __irq Timer1_ISR(void)函数内 if (flag＝＝0)下的语句 rPDATB＝0x7EF 为 rPDATB＝0x7DF，此时，闪烁的指示灯将变为 D8。编译、下载、运行，观察实验结果，看闪烁频率和指示灯的变化。

【参考程序】

1. 函数 void Target_Init( )

具体如下：

```
//************目标板初始化程序*************//
void Target_Init(void)
{
    Port_Init();
```

```
    Exep_S3cINT_Init();
    Cache_Init();
    Timer1_init();
    Timer1INT_Init();
    StartInterrupt();         //开中断,在此之前都是关中断状态,在 44binit.s 中定义
}
```

2. 函数 StartInterrupt()

具体如下:

```
//************* 中断开始函数 *************//
EXPORT  StartInterrupt
StartInterrupt
    MSR     CPSR_c, #SVCMODE
    MOV     PC, LR
```

3. 函数 Cache_Init()

具体如下:

```
//************* S3C44B0X 内部缓存的初始化程序 *************//
void Cache_Init(void)
{
    rSYSCFG = SYSCFG_8KB;
    rNCACHBE0 = 0x20001c00;
    rNCACHBE1 = 0xe0003000;
}
```

4. 函数 void Timer1_init()

具体如下:

```
//************* 定时器初始化程序 *************//
void Timer1_init(void)
{
    rTCFG0    = 0xC8;         // MCLK/200
    rTCFG1    = 0x20;         //MCLK/20/8
    rTCNTB1   = 0x61A8;       //在 40 MHz 下,1 s 的记数值 rTCNTB1 = 0x61A8;
    rTCMPB1   = 0x00;
    rTCON     = 0x0200;       //禁止定时器 1,手动加载
    rTCON     = 0x0900;       //启动定时器 1,自动装载
}
```

5. 函数 void __irq Timer1_ISR()

具体如下:

```
//************* 定时器中断服务子程序 *************//
void __irq Timer1_ISR( void )
{
    //rINTMSK   = (BIT_GLOBAL|BIT_TIMER1);     //关中断
     if (flag == 0)
     {
         rPDATB = 0x7ef;
         flag = 1;
     }
     else
     {
         rPDATB = 0x7ff;
         flag = 0;
     }
        rI_ISPC = BIT_TIMER1;
 //     rINTMSK = ~(BIT_GLOBAL|BIT_TIMER1);     //开中断
}
```

6. 函数 Timer1INT_Init()

具体如下：

```
//************* 定时器中断初始化程序 *************//
void    Timer1INT_Init()
{
     if ((rINTPND & BIT_TIMER1))
     {
         rI_ISPC = BIT_TIMER1;
     }
    rINTMSK   = ~(BIT_GLOBAL|BIT_TIMER1);  //开中断;
    pISR_TIMER1 = (int)Timer1_ISR;


}
```

7. 函数 Exep_S3cint_Init()

具体如下：

```
//************* 异常及中断控制器的初始化 *************//
void Exep_S3cINT_Init(void)
{
    int rr,qq;
    pISR_UNDEF   = (unsigned)HaltUndef;
```

```
    pISR_SWI      = (unsigned)HaltSwi;
    pISR_PABORT   = (unsigned)HaltPabort;
    pISR_DABORT   = (unsigned)HaltDabort;
    pISR_FIQ      = (unsigned)HaltFIQ;

    rINTCON = 0x1;                 //所有中断均使用向量中断,打开 IRQ ,禁止 FIQ
    rINTMOD = 0x00
    //所有模式配置为 IRQ 模式
    rINTMSK = 0x07ffffff;
    //屏蔽所有中断

    rr = rI_ISPC;
    rr = rINTPND;
    rr = rEXTINPND;
    rEXTINPND = 1;
    rI_ISPC = 0x3ffffff;           //中断清除;
    rr = rEXTINPND;
    qq = rINTPND;
}
```

8. 函数 Port_Init(void)

具体如下:

```
//************ 端口初始化 ************//
//注意:应遵循配置端口的次序
// 1) 设定端口初值 2) 配置控制寄存器 3) 配置上拉电阻寄存器
void Port_Init(void)
{
    //端口 A 控制组
    //  BIT 9   8     7       6       5       4       3       2       1       0
    //  GPA9    GPA8  ADDR22  ADDR21  ADDR20  ADDR19  ADDR18  ADDR17  ADDR16  ADDR0
    //  0,      0,    1,      1,      1,      1,      1,      1,      1,      1
    //  GPA9->SMCALE, GPA8->SMCCLE
    rPCONA = 0x3ff;

    //端口 B 控制组
    //位  10    9     8          7     6     5     4      3      2      1      0
    //   /CS5  /CS4  /CS3       /CS2  /CS1  0     0      /SRAS  /SCAS  SCLK   SCKE
    //         以太网 NANDFLASH  USB   LED   LED   Sdram  Sdram  Sdram  Sdram
    //    1,    1,    1,         1,    1,    0,    0,     1,     1,     1,     1
```

```
rPDATB = 0x7ff;
rPCONB = 0x7cf;

//端口 C 控制组
// 位   15        14        13      12      11      10      9       8
//      0         0         RXD1    TXD1    nCTS1   nCTS0   0       M/S
//      NAN_CLE   NAN_ALE   Uart1   Uart1   nCTS1   nCTS0   NAN_CE  USB
//      01        01        11      11      11      11      01      01

// 位   7         6         5       4       3       2       1       0
//      lcd       lcd       lcd     lcd     IIS     IIS     IIS     IIS
//      VD4       VD5       VD6     VD7     IISCLK  IISDI   IISDO   IISLRCK
//      11        11        11      11      11      11      11      11
rPDATC = 0xffff;    //所有的 I/O 口使能
rPCONC = 0x5ff5ffff;
rPUPC = 0x0000;     //对 I/O 口使能上拉电阻

//端口 D 控制组
// 位   7         6         5       4       3       2       1       0
//      VFRAME    VM        VLINE   VCLK    VD3     VD2     VD1     VD0
//      10        10        10      10      10      10      10      10
//rPDATD = 0xff;
rPCOND = 0xaaaa;
rPUPD = 0x00;

//端口 E 控制组
//位    8         7         6       5       4       3       2       1       0
//      CODECLK   TOUT4     TOUT3   TOUT2   TOUT1   TOUT0   RXD0    TXD0    IN
//      10        01        10      10      10      10      10      10      00
rPDATE = 0x1;
rPCONE = 0x26AA8;
rPUPE  = 0x1FE;

//端口 F 控制组
//位    8     7     6     5     4         3         2       1       0
//      输出  输入  输出  输出  nXDREQ0   nXDACK0   nWAIT   IICSDA  IICSCL
//      001   000   001   001   11        11        10      10      10
rPDATF = 0x1FF;
rPCONF = 0x827EA;
```

```
rPUPF = 0x0;

//端口 G 控制组
// 位 7        6       5       4       3       2       1       0
//     INT7    INT6    INT5    INT4    INT3    INT2    INT1    INT0
//     11      11      11      11      11      11      11      11
rPDATG = 0x00;
rPCONG = 0xffff;
rPUPG = 0x0;

rSPUCR = 0x7;              //D15～D0 禁止上拉
rEXTINT = 0x22222222;      //所有的外部硬件中断为低电平触发
//rEXTINT = 0x00;          //所有的外部硬件中断为低电平触发
}
```

2.8 ARM 的 DMA 实验

【实验目的】

- 了解 DMA 传送原理。
- 了解并熟悉 DMA 的概念及其工作原理。
- 掌握 ARM 中相应寄存器的配置。
- 能够用 C 编写相应的程序。

【实验设备】

- EL-ARM-830 教学实验箱，PentiumII 以上的 PC 机，仿真器电缆，串口电缆。
- PC 操作系统 Win98 或 Win2000 或 WinXP，ARM SDT 2.5 或 ADS 1.2 集成开发环境，仿真器驱动程序。

【实验内容】

在主程序 Main()函数中的 rBDICNT0=(2<<30)+(1<<20)+0x01000 处设置断点后，全速运行映像文件，接着再单步运行。最后，在串口助手的接收栏中，将接收 4096 个字符。

【实验原理】

在 2.7 节中讲过，中断方式是在 CPU 控制下进行的。中断方式尽管可以实时的响应外部中断源的请求,但由于它需要额外的开销时间,以及中断处理服务时间,使得中断的响应频率受到限制。当高速外设与计算机系统进行信息交换时,若采用中断方式,CPU 将会频繁的出现中断而不能完成主要任务,或者根本来不及响应中断而造成数据的丢失。因此,传输速率受 CPU 运行指令速度的限制。

典型的 DMA 控制器的工作过程大致如下。

① DMAC(DMA 控制器)发出 DMA 传送请求。

② DMAC 通过连接到 CPU 的 HOLD 信号向 CPU 提出 DMA 请求。

③ CPU 在完成当前总线操作后,会立即对 DMA 请求作出响应。CPU 的响应包括两个方面:一是 CPU 将控制总线、数据总线和地址总线浮空,即放弃对这些总线的控制权;二是 CPU 将有效的 HLDA 信号加到 DMAC 上,以通知 DMAC,CPU 已经放弃了总线的控制权。

④ CPU 将总线浮空,由 DMAC 接管系统总线的控制权,并向外设送出 DMA 的应答信号。

⑤ DMAC 送出地址信号和控制信号,实现外设与内存或内存之间大量数据的快速传送。

⑥ DMAC 将规定的数据字节传送完之后,通过向 CPU 发 HOLD 信号,撤消对 CPU 的 DMA 请求。CPU 收到此信号后,一方面使 HLDA 无效,另一方面又从新开始控制总线,实现正常取指令,分析指令,执行指令的操作。

DMA 传送包括三种方式:I/O 接口到存储器;存储器到 I/O 接口;存储器到存储器。它们具有不同的特点,所需要的控制信号也不同。

采用 DMA(Direct Memory Acess)方式传送数据,可以确保外设和计算机系统之间进行高速信息交换。这种方式是存储器与外设在 DMA 控制器的控制下,直接传送数据,而不必通过 CPU,传输速率主要取决于存储器的存取速度。DMA 传输方式为高速 I/O 设备和存储器之间的批量数据交换提供了直接的传输通道。这里,“直接”的含义是指在 DMA 传输过程中,DMA 控制器负责管理整个操作,CPU 不参与管理。

S3C44B0X 拥有 4 通道的 DMA 控制器,其中有两个 DMA 称为 ZDMA(普通 GDMA),连接 SSB(Samsung System Bus,三星系统总线);另外两个 DMA 称为 BDMA(桥梁 DMA),在桥内。桥是 SSB 和 SPB(Samsung Peripheral Bus,三星外围总线)之间的接口层。ZDMA 和 BDMA 的操作由 S/W(SoftWare),或来自内部设备,或外部请求引脚(nXDREQ0/1)的请求来启动。ZDMA 寄存器控制从内存到内存的数据传输,以及从内存到 I/O 设备的数据传输;而 BDMA 控制着数据从内存到 I/O 设备的双向传输。在这里,I/O 设备指的是接到一些外设总线上的设备,比如 IIS、SIO、UART 等外部设备。

ZDMA 最大的特性是 on-the-fly 模式。on-the-fly 模式有不可分割的读/写周期,在这点上,ZDMA 与普通的 DMA 不同,可以减少在外部存储器和外部可寻址的外设之间 DMA 操作的周期数。

对于 ZDMA,S3C44B0X 用一个 4 字的 FIFO 缓冲区来支持 4 字突发 DMA 传输。因为

BDMA 不支持突发 DMA 传输,因此存储器之间的传输数据最好用 ZDMA 传输,以提供高的传输速度。

由于本节的程序是用 DMA 方法实现串口数据的发送,因此使用 BDMA。

下面介绍对 S3C44B0X 相关寄存器的配置。

表 2-9 列出了 BDMA 控制寄存器的配置说明。BDMA 控制寄存器主要用于对 DMA 通道的控制,包括 BDCONO 和 BDCON1 两个,其地址分别为 0x01F80000 和 0x01F80020,均具有读/写(R/W)属性,初始值均为 0x00。推荐使用值为 0x00,即若使能了 UART 的 DMA 传输,上电时 DMA 处于等待状态。

表 2-9 BDMA 控制寄存器

位	位名称	描述
[7:6]	INT	保留 00
[5:4]	STE	DMA 通道的状态(只读)。 在 DMA 的传输计数开始之前,STE 保持在准备好状态。 00=Ready;01=Not TC yet;10=Terminal Count;11=N/A
[3:2]	QDS	忽略/允许外部 DMA 请求(nXDREQ)。 00=Enable　　其他=Disable
[1:0]	CMD	软件命令,00=没有命令。在写 01、10、11 后,CMD 位被自动清除。 01=保留;10=保留;11=取消 DMA 操作

表 2-10 列出了 BDMA 初始化/当前的源/目标/计数器地址寄存器的说明。

表 2-10 BDMA 初始化/当前的源/目标/计数器地址寄存器

寄存器	地址	R/W	描述	初始值
BDISRC0	0x01F80004	R/W	BDMA0 初始化的源地址寄存器	0x00000000
BDIDES0	0x01F80008	R/W	BDMA0 初始化的目标地址寄存器	0x00000000
BDICNT0	0x01F8000C	R/W	BDMA0 初始化的计数器地址寄存器	0x00000000
BDISRC1	0x01F80024	R/W	BDMA1 初始化的源地址寄存器	0x00000000
BDIDES1	0x01F80028	R/W	BDMA1 初始化的目标地址寄存器	0x00000000
BDICNT1	0x01F8002C	R/W	BDMA1 初始化的计数器地址寄存器	0x00000000
BDCSRC0	0x01F80010	R	BDMA0 当前的源地址寄存器	0x00000000
BDCDES0	0x01F80014	R	BDMA0 当前的目标地址寄存器	0x00000000
BDCCNT0	0x01F80018	R	BDMA0 当前的计数器地址寄存器	0x00000000
BDCSRC1	0x01F80030	R	BDMA1 当前的源地址寄存器	0x00000000
BDCDES1	0x01F80034	R	BDMA1 当前的目标地址寄存器	0x00000000
BDCCNT1	0x01F80038	R	BDMA1 当前的计数器地址寄存器	0x00000000

表 2-11 列出了 BDMA 源地址寄存器的配置说明。

表 2-11 BDMA 源地址寄存器(0x3C140000)

位	位名称	描 述	初始值
[31:30]	DST	传输的数据类型。 00＝字节;01＝半字;10＝字;11＝未用	00
[29:28]	DAL	加载地址方向。 00＝N/A;01＝增加;10＝减少;11＝固定	00
[27:0]	ISADDR/CSADDR	BDMAn 的初始/当前源地址	0x0000000

注:ISADDR/CSADDR [27:0]选择 0xC140000(内存地址)。

表 2-12 列出了 BDMA 目标地址寄存器的配值说明。

表 2-12 BDMA 目标地址寄存器(0x71D00020)

位	位名称	描 述	初始值
[31:30]	TDM	传输方向模式。 00＝保留; 01＝M2IO (从外部存储器到内部外设); 10＝IO2M (从内部外设到外部存储器); 11＝ IO2IO (从内部外设到内部外设)。 注:即使不使用 BAMA 通道,也必须改变该值	00
[29:28]	DAS	存储地址方向。 00＝N/A;01＝增加;10＝减少;11＝内部外设(固定地址)	00
[27:0]	IDADDR/CDADDR	BDMAn 的初始/当前目标地址	0x0000000

注:IDADDR/CDADDR[27:0]选择 0x01D00020(UARTO Tx buffer 地址)。

这些配置完成后,就打开了 DMA 的通道。同时,也让 DMA 控制器知道:要传送的程序的起始地址在哪儿,要把它放到哪去;传输过程中,是一次把多少位长的数据搬走,是递增还是递减搬移;DMA 在上电时是否就绪,是否打开了要传输的外设等问题。

接下来介绍如何控制 DMA 控制器。表 2-13 列出了 BAMA 特殊功能计数寄存器的配置。

表 2-13　BAMA 计数寄存器(0x84100005)

位	位名称	描　述	初始值
[31:30]	QSC	选择 DMA 请求源。 00=N/A;01=IIS;10=UART0;11=SIO	00
[29:28]	Reserved	00=握手模式	00
[27:26]	Reserved	01=单元(unit)传送模式	01
[25:24]	Reserved	00=不支持 on-the-fly 模式	00
[23:22]	INTS	中断模式设置。 00=查询模式;01=N/A;10=无论什么时候传输都产生中断; 11=当中断计数时产生中断	00
[21]	AR	在 DMA 计数到 0 时自动加载和自动开始 。 0=禁止;1=使能	0
[20]	EN	DMAH/W 允许/不允许。 0=禁止 DMA;1=使能 DMA。 如果 S/W 命令取消,DMA 操作也将被取消。 EN 位被清除在中断计数时,EN 位也被清除	0
[19:0]	ICNT/CCNT	ZDMAn 的初始/当前传输计数值,必须正确设置。 如果传输单位为字节,ICNT 每次减小 1; 如果传输单位为半字,ICNT 每次减小 2; 如果传输单位为字,ICNT 每次减小 4	0x00000

下面介绍一下 ZDMA 特殊功能寄存器的配置参数,如表 2-14 所列。该寄存器主要用于对 DMA 通道的控制,包括 ZDCONO 和 ZDCON1 两个,其地址分别为 0x01E80000 和 0x01E80020,均具有读/写(R/W)属性,初始值均为 0x00。

表 2-14　ZDMA 控制寄存器

位	位名称	描　述
[7:6]	INT	保留
[5:4]	STE	DMA 通道的状态(只读)。 在 DMA 的传输计数开始之前,STE 保持在准备好状态 00。 00=Ready;01=Not TC yet ;10=Terminal Count;11=N/A
[3:2]	QDS	忽略/允许外部 DMA 请求(nXDREQ)。 00=Enable;其他=Disable

续表 2-14

位	位名称	描　述
[1:0]	CMD	软件命令，在写 01、10、11 后，CMD 位被自动清除，nXDREQ 允许。 00＝没有命令； 01＝由 S/W 启动 DMA 操作，S/W 启动功能能用在 whole mode； 10＝停止 DMA 操作，但 nXDREQ 仍允许； 11＝取消 DMA 操作

注：如果通过 CMD＝01B 来启动 ZDMA 操作，则 DREQ 协议必须是完整服务模式。

表 2-15 列出了 ZDMA 初始化的源/目标/计数器地址寄存器的说明。

表 2-15　ZDMA 初始化的源/目标/计数器地址寄存器

寄存器	地　址	R/W	描　述	初始值
ZDISRC0	0x01E80004	R/W	ZDMA0 初始化的源地址寄存器	0x00000000
ZDIDES0	0x01E80008	R/W	ZDMA0 初始化的目标地址寄存器	0x00000000
ZBDICNT0	0x01E8000C	R/W	ZDMA0 初始化的计数器地址寄存器	0x00000000

详细的设置，请参见随书所配光盘中的硬件实验\SDT\实验八目录下的 DMA. apj 项目文件。

【实验步骤】

① 本实验使用实验教学系统的 CPU 板。在进行本实验时，LCD 电源开关、音频的左右声道开关、A/D 通道选择开关、触摸屏中断选择开关等均应处在关闭状态。

② 在 PC 机并口和实验箱 CPU 板上的 JTAG 接口之间，连接 SDT 调试电缆，并在串口间连接公/母接头串口线。

③ 检查线缆连接是否可靠。可靠后，接入电源线缆，给系统上电。

④ 打开随书所配光盘中的实验程序\硬件实验\SDT\实验八目录下的 DMA. apj 项目文件，并进行编译。若出现编译错误，参照 2. 2 节中的解决办法解决。

⑤ 打开串口助手，进行设置（波特率为 115200，8 位数据，1 位停止位，无奇偶校验），且设为十六进制显示。

⑥ 编译通过后，首先启动 JTAG 驱动程序 JTAG-NT&2000. exe（操作系统是 Win2000；若是 Win98，需用 JTAG. exe），之后运行 SDT 的调试环境，装载随书所配光盘中的硬件实验\SDT\实验八\debug 目录下中的映像文件 EuCos. axf。在 SDT 调试环境下，在主程序 Main() 函数中的 rBDICNT0＝(2＜＜30)＋(1＜＜20) ＋ 0x01000 处设置断点，全速运行映像文件到该处。接着单步运行，在串口助手的接收栏中，将接收 4 096

个字符，在串口助手的最下面可以看到接收的字符数，而此时 CPU 已经停止，但是串口仍然在发送数据。这些数据的传送就是通过 DMA 控制器发送的，它没有通过 CPU，这说明 DMA 的直接存储器访问功能得以实现。

【参考程序】

1. DMA 的初始化代码

下面给出了 DMA0 的初始化代码：

```
int Zdma0Int(int srcAddr,int dstAddr,int length,int dw)
//returns the checksum
{
int time;
zdma0Done = 0;
rINTMSK = ~(BIT_GLOBAL|BIT_ZDMA0);
rZDISRC0 = srcAddr|(dw<<30)|(1<<28);                    //数据源地址
rZDIDES0 = dstAddr|( 2<<30)|(1<<28);                    //数据目标地址
rZDICNT0 = length |( 2<<28)|(1<<26)|(3<<22)|(1<<20);
//全部,单元传输,使能 DMA
rZDCON0 = 0x1;                                          //启动

Timer_Start(3);                                         //定时器启动
while(zdma0Done == 0);
time = Timer_Stop();
Uart_Printf("ZDMA0 %8x-> %8x, %x:time =  dms\n",srcAddr,dstAddr,length,time);// * 128E-6);
rINTMSK = BIT_GLOBAL;
return time;
}
```

2. 函数主程序

函数主程序代码如下：

```
void  Main()
{
  Target_Init();
  SEND_DATA = 0xAA;

   /****** BDMA0 初始化 ******/
    rBDCON0 = 0x00;
    rBDISRC0 = (0<<30) + (3<<28) + ((int)SEND_ADDR);      //字符,固定,发送地址
```

```
rBDIDES0 = (1<<30) + (3<<28) + (int)(UTXH0);      //IO2M,固定,UTXH0
rBDICNT0 = (2<<30) + (1<<20) + 0x01000;           //传输 DMA,传输/接收
FIFO --> start piling.... enable
  while(1);

}
```

2.9　串口通信实验

【实验目的】

- 了解并熟悉 S3C44B0X 处理器的 UART 结构及其工作原理。
- 掌握 S3C44B0X 中 UART 模块的寄存器配置方法。
- 掌握用 C 语言编写串口通信程序的方法。

【实验设备】

- EL-ARM-830 教学实验箱，PentiumII 以上的 PC 机，仿真器电缆，串口电缆。
- PC 操作系统 Win98 或 Win2000 或 WinXP，ARM SDT 2.5 或 ADS 1.2 集成开发环境，仿真器驱动程序。

【实验内容】

学习 S3C44B0X 的 UART 相关寄存器配置原理，熟悉 S3C44B0X 中 UART 控制的原理，并在此基础上编写串口通信程序。实现将数据由开发板发送到 PC 机的功能。

【实验原理】

通用的串行 I/O 接口有多种，最常见的一种标准是美国电子工业协会推荐的 RS-232C。这种标准在 PC 系列中大量采用 9 针接插件。在 ARM 处理器中，也采用了这种标准。

串行通信接口电路一般由可编程的串行接口芯片、波特率发生器、EIA 与 TTL 电平转换器和地址译码电路组成。采用的通信协议有两类：异步协议和同步协议。随着大规模集成电路技术的发展，通用的同步 UART 和异步 UART 接口芯片种类越来越多，但它们的基本功能是类似的。采用这些芯片作为串行通信接口电路的核心芯片，会使电路结构比较简单。下面将分别介绍异步串行通信的基本原理、串行接口的物理层标准和 S3C44B0X 串行口控制器。

1. 异步串行通信

异步串行方式是将传输数据的每个字符一位接一位（例如先低位、后高位）地传送。数据

的各不同位可以分时使用同一传输通道，因此串行 I/O 可以减少信号连线，最少用一对线即可进行。接收方对于同一根线上一连串的数字信号，首先要分割成位，再按位组成字符。为了恢复发送的信息，双方必须协调工作。在微型计算机中，大量使用异步串行 I/O 方式，双方使用各自的时钟信号，而且允许时钟频率有一定误差(使实现较容易)。但是由于每个字符都要独立确定起始和结束(即每个字符都要重新同步)，而且字符和字符间还可能有长度不定的空闲时间，因此效率较低。

图 2-38 给出异步串行通信中一个字符的传送格式。开始前，线路处于空闲状态，送出连续 1。传送开始时，首先发一个 0 作为起始位，然后出现在通信线上的是字符的二进制编码数据。每个字符的数据位长可以约定为 5 位、6 位、7 位或 8 位，一般采用 ASCII 编码。后面是奇偶校验位，根据约定，用奇偶校验位将所传字符中为 1 的位数凑成奇数个或偶数个；也可以约定不要奇偶校验，这样将取消奇偶校验位。最后是表示停止位的信号 1，这个停止位可以约定持续 1 位、1.5 位或 2 位的时间宽度。至此，一个字符传送完毕，线路又进入空闲，并持续为 1。经过一段随机时间后，当下一个字符开始传送时，才又发出起始位。每一个数据位的宽度等于传送波特率的倒数。微机异步串行通信中，常用的波特率为 110、150、300、600、1 200、2 400、4 800、9 600 bps 等。

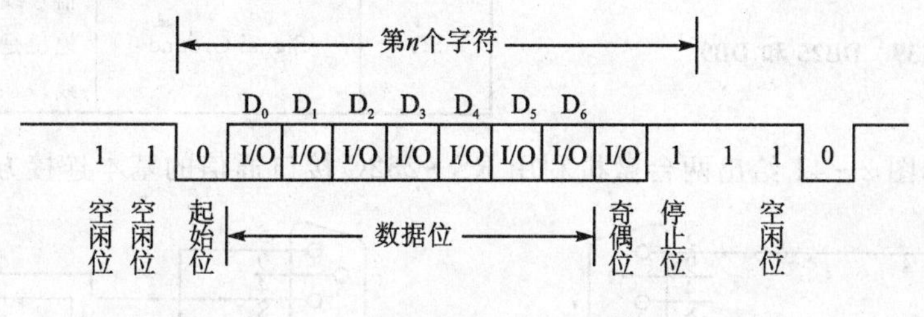

图 2-38 串行通信字符格式

2. 串行接口的物理层标准

通用的串行 I/O 接口有许多种，现就最常见的 2 种标准作简单介绍。

1) EIA RS-232C

EIA(Electronic Industries Association RecollmendedStandard) RS-232C 是美国电子工业协会推荐的一种标准。它在一种 25 针接插件(DB25)上定义了串行通信的有关信号。这个标准后来被世界各国所接受，并使用到计算机的 I/O 接口中。在实际的异步串行通信中，并不要求全部用 RS-232C 信号，许多 PC/XT 兼容机仅用 15 针接插件(DBI5)引出其异步串行 I/O 信号，而 PC 中也是采用 9 针接插件(DB9)。图 2-39 分别给出了 DB25 和 DB9 的引脚定义，表 2-16 列出了引脚的名称和简要说明。

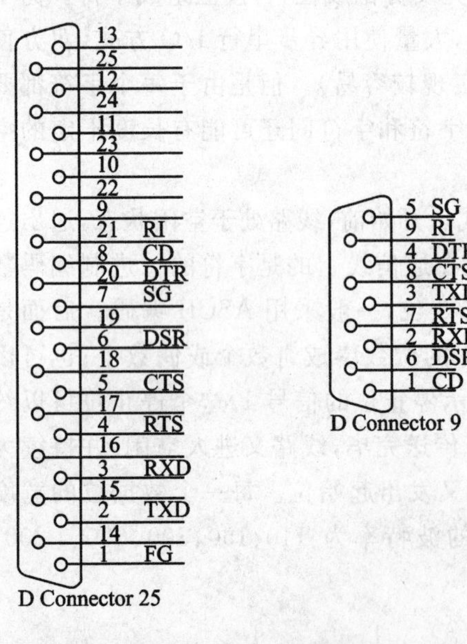

图 2-39　DB25 和 DB9

表 2-16　引脚的名称以及简要说明

引脚名称	全　称	说　明
FG	Frame Ground	连到机器的接地线
TXD	Transmitted Data	数据输出线
RXD	Received Data	数据输入线
RTS	Request to Send	要求发送数据
CTS	Clear to Send	回应对方发送的 RTS 的发送许可，告诉对方可以发送
DSR	Data Set Ready	告知本机在待命状态
DTR	Data Terminal Ready	告知数据终端处于待命状态
CD	Carrier Detect	载波检出，用以确认是否收到 Modem 的载波
SG	Signal Ground	信号线的接地线（严格地说是信号线的零标准线）

图 2-40 和图 2-41 给出两台微机利用 RS-232C 接口通信的基本连接方式。

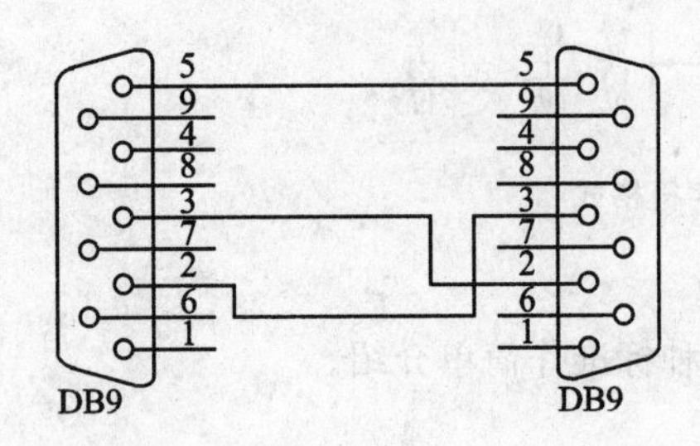

图 2-40　简单连接

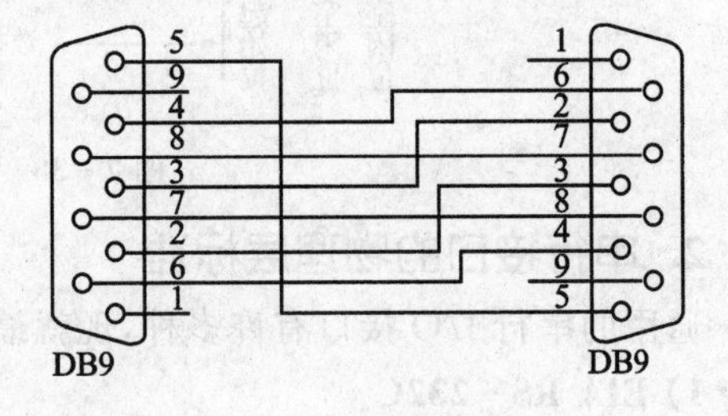

图 2-41　完全连接

2）信号电平规定

RS-232C 规定了双极性的信号逻辑电平，它是一套负逻辑定义：

−25～−3 V 之间的电平表示逻辑 1；

＋3～＋25 V 之间的电平表示逻辑 0。

以上标准称为 EIA 电平。PC/XT 系列使用的信号电平是−12 V 和＋12 V，符合 EIA 标准。但由于在计算机内部流动的信号都是 TTL 电平，因此需要使用电平转换电路。常用的 RS-232 接口芯片，如 SP3232、SP3220 等，都需要在 TTL 电平和 EIA 电平之间实现相互转换。PC/XT系列以这种方式进行串行通信时,在波特率不高于9600 bps的情况下,理论上通信线的长度限制为15 m。

3. S3C44B0X串行口控制器

S3C44B0X的UART(Universal Asynchronous Receiver and Transmitter,通用异步收发器)单元提供了两个独立的异步串行I/O口,都可以运行于中断模式或DMA模式。也就是说,UART可以产生中断请求或DMA请求,以便在CPU和UART之间传递数据。它最高可支持115200 bps的传输速率。S3C44B0X中每个UART通道包含两个用于接收和发送数据的16位FIFO队列。

S3C44B0X的每个UART都有波特率发生器、数据发送器、数据接收器和控制单元。内部数据通过并行数据总线到达发送单元后,进入FIFO队列(或不进入FIFO队列),并通过发送移相器的TXDn引脚发送出去。送出的数据通过一个电压转换芯片将3.3 V的TTL/COMS电平转换成EIA (Electronic industries Association)电平,最后传输到PC的串口。

数据接收的过程刚好相反,外部串口信号需要先经电压转换芯片把EIA电平转换为3.3 V的TTL/COMS电平,然后由RXDn引脚进入接收移相器,并经过转换后放到并行数据总线上,再由CPU进行处理或直接送到存储器中(DMA方式下)。

在正确使用S3C44B0X的串口进行收发实验前,首先要配置相关的寄存器组。串口0和串口1的线性控制寄存器分别为ULCON0和ULCON1,地址分别为0x01D00000和0x01D04000,均具有读写(R/W)属性,初始值为0x00。UART线性控制寄存器的位说明如表2-17所列。推荐使用值0x03。

表2-17 UART线性控制寄存器的位说明

位	位名称	描 述
[7]	—	保留
[6]	Infra-Red Mode	该位确定是否使用红外模式。 0=普通操作模式;1=红外发送/接收模式
[5:3]	Parity Mode	该位确定奇偶如何产生和校验。 0xx=无;100=奇校验;101=偶校验;110=强制为1;111=强制为0
[2]	Stop bit	该位确定停止位的个数。 0=每帧一位停止位;1=每帧两位停止位
[1:0]	Word length	该位确定数据位的个数: 00=5位;01=6位;10=7位;11=8位

串口 0 和串口 1 的控制寄存器分别为 UCON0 和 UCON1,地址分别为 0x01D00004 和 0x01D04004,均具有读写(R/W)属性,初始值为 0x00。UART 控制寄存器的位说明如表 2－18所列。推荐使用值 0x345。

表 2－18　UART 控制寄存器的说明

位	位名称	描　述
[9]	Tx interrupt type	发送中断请求类型。 0＝脉冲;1＝电平
[8]	Rx interrupt type	接收中断请求类型。 0＝脉冲;1＝电平
[7]	Rx time out enable	允许/不允许 Rx 超时中断。 0＝不允许;1＝允许
[6]	interrupt enable	允许/不允许产生 UART 错误中断。 0＝不允许;1＝允许
[5]	Loop-back Mode	该位为 1,使 UART 进入回环模式(loop back)。 0＝普通运行;1＝回环模式(loop back)
[4]	Send Break Signal	该位为 1,使 UART 发送一个暂停条件,该位在发送一个暂停信号后自动清除。 0＝正常传送;1＝发送暂停条件
[3:2]	Transmit Mode	这两位确定哪个模式可以写 TX 数据到 UART 发送保持寄存器。 00＝禁止(Disable); 01＝中断请求或 polling 模式; 10＝BDMA0 请求(仅用于 UART0); 11＝BDMA1 请求(仅用于 UART1)
[1:0]	Receive Mode	这两位确定哪个模式可以从 UART 接收缓冲寄存器读数据。 00＝禁止(Disable); 01＝中断请求或 polling 模式; 10＝BDMA0 请求(仅用于 UART0); 11＝BDMA1 请求(仅用于 UART1)

串口 0 和串口 1 的 UART FIFO 控制寄存器分别为 UFCON0 和 UFCON1，地址分别为 0x01D00008 和 0x01D04008，均具有读写(R/W)属性，初始值均为 0x00。UART FIFO 控制寄存器的位说明如表 2-19 所列。推荐使用值 0x00。

表 2-19　UART FIFO 控制寄存器的位说明

位	位名称	描　述
[7:6]	Tx FIFO 触发条件 1	这两位确定发送 FIFO 的触发条件。 00=空;01=4 位;10=8 位;11=12 位
[5:4]	Rx FIFO 触发条件	这两位确定接收 FIFO 的触发条件。 00=4 位;01=8 位;10=12 位;11=16 位
[3]	—	保留
[2]	Tx FIFO 重启	TX FIFO 复位位，该位在 FIFO 复位后自动清除。 0=正常;1=Tx FIFO 复位
[1]	Rx FIFO 重启	Rx FIFO 复位位，该位在 FIFO 复位后自动清除。 0=正常;1=Rx FIFO 复位
[0]	FIFO 使能	0=FIFO 禁止;1=FIFO 模式

串口 0 和串口 1 的 UART MODEM 控制寄存器分别为 UMCON0 和 UMCON1，地址分别为 0x01D0000C 和 0x01D0400C，均具有读写(R/W)属性，初始值均为 0x00。UART MODEM 控制寄存器的位说明如表 2-20 所列。推荐使用值 0x00。

表 2-20　UART MODEM 控制寄存器的位说明

位	位名称	描　述
[7:5]	—	保留。这两位必须为 0
[4]	AFC	AFC(Auto Flow Control)是否允许。 0=禁止;1=使能
[3:1]	—	这两位必须为 0
[0]	Request to Send	如果 AFC 允许，该位忽略。 0=高电平(nRTS 无效);1=低电平(nRTS 有效)

表 2-17～表 2-20 所示寄存器是需要用程序配置的串口寄存器，其他还有一些状态寄存器，如 UART TX/RX 状态寄存器、UART 错误状态寄存器、UART FIFO 状态寄存器、UART MODEM 状态寄存器、UART 接收缓冲寄存器和 FIFO 寄存器。

关于 UART 波特率，则可通过专门的分频寄存器进行设置。计算公式如下：

UBRDIVn=(round_off)(MCLK/(bps×16))−1

其中，MCLK 是系统的频率，例如在 60 MHz 下，当波特率取 115200 时，

UBRDIVn ＝(60000000/(115200×16)＋0.5)－1
＝ 33－1
＝ 32

具体设置应用，请参见随书所配光盘中的硬件实验\SDT\实验九目录下的 UART.apj 项目文件。

【实验步骤】

① 本实验使用实验教学系统的 CPU 板和串口。在进行本实验时，LCD 电源开关、音频的左右声道开关、A/D 通道选择开关、触摸屏中断选择开关等均应处在关闭状态。

② 在 PC 机并口和实验箱的 CPU 之间，连接 SDT 调试电缆，并在 PC 机串口和实验箱 CPU 板的串口，以及底板串口 2 和 PC 机上的串口之间连接电缆。

③ 检查线缆连接是否可靠。可靠后，给系统上电。

④ 打开随书所配光盘中的硬件实验\SDT\实验九目录下的 uart.apj 项目文件，并进行编译。若出现编译错误，参照 2.2 节中的解决办法解决。

⑤ 打开超级终端 0 和超级终端 1 进行设置(波特率为 115200，8 位数据，1 位停止位，无奇偶校验)。

⑥ 编译通过后，首先启动 JTAG 驱动程序 JTAG-NT&2000.exe(操作系统是 Win2000；若是 Win98，需用 JTAG.exe)，之后运行 SDT 的调试环境，装载随书所配光盘中的硬件实验\SDT\实验九\debug 目录下的映像文件 EuCos.axf。在 SDT 调试环境下全速运行映像文件。激活超级终端 0，敲键盘，观察超级终端 0 和超级终端 1 的内容显示。所敲键盘的字符应该在两个超级终端上显示出来。实验的原理就是把键盘敲击的字符通过 PC 机的串口发送给实验箱上 ARM 中 CPU 板的串口 0，ARM 中 CPU 板上的串口得到字符后，通过 ARM 把它送给 CPU 板上的串口 0，并输出给 PC，以及通过底板上的串口 1，送给 PC 机。这样，就完成了串口间的数据收发。

【参考程序】

1. 串口初始化函数

串口初始化函数的代码如下：

```
void Uart_Init(int pclk,int baud)
{
    int i;
    if(pclk == 0)
    pclk     = PCLK;
```

```
    rUFCON0 = 0x0;   //UART 通道 0 FIFO 控制寄存器，FIFO 禁止
    rUFCON1 = 0x0;   //UART 通道 1 FIFO 控制寄存器，FIFO 禁止
    rUFCON2 = 0x0;   //UART 通道 2 FIFO 控制寄存器，FIFO 禁止
    rUMCON0 = 0x0;   //UART 通道 0 MODEM 控制寄存器，AFC 禁止
    rUMCON1 = 0x0;   //UART 通道 1 MODEM 控制寄存器，AFC 禁止

//UART0 初始化
    rULCON0 = 0x3;   //Line control register : Normal,No parity,1 stop,8 bits
    //    [10]    [9]    [8]    [7]    [6]    [5]    [4]    [3:2]    [1:0]
    //    时钟频率,发送中断,接收中断,接收超时,接收错误，测试模式，发送中止,发送模式，接
          收模式
    //      0     1     0    ,    0     1     0     0    ,01     01
    rUCON0  = 0x245;                                    // 控制寄存器
//  rUBRDIV0 = ( (int)(pclk/16./baud) - 1 );           //波特率分频寄存器
    rUBRDIV0 = ( (int)(pclk/16./baud + 0.5) - 1 );     //波特率分频寄存器

//UART1 初始化
    rULCON1 = 0x3;
    rUCON1  = 0x245;
    rUBRDIV1= ( (int)(pclk/16./baud) - 1 );

//UART2 初始化
    rULCON2 = 0x3;
    rUCON2  = 0x245;
    rUBRDIV2= ( (int)(pclk/16./baud) - 1 );

    for(i = 0;i<100;i ++ );
}
```

2. 获得串口键值

获得串口键值的代码如下：

```
char Uart_GetKey(void)
{
    if(whichUart == 0)
    {
        if(rUTRSTAT0 & 0x1)                        //准备接收数据
            return RdURXH0();
        else
            return 0;
    }
```

```
    else if(whichUart == 1)
    {
        if(rUTRSTAT1 & 0x1)                              //准备接收数据
            return RdURXH1();
        else
            return 0;
    }
    else if(whichUart == 2)
    {
        if(rUTRSTAT2 & 0x1)                              //准备接收数据
            return RdURXH2();
        else
            return 0;
    }else
        return 0;
}
```

3. 串口发送字节

串口发送字节的代码如下：

```
void Uart_SendByte(int data)
{
    if(whichUart == 0)
    {
        if(data == '\n')
        {
            while(!(rUTRSTAT0 & 0x2));
            Delay(10);                                   //超级终端接收延迟
            WrUTXH0('\r');
        }
        while(!(rUTRSTAT0 & 0x2));                       //等待 THR 为空
        Delay(10);
        WrUTXH0(data);
    }
    else if(whichUart == 1)
    {
        if(data == '\n')
        {
            while(!(rUTRSTAT1 & 0x2));
            Delay(10);                                   //超级终端接收延迟
            rUTXH1 = '\r';
        }
```

```
        while(!(rUTRSTAT1 & 0x2));                          //等待 THR 为空
        Delay(10);
        rUTXH1 = data;
    }
    else if(whichUart == 2)
    {
        if(data == '\n')
        {
            while(!(rUTRSTAT2 & 0x2));
            Delay(10);                                      //超级终端接收延迟
            rUTXH2 = '\r';
        }
        while(! (rUTRSTAT2 & 0x2));                         //等待 THR 为空
        Delay(10);
        rUTXH2 = data;
    }
}
```

其他的程序请参考实验时的具体代码。

2.10 ARM 的 A/D 接口实验

【实验目的】

- 学习 A/D 接口原理。
- 了解常用的 A/D 转换器工作原理。
- 掌握 S3C44B0X 的 A/D 相关寄存器的配置及编程应用方法。

【实验设备】

- EL-ARM-830 教学实验箱，PentiumII 以上的 PC 机，仿真器电缆，串口电缆。
- PC 操作系统 Win98 或 Win2000 或 WinXP，ARM SDT 2.5 或 ADS 1.2 集成开发环境，仿真器驱动程序。

【实验内容】

- 在实验箱的 CPU 板上运行程序，在超级终端及 LCD 上显示采集到的数据值。
- 掌握寄存器 ADCCON、ADCPSR、ADCDAT 各位的意义及配置情况。
- 详细解读程序，更改程序源代码，对所改程序在调试环境下运行，并观察结果。

【实验原理】

1. A/D 转换器的工作原理

A/D 转换器可以将连续变化的模拟信号转换为数字信号，以供计算机和数字系统进行分析、处理、存储、控制和显示。在工业控制和数据采集及许多其他领域中，A/D 转换都是不可缺少的。

1) 采样、量化和编码

通常，我们见到的物理参数，如电流、电压、温度、压力等都是模拟量。模拟量的大小是连续分布的，且经常是时间上的连续函数。因此，要将模拟量转换成数字信号需经采样、量化和编码 3 个基本过程(数字化过程)。图 2－42 为 A/D 采样示意图。

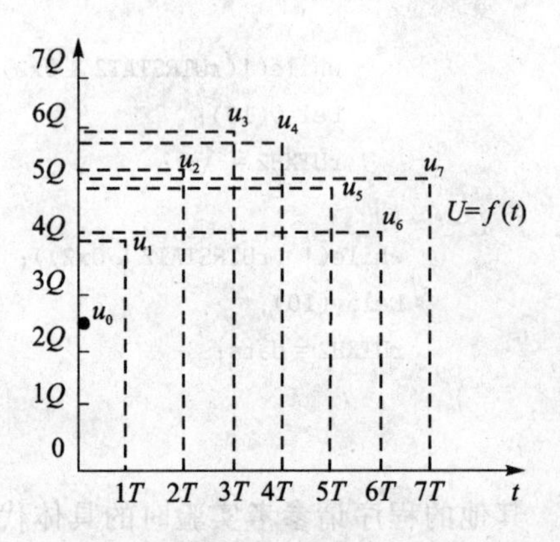

图 2－42 A/D 采样示意图

- **采 样**

按照采样定理对模拟信号按一定的时间间隔采样，用得到的一系列时域上的值去代替 $U=f(t)$，即用 u_0、u_1、u_2、…、u_n 代替 $U=f(t)$。

这些样值在时间上是离散的，但在幅度上仍然是连续模拟量。

- **量 化**

采样之后，幅值再用离散值表示。方法是用一个量化因子 Q 去度量 u_0、u_1、u_2、…、u_n 取整后的数字量。

$u_0=2.4Q\longrightarrow 2Q$　　010

$u_1=4.0Q\longrightarrow 4Q$　　100

$u_2=5.2Q\longrightarrow 5Q$　　101

$u_4=5.8Q\longrightarrow 5Q$　　101

- **编 码**

将量化后的数字量进行编码，以便读入和识别。

编码仅是对数字量的一种处理方法。例如：$Q=0.5$ V/格，设用 3 位(二进编码)，则

$$u_0=2.4Q\xrightarrow{\text{整量}}2Q\xrightarrow{\text{编码}}(010)u_0=(0\times 2^2+1\times 2^1+0\times 2^0)0.5\ \text{V}=1\ \text{V}$$

2) 分 类

根据转换速度、精度、功能以及接口等因素，常用的 A/D 转换器有以下两种：

- **双积分型 A/D 转换器**

双积分型也称为二重积分式，其实质是测量和比较两个积分的时间：一个是对模拟信号电

压的积分时间 t，此时间一般是固定的；另一个是以充电后的电压为初值，对参考电源 V_n 的反向积分，积分电容被放电至零，所需的时间为 t_i。其中，模拟输入电压 V_i 与参考电压 V_{ref} 之比，等于上述两个时间之比。由于 V_{ref} 和 t 时间是固定的，而放电时间 t_i 可以测出，因而可以计算出模拟输入电压的大小。

- **逐次逼近型 A/D 转换器**

逐次逼近型也称为逐位比较式，它的应用比积分型更广泛。该转换器通常主要由逐次逼近寄存器 SAR、D/A 转换器、比较器，以及时序和逻辑控制等部分组成。逐次把设定的 SAR 寄存器中的数字量经 D/A 转换后得到电压 V_c 与待转换的模拟电压 V_x 进行比较。比较时，先从 SAR 的最高位开始，通过逐次确定各位的数码为"1"，还是"0"，而得到最终的转换值。转换过程如图 2-43 所示。

转换器的工作原理为：转换前，先将 SAR 寄存器的各位清零，转换开始时，控制逻辑电路先设定 SAR 寄存器的最高位为"1"，其余各位为"0"，此值经 D/A 转换器转换成电压 V_c。然后，将 V_c 与输入模拟电压 V_x 进行比较。如果 V_x 大于等于 V_c，说明输入的模拟电压高于比较的电压，SAR 最高位的"1"应保留；如果 V_x 小于 V_c，说明 SAR 的最高位应清除。接着，将 SAR 的次高位置"1"，依上述方法进行 D/A 转换和比较。如此反复上述过程，直至确定出 SAR 寄存器的最低位为止。此过程结束后，状态线改变状态，表明已完成一次转换。最后，逐次逼近寄存器 SAR 中的数值就是输入模拟电压的对应数字量。位数越多，越能准确逼近模拟量，但转换所需的时间也越长。

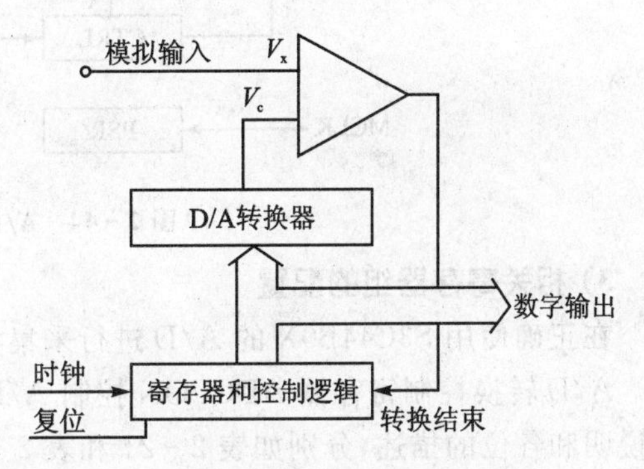

图 2-43 逐次逼近型 A/D 转换图

2. 三星 S3C44B0X 的 A/D 工作介绍

1) S3C44B0X 的 A/D 转换器工作原理

S3C44B0X 的 A/D 转换器包含：1 个 8 路模拟输入混合器、自动归 0 比较器、时钟发生器、10 位连续近似寄存器和 1 个输出寄存器。由于 A/D 转换器没有采样和保持电路，即使它的最高转换率能达到 100 ksps，但为了能得到对模拟输入信号的准确转换值，其输入频率也不可超过 100 Hz。

其特征如下：

分辨率——10 位；

差分线性误差——1 LSB；

积分线性误差——2 LSB(最大 3 LSB)；

最大转换速率——100 ksps；

输入电压范围——0～2.5 V；

输入带宽——0～100 Hz(无采样和保持电路)。

2) S3C44B0X 的 A/D 转换模块框图

图 2-44 是 S3C44B0X A/D 转换器的功能模块图。从图中可以看出，S3C44B0X A/D 转换是逐次逼近 SAR 型，逐次逼近 A/D 转换器是由比较器、D/A 转换器、寄存器及控制逻辑电路组成的。

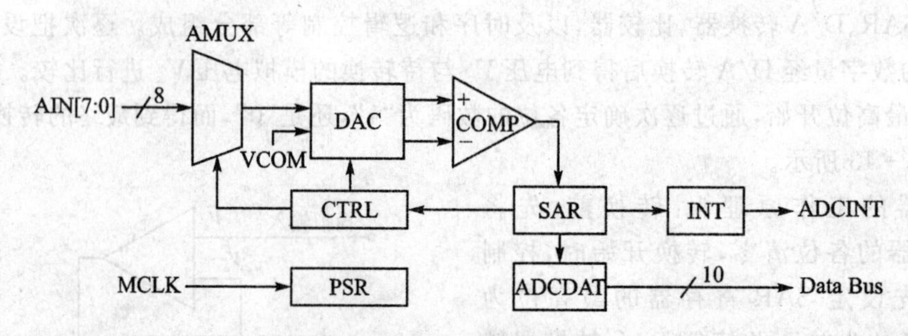

图 2-44 A/D 转换器模块图

3) 相关寄存器组的配置

在正确使用 S3C44B0X 的 A/D 进行采集实验前，首先要配置相关的寄存器组。

A/D 转换控制寄存器 ADCCON 控制 A/D 转换的启/停和通道选择等，ADCCON 寄存器的说明和各位的描述，分别如表 2-21 和表 2-22 所列。

表 2-21 ADCCON 寄存器

寄存器名称	地 址	R/W	描 述	复位值
ADCCON	0x01D40000 (Li/W, Li/HW, Li/B, Bi/W) 0x01D40002(Bi/HW) 0x01D40003(Bi/B)	R/W	A/D 转换控制寄存器	0x20

表 2-22 ADCCON 寄存器位描述

位	位名称	描 述	初始值
[6]	FLAG	A/D 转换状态标志(只读)： 0＝正在 A/D 转换； 1＝转换结束	0
[5]	SLEEP	系统省电模式：0＝正常； 运行模式 1＝休眠模式	1

续表 2-22

位	位名称	描 述	初始值
[4:2]	INPUT SELECT	输入源选择：000＝AIN0；001＝AIN1；010＝AIN2；01＝AIN3；100＝AIN4；101＝AIN5；110＝AIN6；11＝AIN7	00
[1]	READ_START	A/D转换通过读启动：0＝通过读操作禁止启动转换；1＝通过读操作允许启动转换	00
[0]	ENABLE_START	A/D转换由使能位来启动：0＝无操作；1＝A/D转换开始且启动后此位清零	0

ADC预装比例因子寄存器(ADCPSR)的说明和位描述如表2-23和表2-24所列。低八位是预装比例因子PRESCALER。该数据决定转换时间的长短，数据越大转换时间就越长。

表 2-23 ADCPSR寄存器

寄存器	地 址	R/W	描 述	复位值
ADCPSR	0x01D40004 (Li/W, Li/HW, Li/B, Bi/W) 0x01D40006(Bi/HW) 0x01D40007(Bi/B)	R/W	A/D转换控制寄存器	0x0

表 2-24 ADCPSR寄存器位描述

位	位名称	描 述	初始值
[7:0]	PRESCALER	预定标器的值(0－255) Division factor = 2 (prescaler_value＋1) ADC转换总时钟数＝2×(Prescalser_value＋1)×16	0

在A/D转换完成后，A/D转换器数据寄存器(ADCDAT)读取转换后的数据。在转换完成后，ADCDAT必须被读取。ADCDAT寄存器的说明和位描述如表2-25和表2-26所列。A/D转换数据寄存器的低10位用于存放A/D转换数据输出值。

表 2-25 ADCDAT 寄存器

寄存器	地 址	R/W	描 述	复位值
ADCDAT	0x01D40008(Li/W,Li/HW,Bi/W) 0x01D4000A(Bi/HW)	R/W	A/D 转换控制寄存器	0x0

表 2-26 ADCDAT 寄存器位描述

位	位名称	描 述	初始值
[9:0]	ADCDAT	A/D 转换数据输出值	0

在具体的应用中,应根据具体的要求,正确配置各寄存器。

【实验步骤】

① 本实验使用实验教学系统的 CPU 板、串口、A/D 通道选择开关和 LCD 单元。在进行本实验时,音频的左右声道开关、触摸屏中断选择开关等均应处在关闭状态。

② 在 PC 机并口和实验箱的 CPU 之间,连接 SDT 调试电缆。

③ 检查连接是否可靠。可靠后,给系统上电。用连接线连接插孔 ADIN 和插孔 SINE,这样信号源即为正弦波;用连接线连接 ADIN 插孔和 SQUARE 插孔,这样信号源即为方波。请选择其一。SW3 为选中的 A/D 转换通道,值得注意的是,本实验系统的 8 个通道可以同时采集 1 个信号源。实验时,要选中采集的通道号,即对应的 SW3 开关拨到 ON 状态。例如,SW3 的 1 拨到 ON 状态,说明用 A/D 转换器的通道 1 采集。如果 8 个通道全部选择为 ON,则表示用 8 个通道采集。

④ 打开 SDT 的开发环境,打开随书所配光盘中的硬件实验\SDT\实验十目录下的 AD.apj 项目文件,并进行编译。若编译出错,参照 2.2 节中的解决办法解决。

⑤ 编译通过后,首先启动 JTAG 驱动程序 JTAG-NT&2000.exe(操作系统是 Win2000;若是 Win98,需用 JTAG.exe),之后运行 SDT 的调试环境,装载随书所配光盘中的硬件实验\SDT\实验十\debug 目录下的映像文件 EuCos.axf。在 SDT 调试环境下全速运行映像文件。

⑥ 打开 LCD 电源开关,检查 SW3 上选择的是通道几。确认后,观察 LCD 上 8 个通道当前采集的情况,即观察所选通道对应的采集值。由于信号源输出后,电压会经过缩放和偏置处理,这将使得 ARM CPU 板所采集到的电压值的变化范围不足 0~2.5 V,故而采集到的数字值不能满程。但这些不会影响实验原理的演示。

【参考程序】

1. A/D 转换器初始化

A/D 转换器初始化的代码如下：

```
void AD_Init(void)
{
    rADCPSR = 0x7f;
}
```

2. 把 A/D 值转换成 Y 坐标值

把 A/D 值转换成 Y 坐标值的代码如下：

```
int AD2Y(int ady)
            //把 A/D 值转换成坐标值 y
{
    return LCD_YSIZE * (AD_TOP - ady) / (AD_TOP - AD_BOTTOM);
}
```

3. 示　例

示例 1：触摸屏中的 A/D 转换

该程序主要介绍 A/D 转换的编程过程，完成触摸屏上 X/Y 轴上坐标由模拟量到数字量的转换及其读取。由下面的程序可知，转换过程中，首先需要设置 A/D 的数据寄存器和控制寄存器，通过控制寄存器的设置来选择 AIN1 为 ADC 的输入通道，然后循环进行数据采集，最后取平均值。

```
rPDATE = 0x68;                                          // PE7、PE6、PE5、PE4 分别为 0110
rADCCON = 0x1<<2;                                       //选择 AIN1 为 ADC 输入通道
DelayTime(1000);                                        //设置到下一个通道的延时

for( i = 0; i<5; i++ )                                  //循环采集
{
rADCCON |= 0x1;                                         //启动 A/D 转换
while(rADCCON & 0x1 );                                  //检查 A/D 是否已启动
while(!(rADCCON & 0x40) );                              //检查 FLAG,等待直到转换结束
Pt[i] = (0x3ff&rADCDAT);                                //读入转换值 10 位
}
Pt[5] = (Pt[0] + Pt[1] + Pt[2] + Pt[3] + Pt[4])/5;      //读取平均值

rPDATE = 0x98;                                          //PE7、PE6、PE5、PE4 分别为 1001
```

```
    rADCCON = 0x0<<2;                          //选择 AIN0 为 ADC 输入通道
    DelayTime(1000);                           //延时
for( i = 0; i<5; i++ )                         //循环采集
    {
        rADCCON |= 0x1;                        //启动 A/D 转换
        while( rADCCON & 0x1 );                //检查 A/D 是否已启动
        while(!(rADCCON & 0x40) );             //检查 FLAG,等待直到转换结束
        Pt[i] = (0x3ff&rADCDAT);               //读入转换值 10 位
    }
    Pt[5] = (Pt[0] + Pt[1] + Pt[2] + Pt[3] + Pt[4])/5; //读取平均值
```

示例 2：得到 A/D 的转换值的函数

具体代码如下：

```
int Get_AD(unsigned char ch)
{
    int i,j;
    int val = 0;
    if(ch>7)  return 0;                        //通道不能大于 7
    for(i = 0;i<16;i++)                        //为转换准确,转换 16 次
    {
        rADCCON = 0x1|(ch<<2);                 //启动 A/D 转换
        for(j = 0;j<rADCPSR;j++);
        while (rADCCON &0x1);                  //避免读启动出错
        while (!(rADCCON&0x40));               //判断转换是否结束
        val = val + rADCDAT;                   //把转换结果存入变量中
        Delay(10);
    }
    rADCCON = 0x20;                            //转换结束进入休眠状态
    Uart_Printf(0,"\n ch = %d,val = %d \n",ch,val>>4);
    return (val>>4);                           //为转换准确,除以 16 取均值
}
void AD_Init(void)
{
    rADCPSR = 0x7f;                            //确定转换时钟数
}
```

上述程序中,rADCCON 这种宏形式在 Startup44b0/INC/44b.h 中已定义。

详细的程序请参见随书所配光盘中的硬件实验\SDT\实验十目录下的 AD.apj 项目文件。可参考代码注释。

2.11 模拟输入/输出接口的实验

【实验目的】

- 学习模拟输入/输出接口的原理。
- 掌握接口程序实现的基本方法。

【实验设备】

- EL-ARM-830 教学实验箱,PentiumII 以上的 PC 机,仿真器电缆。
- PC 操作系统 Win98 或 Win2000 或 WinXP,ARM SDT 2.5 或 ADS 1.2 集成开发环境,仿真器驱动程序。

【实验内容】

在实验箱的 CPU 板上运行程序,按下相应的输入带锁键,与它对应的 LED 灯将显示电平的高低;同时,LCD 上会显示相应的数据值。

【实验原理】

本实验是模拟输入/输出接口实验,其基本原理是使用一片缓冲芯片(74LS244)把 CPU 外面的输入数据(8 位数字量输入,由 8 个带自锁的开关产生)写入 CPU 的并行总线,之后,并行总线上的数据被一片数据锁存芯片保留,CPU 通过选中锁存芯片,并读取预先设给锁存器地址内的内容,就可以把数据读出,并确定外面数据的高低状态。数字量的输入/输出都映射到 CPU 的 I/O 空间。数字值通过 8 个 LED 灯和 LCD 屏显示,按下一个键,表示输入一个十进制的"0"值,8 个键都不按下,则数字量的十进制数值为 255,8 个键都按下,则数字量的十进制数值为 0,通过 LED 灯和 LCD 的显示可以清楚地看到实验结果。本实验的输入是用 8 个带锁按键的按下和未按下两种工作状态来表示输入接口高低状态的,然后,再通过 8 个 LED 灯亮和灭两种工作状态,以及从 LCD 上显示的数据值来清楚的反映各状态的输出显示,从而完成模拟输入/输出接口的实现。

具体应用请参见随书所配光盘中的硬件实验\SDT\实验十一目录下的 IO_SIM.apj 项目文件。

【实验步骤】

① 本实验使用实验教学系统的 CPU 板和 LCD 单元。在进行本实验时,音频的左右声道开关、触摸屏中断选择开关、A/D 通道选择开关等均应处在关闭状态。

② 在 PC 机并口和实验箱的 CPU 之间,连接 SDT 调试电缆。

③ 检查线缆连接是否可靠。可靠后，给系统上电。按下 LCD 电源开关。

④ 打开随书所配光盘中的硬件实验\SDT\实验十一目录下的 IO_SIM. apj 项目文件，并进行编译。若编译出错，按照 2.2 节中解决办法解决。

⑤ 编译通过后，首先启动 JTAG 驱动程序 JTAG-NT&2000. exe(操作系统是 Win2000；若是 Win98，需用 JTAG. exe)，之后运行 SDT 的调试环境，装载随书所配光盘中的硬件实验\SDT\实验十一\debug 目录下的映像文件 EuCos. axf。在 SDT 调试环境下全速运行映像文件。

⑥ LCD 上有图形显示后，按下实验箱下部一排中的任一模拟输入的带锁键值，观察 8 位数码管上方的 8 个 LED 灯的亮灭情况，以及 LCD 上的显示情况。每个按键代表 1 个数字位，按键均不按下，代表数字量为 255，全按下为 0。每个按键都是 2 的权值，在不按下时，最靠近键盘的按键代表 1，之后依次是 2、4、8、16、32、64 和 128；按下时均代表 0。该实验是从数据总线上把检测到的数据变化锁存到锁存器中，然后又从总线上读出数据，显示到 LCD 上，来模拟 I/O 实现。

【参考程序】

1. 主函数

```
void Main()
{
    Target_Init();                                  //初始化目标板
    GUI_Init();                                     //GUI 的图形初始化程序
    Set_Color(GUI_MAGENTA);                         //设定颜色
    Fill_Rect(0,0,319,30);                          //填充矩形
    Set_Color(GUI_WHITE);
    Set_BkColor(GUI_MAGENTA);                       //设定颜色
    Set_Font(&CHINESE_FONT16);                      //设定字体
    Disp_String(CN_start"达盛嵌入式实验平台"CN_end,7,4); //显示字符串
    Set_Color(GUI_RED);
    Set_BkColor(GUI_RED);
    Fill_Rect(0,31,319,239);
    Set_Color(GUI_WHITE);
    Fill_Rect(50,70,270,72);
    Fill_Rect(50,70,52,190);
    Fill_Rect(50,188,270,190);
    Fill_Rect(268,70,270,190);
    Set_Color(GUI_YELLOW);
    Set_Font(&CHINESE_FONT16);
    Disp_String(CN_start"输入输出数据显示"CN_end,100,85);
    Set_Font(&CHINESE_FONT12);
    Disp_String(CN_start"二进制显示"CN_end,80,120);
```

```
    Disp_String(CN_start"十六进制显示"CN_end,80,140);
    Disp_String(CN_start"十进制显示"CN_end,80,160);
    (*(volatile unsigned *)0x8400000) = 0x55;
    while(1)
    {
    rrr = (*(volatile unsigned int *)0x8200008);          //从 74LS244 地址处读取数据
    d0 = rrr>>7&1;
    d1 = rrr>>6&1;
    d2 = rrr>>5&1;
    d3 = rrr>>4&1;
    d4 = rrr>>3&1;
    d5 = rrr>>2&1;
    d6 = rrr>>1&1;
    d7 = rrr>>0&1;
    data =   (d7<<7|d6<<6|d5<<5|d4<<4|d3<<3|d2<<2|d1<<1|d0);
    (*(volatile unsigned *)0x8400000) = data;              //向 74LS273 写入数据
    if (data! = data_pre)
    {
        Set_Color(GUI_YELLOW);
        Set_Font(&GUI_Font8x16);
        GUI_DispBinAt(data,170,120,8);                      //显示二进制数据
        GUI_DispHexAt(data,170,140,4);                      //显示十六进制数据
        GUI_DispDecAt(data,170,160,3);                      //显示十进制数据
        data_pre = data;
    }
    }
}
```

2. 显示二进制数据

```
void GUI_DispBinAt(U32 v, I16P x, I16P y, U8 Len)
{
    char ac[33];
    char * s = ac;
    GUI_AddBin(v, Len, &s);
    Disp_String(ac, x, y);                                  //显示字符串
}
```

2.12 键盘接口和 7 段数码管的控制实验

【实验目的】

- 学习 4×4 键盘与 CPU 的接口原理。

• 掌握键盘芯片 HD7279A 的使用，以及 8 位数码管的显示方法。

【实验设备】

• EL-ARM-830 教学实验箱，PentiumII 以上的 PC 机，仿真器电缆。
• PC 操作系统 Win98 或 Win2000 或 WinXP，ARM SDT 2.5 或 ADS 1.2 集成开发环境，仿真器驱动程序。

【实验内容】

• 通过按 4×4 键，完成在数码管上的各种显示功能。
• 在深入理解实验原理后，参照 HD7279A 的相关文档进一步开发具体的应用程序。

【实验原理】

键盘和 7 段数码管的控制实验是通过键盘的控制芯片 HD7279A 来完成的。HD7279A 的信号线及控制线与 S3C44B0X 连接，驱动线直接连到 8 位共阴的 7 段数码管上。由于该芯片的接口电压为 5 V，而 S3C44B0X 的接口电压是 3.3 V，所以需要通过 CPLD 把电压转换到 3.3 V 后，才能送入 CPU 中。

HD7279A 是一片具有串行接口的可同时驱动 8 位共阴式数码管或独立 LED 的智能显示驱动芯片。该芯片同时还可连接多达 64 键的键盘矩阵，单片即可完成显示键盘接口的全部功能。该芯片内部含有译码器，可直接接受 BCD 码或十六进制码，并同时具有两种译码方式。此外，它还具有多种控制指令，如消隐、闪烁、左移、右移、段寻址等。另外，片选信号可方便地实现多于 8 位的显示或多于 64 键的键盘接口。

HD7279A 在与 S3C44B0X 接口中使用 4 根接口线：片选信号 $\overline{CS}$（低电平有效）、时钟信号 CLK、数据收发信号 DATA 和中断信号 $\overline{KEY}$（低电平送出）。EL-ARM-830 实验箱与其的接口中，使用了 3 个通用 I/O 接口和 1 个外部中断，实现了与 HD7279A 的连接。S3C44B0X 的外部中断接 HD7279A 的中断 $\overline{KEY}$，3 个 I/O 口分别与 HD7279A 的其他控制、数据信号线相连。HD7279A 的其他引脚分别接 4×4 按键和 8 位数码管。

当程序运行时，按下按键，平时为高电平的 HD7279A 的 $\overline{KEY}$ 就会产生一个低电平，并送给 S3C44B0X 的外部中断 5 请求脚。在 CPU 中断请求位打开的状态下，CPU 会立即响应外部中断 5 的请求，PC 指针将跳入中断异常向量地址处，进而跳入中断服务子程序中。由于外部中断 4/5/6/7 使用同一个中断控制器，所以还必须通过状态寄存器判断是否是外部中断 5 的中断请求。若是外部中断 5 的请求，则程序继续执行，CPU 这时通过发送 $\overline{CS}$ 片选信号选中 HD7279A，再发送时钟 CLK 信号和通过 DATA 线发送控制指令信号给 HD7279A。HD7279A 得到 CPU 发送的命令后，识别出该命令，然后扫描按键，把得到的键值回送给 CPU。同时，在 8 位数码管上显示相应的数字。CPU 在得到按键后，有时程序还会给此键值一定的意义，然后再通过识别此按键的意义，进而进行相应的程序处理。要进一步开发显示功能，请参见关于 HD7279 芯片的 HD7279A. PDF 文档，其中有详细、完备的编程资料。

详细具体的应用，请参见随书所配光盘中的硬件实验\SDT\实验十五目录下 Key_Led.apj 项目文件。请详细阅读代码注释。

下面简要摘录 HD7279A 的部分控制指令。

HD7279A 的控制指令分两类——纯指令①～⑥和带有数据的指令⑦：

① 复位(清除)指令 A4H。

② 测试指令 BFH——点亮所有 LED 并处于闪烁状态。

③ 左移指令 A1H——使所有显示自右至左移动一位，移动后最右边一位为空。

④ 右移指令 A0H——使所有显示自左至右移动一位，移动后最左边一位为空。

⑤ 循环左移指令 A3H——与左移指令类似，不同之处在于移动后最左边一位内容显示于最右边。

⑥ 循环右移指令 A2H——与循环左移指令类似，但移动方向相反。

⑦ 下载数据且按方式一译码。

表 2-27 为数据编码表，表 2-28 为地址编码表，图 2-45 为命令格式。

D7	D6	D5	D4	D3	D2	D1	D0	D7	D6	D5	D4	D3	D2	D1	D0
1	1	0	0	1	a2	a1	a0	DP	X	X	X	d3	d2	d1	d0

图 2-45 命令格式

表 2-27 数据编码表

d3-d0(十六进制)	d3	d2	d1	d0	7 段显示
00H	0	0	0	0	0
01H	0	0	0	1	1
02H	0	0	1	0	2
03H	0	0	1	1	3
04H	0	1	0	0	4
05H	0	1	0	1	5
06H	0	1	1	0	6
07H	0	1	1	1	7
08H	1	0	0	0	8
09H	1	0	0	1	9
0AH	1	0	1	0	A
0BH	1	0	1	1	b
0CH	1	1	0	0	C
0DH	1	1	0	1	d
0EH	1	1	1	0	E
0FH	1	1	1	1	F

表 2-28 地址编码表

a2	a1	a0	显示位
0	0	0	1
0	0	1	2
0	1	0	3
0	1	1	4
1	0	0	5
1	0	1	6
1	1	0	7
1	1	1	8

【实验步骤】

① 本实验使用实验教学系统的CPU板、键盘和8位数码管。在进行本实验时、A/D通道选择开关、LCD电源开关、音频的左右声道开关、触摸屏中断选择开关等均应处在关闭状态。

② 在PC机并口和实验箱的CPU之间,连接SDT调试电缆。

③ 检查线缆连接是否可靠。可靠后,给系统上电。

④ 打开随书所配光盘中的硬件实验\SDT\实验十二目录下的Key_Led.apj项目文件,并进行编译。若编译出错,参照2.2节中的解决办法解决。

⑤ 编译通过后,首先启动JTAG驱动程序JTAG-NT&2000.exe(操作系统是Win2000;若是Win98,需用JTAG.exe),之后运行SDT的调试环境,装载随书所配光盘中的硬件实验\SDT\实验十二\debug目录下的映像文件EuCos.axf。在SDT调试环境下全速运行映像文件。按下任意键值,观察数码管的显示。

说明:"0"键表示数码管测试,8个数码管闪烁;"4"键表示数码管复位;"1"键表示数码管右移8位;"2"键表示数码管循环右移;"9"键表示数码管左移8位;"A"键表示数码管循环左移;其他按键在最右两个数码管上显示键值。

⑥ 根据HD7279A的相关文档可以进一步开发具体的相应的程序。

【参考程序】

1. Main(void)函数

```
void Main()                                   //系统的主程序入口
{
    char p;
    Target_Init();                            //目标初始化
     while(1)
     {
         switch(key_number)
         {
             case 0:                          //测试键,LED全部点亮,并处于闪烁状态
                 send_byte(cmd_test);
                 break;
             case 1:                          //右移8位
                 for(p = 0;p<8;p ++ )
                 {
                     send_byte(0xA0);
                     send_byte(0xC8 + 7);
```

```
            send_byte(p);
            long_delay();
            Delay(1000);
        }
          break;
      case 2:                                   //循环右移
        for(p = 0;p<8;p++ )
        {
            send_byte(0xA0);
            send_byte(0xC8 + 7);
            send_byte(p);
            long_delay();
            Delay(1000);
        }
      for(;;)
        {
            if (key_number! = 2)
            {
                break;
            }
            Delay(1000);
            send_byte(0xA2);
        }
        break;
  case 3:                                       //最右两个数码管显示键值
      write7279(decode1 + 5,key_number/16 * 8);
      write7279(decode1 + 4,key_number & 0x0f);
      break;
    case 4:
        send_byte(cmd_reset);                   //复位键
        break;
    case 5:                                     //最右两个数码管显示键值
        write7279(decode1 + 5,key_number/16 * 8);
        write7279(decode1 + 4,key_number & 0x0f);
        break;
    case 6:                                     //最右两个数码管显示键值
        write7279(decode1 + 5,key_number/16 * 8);
        write7279(decode1 + 4,key_number & 0x0f);
        break;
```

```
case 7:                                         //最右两个数码管显示键值
    write7279(decode1 + 5,key_number/16 * 8);
    write7279(decode1 + 4,key_number & 0x0f);
    break;
case 8:                                         //最右两个数码管显示键值
    write7279(decode1 + 5,key_number/16 * 8);
    write7279(decode1 + 4,key_number & 0x0f);
    break;
case 9:
    for(p = 0;p<8;p ++ )                        //左移 8 位
    {
        send_byte(0xA1);
        send_byte(0xC8);
        send_byte(p);
        long_delay();
        Delay(1000);
    }
    break;
case 10:
    for(p = 0;p<8;p ++ )                        //循环左移
    {
        send_byte(0xA1);
        send_byte(0xC8);
        send_byte(p);
        long_delay();
        Delay(1000);
    }
    for(;;)
    {
      if (key_number! = 10)
      {
            break;
      }
      Delay(1000);
      send_byte(0xA3);
    }
   break;
case 11:                                        //最右两个数码管显示键值
      write7279(decode1 + 5,key_number/16 * 8);
```

```
                write7279(decode1 + 4,key_number & 0x0f);
                break;
            case 12:                                    //最右两个数码管显示键值
                write7279(decode1 + 5,key_number/16 * 8);
                write7279(decode1 + 4,key_number & 0x0f);
                break;
            case 13:                                    //最右两个数码管显示键值
                write7279(decode1 + 5,key_number/16 * 8);
                write7279(decode1 + 4,key_number & 0x0f);
                break;
            case 14:                                    //最右两个数码管显示键值
                write7279(decode1 + 5,key_number/16 * 8);
                write7279(decode1 + 4,key_number & 0x0f);
                break;
            case 15:                                    //最右两个数码管显示键值
                write7279(decode1 + 5,key_number/16 * 8);
                write7279(decode1 + 4,key_number & 0x0f);
                break;
        }
        key_number = 0xff;
        Delay(50);
    }
}
```

2. void Key_ISR(void)函数

```
void __irq Key_ISR( void )                              //键盘中断的服务子程序
{
    int j,rr;
//rINTMSK   = (BIT_GLOBAL|BIT_EINT4567);                //关中断
    rr = rEXTINPND;
    #if ARMII
    if (rr == 0x2)
    #else
    if (rr == 0x1)
    #endif
    {
        //send_byte(cmd_test);                          //测试指令
        for(j = 0;j<20;j ++ );                          //延时
  //    send_byte(cmd_reset);                           //清除显示
        key_number = read7279(cmd_read);
```

```
#if ARMII
switch(key_number)
{
  case 0x04 :
   key_number = 0x08;
   break;
  case 0x05 :
   key_number = 0x09;
   break;
  case 0x06 :
   key_number = 0x0A;
   break;
  case 0x07 :
   key_number = 0x0B;
   break;
  case 0x08 :
   key_number = 0x04;
   break;
  case 0x09 :
   key_number = 0x05;
   break;
  case 0x0A :
   key_number = 0x06;
   break;
  case 0x0b :
   key_number = 0x07;
   break;
    default:
    break;
 }
//     write7279(decode1 + 5,key_number/16 * 8);
//     write7279(decode1 + 4,key_number & 0x0f);

 #else
 switch(key_number)
 {
    case 0x0f :
     key_number = 0x04;
     break;
```

```
case 0x07 :
 key_number = 0x00;
 break;
case 0x08 :
 key_number = 0x0f;
 break;
case 0x00 :
 key_number = 0x0b;
 break;
case 0x09 :
 key_number = 0x07;
 break;
case 0x01 :
 key_number = 0x03;
 break;
case 0x0a :
 key_number = 0x0e;
 break;
case 0x02 :
 key_number = 0x0a;
 break;
case 0x0b :
 key_number = 0x06;
 break;
case 0x03 :
 key_number = 0x02;
 break;
case 0x0c :
 key_number = 0x0d;
 break;
case 0x04 :
 key_number = 0x09;
 break;
case 0x0d :
 key_number = 0x05;
 break;
case 0x05 :
 key_number = 0x01;
 break;
```

```
            case 0x0e :
             key_number = 0x0c;
             break;
            case 0x06 :
             key_number = 0x08;
             break;
             default:
              break;
           }
        write7279(decode1 + 1,key_number/16);
        write7279(decode1,key_number & 0x0f);
      #endif
        //Uart_Printf(0,"key_number = %x\n",key_number);
         }
      #if ARMII
          rEXTINPND = 0x2;
      #else
        rEXTINPND = 0x1;
    #endif
    rI_ISPC = BIT_EINT4567;
  //rINTMSK = ~(BIT_GLOBAL|BIT_EINT4567);
}
```

3. void send_byte(unsigned char out_byte)函数

```
void send_byte(unsigned char out_byte )           //向 HD7279A 发送一个字节的程序
{
      unsigned int   i;
      clrcs1;
      s_clr;
      long_delay();
      for (i = 0;i<8;i ++ )
      {
          if (0x80 == (out_byte & 0x80))
          {
              setdat;
          }
          else
          {
              clrdat;
          }
```

```
        setclk;
        short_delay();
        clrclk;
        short_delay();
        out_byte = out_byte<<1 ;
    }
    clrdat;
}
```

4. unsigned char receive_byte (void)函数

```
unsigned char receive_byte (void)               //向 HD7279A 接收一个字节的程序
{
    unsigned int i,in_byte;
    setdat;
    s_set;
    long_delay();
    #if ARMII
    rPCONF = 0x9215A;                           //设置 PF5 为输入口
    #else
    rPCONE = 0x823EA;                           //设置 PE7 为输入口
    #endif
    for(i = 0;i<8;i ++ )
    {
        setclk;
        short_delay();
        in_byte = in_byte<<1;
        #if ARMII
        if (0x01 == (rPDATF>>5 & 0x01))
        #else
        if (0x01 == (rPDATE>>7 & 0x01))
        #endif
        {
            in_byte = (in_byte | (0x01));
        }
        clrclk;
        short_delay();
    }
    #if ARMII
      rPCONF = 0x9255A;                         //设置 PF5 为输出口
    #else
```

```
        rPCONE = 0x827EA;                        //设置 PE7 为输出口
    #endif
    clrdat;
    s_clr;
    short_delay();
    return(in_byte);
}
```

2.13 LCD 的显示实验

【实验目的】

- 学习 LCD 与 ARM 的 LCD 控制器的接口原理。
- 掌握内置 LCD 控制器驱动编写方法。
- 学习调用简单的 GUI 绘图。

【实验设备】

- EL-ARM-830 教学实验箱，PentiumII 以上的 PC 机，仿真器电缆。
- PC 操作系统 Win98 或 Win2000 或 WinXP，ARM SDT 2.5 或 ADS 1.2 集成开发环境，仿真器驱动程序。

【实验内容】

- 在 SDT 调试环境下全速运行映像文件到主函数 Main()，然后单步运行，观察液晶屏的反应。在 320×240 的彩色 LCD 屏上显示点、线和圆，并熟悉设置颜色、改变颜色、显示英文、显示汉字，以及填充区域等基本绘制功能。
- 在 Main()函数中改动某些 GUI 的 API 函数，重新装入映像文件，运行程序，观察液晶屏的显示效果。

【实验原理】

液晶显示屏（LCD，Liquid Crystal Display）主要用于文本、图形和图像信息的显示。目前，用于笔记本电脑的液晶显示与液晶电视已经实现量产。液晶显示屏具有轻薄、体积小、耗电量低、无辐射、平面直角显示，以及影像稳定不闪烁等特点。因此在许多电子应用中，常使用液晶显示屏作为人机界面。

1. S3C44B0X 中的 LCD 控制器原理

常用的 LCD 显示模块有两种：一是带有驱动电路的 LCD 显示模块；一是不带驱动电路

的 LCD 显示屏。大部分 ARM 处理器中都集成了 LCD 控制器，所以针对 ARM 芯片，一般不使用带驱动电路的 LCD 显示模块。

S3C44B0X 中具有内置的 LCD 控制器，其框图如图 2－46 所示。它具有能将显示缓存（在 SDRAM 存储器中）中的 LCD 图像数据传输到外部 LCD 驱动电路上的逻辑功能，并支持单色、4 级、16 级灰度 LCD 显示，以及 256 彩色 LCD 显示。在显示灰度时，它采用时间抖动算法和帧率控制方法；在显示彩色时，它采用 RGB 的格式，即 RED、GREEN、BLUE 三色混合调色。通过软件编程，可以实现 233 或 332 的 RGB 调色的格式。对于不同尺寸的 LCD 显示器，它们会有不同的垂直和水平像素点、不同的数据宽度、不同的接口时间及刷新率。通过对 LCD 控制器中的相应寄存器写入不同的值，可配置不同的 LCD 显示板。

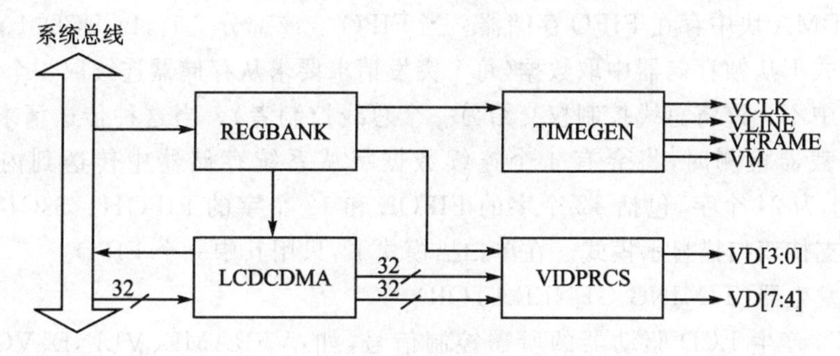

图 2－46　LCD 控制器框图

1）外部接口信号

S3C44B0X 中内置的 LCD 控制器提供了下列外部接口信号。

- VFRAME：LCD 控制器和 LCD 驱动器之间的帧同步信号。它通知 LCD 屏开始显示新的一帧，LCD 控制器在一个完整帧的显示后发出 VFRAME 信号。
- VLINE：LCD 控制器和 LCD 驱动器间的同步脉冲信号。LCD 驱动器通过它将水平移位寄存器中的内容显示到 LCD 屏上。LCD 控制器在一整行数据全部传输到 LCD 驱动器后发出 VLINE 信号。
- VCLK：LCD 控制器和 LCD 驱动器之间的像素时钟信号。LCD 控制器在 VCLK 的上升沿发送数据，LCD 驱动器在 VCLK 的下降沿采样数据。
- VM：LCD 驱动器所使用的交流信号。LCD 驱动器使用 VM 信号改变用于打开或关闭像素行和列电压的极性。VM 信号在每一帧触发，也可通过编程在一定数量的 VLINE 信号后触发。
- VD[3:0]：LCD 像素数据输出端口。用于 4 位/8 位的单扫描或双扫描时的高 4 位数据输入。
- VD[7:4]：LCD 像素数据输出端口。用于 8 位单扫描或双扫描时的低 4 位数据输入。

2）可编程寄存器的介绍

LCD 控制器包含 REGBANK、LCDCDMA、VIDPRCS 和 TIMEGEN。REGBANK 具有 18 个可编程寄存器，用于配置 LCD 控制器。LCDCDMA 为专用的 DMA，它可以自动地将显示数据从帧内存中传送到 LCD 驱动器中。通过专用 DMA，视频数据可以在无须 CPU 干涉的情况下在显示屏上显示出来。VIDPRCS 从 LCDCDMA 接收数据，并转换为相应格式（比如 4/8 位单扫描和 4 位双扫描显示模式）的数据，通过 VD[7:0]发送到 LCD 的驱动器上。TIMEGEN 包含可编程的逻辑，以支持常见的 LCD 驱动器所需要的不同接口时间和速率的要求。TIMEGEN 块产生 VFRAME、VLINE、VCLK 和 VM 等信号。

(1) 数据流描述

在 LCDCDMA 块中存在 FIFO 存储器。当 FIFO 空或部分空时，LCDCDMA 要求在基于突发存储器模式下从帧存储器中取数据（每个突发请求要求从存储器连续取 4 个字，在总线传送数据的过程中不允许将总线控制权交给另一个总线控制者）。当这种传送请求被存储控制器中的总线仲裁器检测时，将会有 4 个连续数据字从系统存储器中传送到内部的 FIFO。FIFO 总的大小为 24 个字，包括 12 个字的 FIFOL 和 12 个字的 FIFOH。S3C44B0X 有两个 FIFO，因为它支持双扫描显示模式。在单扫描模式下，只用其中一个 FIFO。

(2) 时序发生器(TIMING GENERATOR)

TIMEGEN 产生 LCD 驱动器的所需控制信号，如：VFRAME、VLINE、VCLK 和 VM。这些控制信号与 REGBANK 中 LCDCON1/2 寄存器的设置有密切关系。根据在 REGBANK 中的 LCD 控制寄存器的可编程设置，时序发生器能产生适合的可编程控制信号来支持不同类型的 LCD 驱动器。

VFRAME 脉冲以每帧一次的频率声明整帧中第一行的持续时间。

VFRAME 信号告诉 LCD 的线指示器已指向显示器的顶端，并已经开始显示。

VM 信号用来改变行、列的电压极性。VM 信号的频率由 LCDCON1 寄存器的 MMODE 位和 LCDSADDR2 寄存器的 MVAL[7:0]域来控制。当 MMODE 位为 0 时，VM 信号被设置成每帧刷新一次；当 MMODE 位为 1 时，VM 信号被设置成由 MVAL[7:0]值确定的 VLINE 信号触发。例如，当 MMODE＝1，MVAL[7:0]＝0x2 时，关系如下：

VM Rate＝VLINE Rate /（ 2× MVAL）

VFRAME 和 VLINE 脉冲的产生受 LCDCON2 寄存器中 HOZVAL 域和 LINEVAL 域配置的控制。每个域都与 LCD 的大小和显示模式有关。换句话说，HOZVAL 和 LINEVAL 信号由 LCD 板的大小和显示模式决定。

HOZVAL＝（ 水平显示长度/有效 VD 数据线的数量）－1

在彩色模式下：水平显示长度＝3×水平像点（段）数

如果 4 位双扫描的有效 VD 数据线为 4，那么在 8 位单扫描模式下的有效 VD 数据线应该是 8。

LINEVAL＝垂直显示宽度－1；单扫描

LINEVAL＝垂直显示宽度/2－1；双扫描

VCLK 信号的频率由 LCDCON1 寄存器中的 CLKVAL 控制。表 2－29 详细介绍了它们之间的对应关系。CLKVAL 的最小值是 2。

VCLK＝MCLK/(CLKVAL×2)

表 2－29　VCLK 和 CLKVAL 的关系(MCLK＝60 MHz)

CLKVAL	60 MHz/X	VCLK
2	60 MHz/4	15.0 MHz
3	60 MHz/6	10.0 MHz
⋮	⋮	⋮
1023	60 MHz/2046	29.3 kHz

VFRAM 信号频率就是帧扫描频率。帧扫描频率与 WLH(VLINE 脉宽)、WHLY(VLINE 脉冲后的 VCLK 延迟宽度)、HOZVAL、VLINEBLANK，以及两个液晶控制寄存器中的 LINEVAL，还有 VCLK、MCLK 有关。大部分 LCD 驱动器需要有适合自身的足够的帧扫描频率。帧扫描频率(单位为 Hz)计算如下：

frame_rate＝1 / [((1/VCLK) × (HOZVAL＋1)＋(1/MCLK) × (WLH＋WDLY＋LINEBLANK))× (LINEVAL＋1)]

VCLK＝(HOZVAL＋1) / [(1/ (frame_rate×(LINEVAL＋1)))－((WLH＋WDLY＋LINEBLANK)/MCLK)]

3) 扫描模式支持

S3C44B0X 处理器 LCD 控制器支持 3 种显示类型：4 位单扫描、4 位双扫描和 8 位单扫描。扫描工作方式通过 DISMOD(LCDCON1[6:5])设置，如表 2－30 所列。

表 2－30　扫描模式选择

DISMOD	00	01	10	11
模式	4 位双扫描	4 位单扫描	8 位单扫描	无

(1) 4 位单扫描

显示控制器扫描线从左上角位置进行数据显示。显示数据从 VD[3:0]获得；彩色液晶屏数据位代表 RGB 色。4 位扫描如图 2－47 所示。

(2) 4 位双扫描

显示控制器分别使用两个扫描线进行数据显示。显示数据从 VD[3:0]获得高扫描数据；从 VD[7:4]获得低扫描数据；彩色液晶屏数据位代表 RGB 色。4 位双扫描如图 2－48 所示。

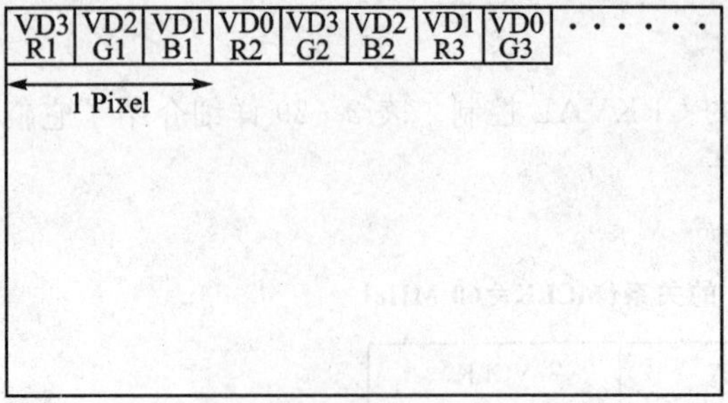

VD3 R1	VD2 G1	VD1 B1	VD0 R2	VD3 G2	VD2 B2	VD1 R3	VD0 G3	……

1 Pixel

图 2-47　4 位单扫描

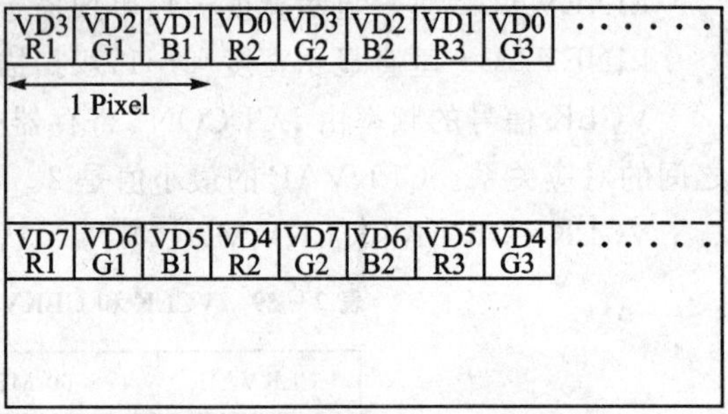

VD3 R1	VD2 G1	VD1 B1	VD0 R2	VD3 G2	VD2 B2	VD1 R3	VD0 G3	……

1 Pixel

VD7 R1	VD6 G1	VD5 B1	VD4 R2	VD7 G2	VD6 B2	VD5 R3	VD4 G3	……

图 2-48　4 位双扫描

(3) 8 位单扫描

显示控制器扫描线从左上角位置进行数据显示。显示数据从 VD[7:0]获得；彩色液晶屏数据位代表 RGB 色。8 位单扫描如图 2-49 所示。

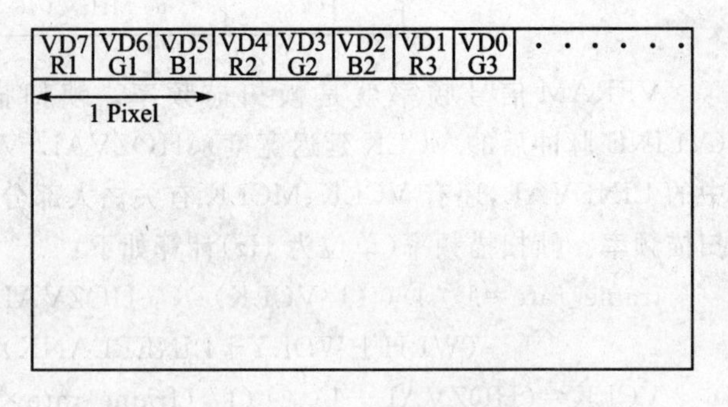

图 2-49　8 位单扫描

4) 数据的存放与显示

液晶控制器传送的数据表示了一个像素的属性：4 级灰度屏用两个数据位；16 级灰度屏使用 4 个数据位；RGB 彩色液晶屏使用 8 个数据位(R[7:5]、G[4:2]、B[1:0])。

显示缓存中存放的数据必须符合硬件及软件设置，即要注意字节对齐方式。在 4 位或 8 位单扫描方式时，数据的存放与显示如图 2-50 所示。

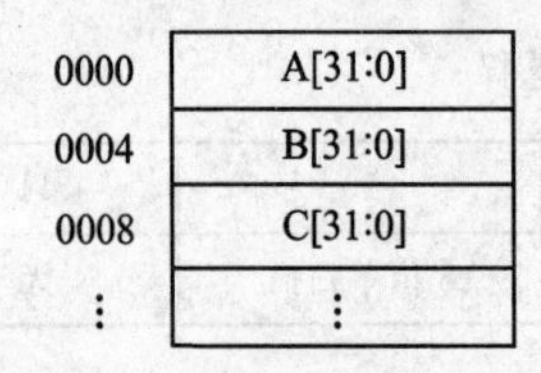

A[31]A[30]…A[1]A[0]B[31]B[30]…B[1]B[0]
C[31]C[30]…C[1]C[0]…

图 2-50　4 位或 8 位单扫描数据的存放与显示

在 4 位双扫描方式时，数据的存放与显示如图 2-51 所示。

2. 8 位彩色 LCD 显示原理

图 2-52 显示了 LCD 彩色图像数据在 LCD 显示缓存中的存放结构，以及彩色图像数据在 LCD 液晶屏上的显示规则。当 S3C44B0X 中的液晶控制器需要彩色模式时，时钟抖动算法

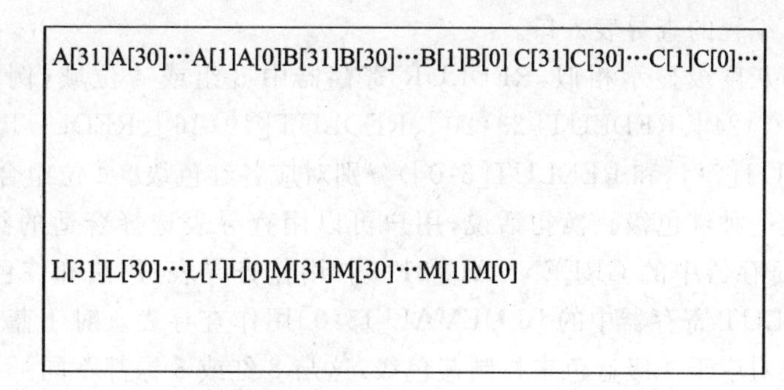

图 2-51　4 位双扫描数据的存放与显示

和 FRC(帧频率控制)方法能被用来通过可编程查找表来选择调整色彩级数。单色模式不使用这些模块(FRC 和查找表),而是通过将视频数据转移到 LCD 驱动器中把 FIFOH(和 FIFOL,如果是双扫描模式时)中的数据连续化为 4 位(或 8 位,如果是 4 位双扫描或 8 位单扫描时)的数据流。

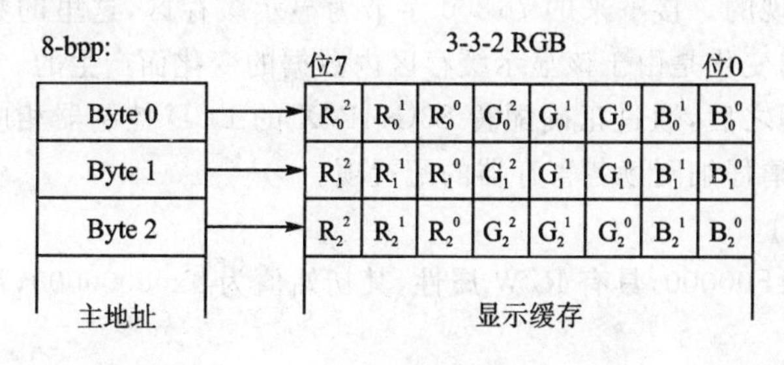

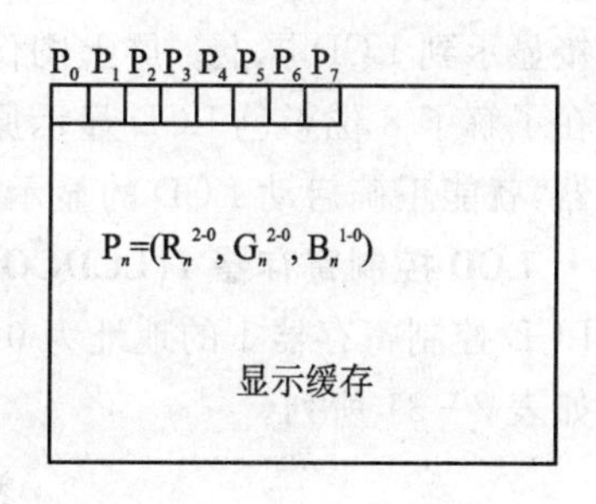

图 2-52　8 位彩色 LCD 显示原理

1) 查找表

S3C44B0X 支持多色彩或多灰度级映射的调色板,这给用户带来了很大的灵活性。查找表是一个允许彩色和灰度级数选择的调色板。用户在 4 级灰度模式中通过查找表在 16 灰度级中选择 4 灰度级,而在 16 级灰度模式下灰度级不能被选择,所有 16 灰度级必须在可能的 16 灰度级中进行选择。在 256 彩色模式中,3 位红,3 位绿,2 位蓝。256 彩色就是由 8 红,8 绿,4 蓝组合而成(8×8×4=256)。在彩色模式中,查找表用于进行适当的选择。8 红在 16 级红中选择,8 绿在 16 级绿中选择,4 蓝在 16 级蓝中选择。

2) 彩色模块操作

S3C44B0X 中的 LCD 控制器支持每像素 8 位的 256 彩色显示模式。彩色显示模块用抖动算法和 FRC(帧扫描率控制)方法可产生 256 级彩色。每个像素的 8 位分成 3 位红、3 位绿和 2 位蓝,各自有独立的查寻表。各个表分别用 REDLUT 寄存器中的 REDVAL[31:0]、GREENLUT 寄存器中的 GREENVAL[31:0]和 BLUELUT 寄存器中的 BLUEVAL[15:0]

作为可编程的查寻表入口。

与灰度级显示相似，REDLUR 寄存器中 8 组或 4 位域（例如 REDVAL[31:28]、REDLUT[27:24]、REDLUT[23:20]、REDLUT[19:16]、REDLUT[15:12]、REDLUT[11:8]、REDLUT[7:4]和 REDLUT[3:0]）分别对应各红色级。4 位组合可以得到 16 种可能，每种情况对应一种红色级。换句话说，用户可以用查寻表选择合适的红色级。对于绿色，GREENLUT 寄存器中的 GREENVAL[31:0] 用作查寻表，用法和红色一样。蓝色与前两个相似，BLUELUT 寄存器中的 BLUEVAL[15:0]用作查寻表。对于蓝色查寻表需要 16 位，因为只有两位对应于 4 级蓝色来控制蓝色级，这与 8 红或 8 绿都不同。

320×240 像素的 8 位数据的 256 彩色 LCD 屏，显示一屏所需的显示缓存为 320×240×8 位，即 76800 字节。在显示缓存中的每个字节，都对应着屏上的一个像素点。因此，8 位 256 彩色显示缓存与 LCD 屏上的像素点是字节对应的。每个字节中又有 RGB 格式的区分，既有 332 的 RGB，又有 233 的 RGB 格式，这因硬件而定。在彩色图像显示时，首先要给显示缓存区一个首地址，这个地址要在 4 字节对齐的边界上，而且，需要在 SDRAM 的 4 MB 字节空间之内。它是通过配置相应的寄存器来实现的。接下来的 76800 字节为显示缓存区，这里的数据会直接显示到 LCD 屏上。屏上图像的变化是由于该显示缓存区内数据的变化而产生的。

在了解了 8 位彩色 LCD 显示原理之后，通过正确配置 S3C44B0X 的 LCD 控制器相应的寄存器，就能正确启动 LCD 的显示。请仔细阅读各寄存器的配置项。

- **LCD 控制寄存器 1(LCDCON1)**

LCD 控制寄存器 1 的地址为 0x01F00000，具有 R/W 属性，其初始值为 0x00000000，具体功能如表 2－31 所列。

表 2－31　LCD 控制寄存器 1

位	位名称	描　述	初始值
[31:22]	LINECNT	这些位反映行计数值，从 LINEVAL 递减计数至 0	00000 00000
[21:12]	CLKVAL	这些位确定 VCLK 的频率，如果该值在 ENVID=1 改变，下一帧将使用新值，公式为 VCLK=MCLK/(CLKVAL×2)(CLKVAL≥2)	00000 00000
[11:10]	WLH	这些位确定 VLINE 高电平的宽度。 00=4 clock；01=8 clock；10=12 clock；11=16 clock	00
[9:8]	WDLY	这些位确定 VLINE 和 VCLK 之间的延时。 00=4 clock；01=8 clock；10=12 clock；11=16 clock	00
[7]	MMODE	这位确定 VM 的频率。 0=每帧；1=频率由 MVAL 决定	0

续表 2-31

位	位名称	描 述	初始值
[6:5]	DISMODE	这些位选择显示模式。 00=4 位双扫描显示模式;01=4 位单扫描显示模式; 10=8 位单扫描显示模式;11=未使用	00
[4]	INVCLK	该位控制 VCLK 的极性。 0=VCLK 下降沿取显示数据;1=VCLK 上升沿取显示数据	0
[3]	INVLINE	该位指示行脉冲的极性:0=正常;1=取反	0
[2]	INVFRAME	该位指示帧脉冲的极性:0=正常;1=取反	0
[1]	INVVD	该位指示 VD[7:0] 的极性。 0=正常;1=VD[7:0]输出取反	0
[0]	ENVID	LCD 视频输出和逻辑的允许与否。 0=不禁止,LCD FIFO 清除;1=使能	0

• **LCD 控制寄存器 2(LCDCON2)**

LCD 控制寄存器 2 的地址为 0x01F00004,具有 R/W 属性,初始值为 0x00000000,具体功能如表 2-32 所列。

表 2-32 LCD 控制寄存器 2

位	位名称	描 述	初始值
[31:21]	LINEBLANK	这些位确定行扫描的返回时间。LINEBLANK 的单位是 MCLK。如 LINEBLANK 为 10, 返回时间在 10 个系统时钟期间插入 VCLK	0x000
[20:10]	HOZVAL	这些位确定 LCD 屏的水平尺寸,HOZVAL 值的确定必须满足一行总的字节数是 2 的倍数,如 120 点 LCD 的水平尺寸 $X=120$ 时不支持,因为一行包含 15 个字节,而 $X=128$ 可以被支持(16 个字节),额外的 8 点将被 LCD 驱动器放弃。 HOZVAL=(水平显示大小/有效 VD 数据线数)-1 彩色模式时,水平显示大小=3×水平像数的数字	0x000
[9:0]	LINEVAL	这些位确定 LCD 屏的垂直尺寸。 LINEVAL=垂直显示大小-1　　单扫描类型 LINEVAL=(垂直显示大小/2)-1　　双扫描类型	0x000

• **LCD 控制寄存器 3(LCDCON3)**

LCD 控制寄存器 3 的地址为 0x1F00040,具有 R/W 属性,初始值为 0x00,具体功能如表 2-33所列。

表 2-33　LCD 控制寄存器 3

位	位名称	描　述	初始值
[2:1]	—	保留	0
[0]	SELFREF	LCD 刷新模式允许位。 0＝禁止 LCD 自刷新模式；1＝允许 LCD 自刷新模式	0

- **帧缓冲起始地址寄存器 1(LCDSADDR1)**

帧缓冲起始地址寄存器 1 的地址为 0x01F00008，具有 R/W 属性，初始值为 0x000000，具体功能如表 2-34 所列。

表 2-34　帧缓冲起始地址寄存器 1

位	位名称	描　述	初始值
[28:27]	MODESEL	这些位选择显示模式。 00＝单色模式；01＝4 级灰度模式； 10＝16 级灰度模式；11＝彩色	00
[26:21]	LCDBANK	这些位指示视频缓冲区在系统存储器的段地址 A[27:22]。 LCDBANK 在视点移动时不能变化，LCD 帧缓冲区应当与 4MB 区域对齐。	0x00
[20:0]	LCDBASEU	这些位指示帧缓冲区或在双扫描 LCD 时的上帧缓冲区的开始地址 A[21:1]	0x000000

注：LCDBANK 在 ENVID＝1 时不能变化。如果 LCDBASEU，LCDBASEL 在 ENVID＝1 时变化，新的量将在下一帧起作用。

- **帧缓冲起始地址寄存器 2(LCDSADDR2)**

帧缓冲起始地址寄存器 2 的地址为 0x01F0000C，具有 R/W 属性，初始值为 0x000000，具体功能如表 2-35 所列。

表 2-35　帧缓冲起始地址寄存器 2

位	位名称	描　述	初始值
[29]	BSWP	1＝允许扫描；0＝禁止扫描	0
[28:21]	MVAL	如果 MMODE＝1，那么这两位定义 VM 信号以什么速度变化。 公式为 VM Rate＝VLINE Rate/(2×MVAL)	0x00
[20:0]	LCDBASEL	这些位指示在使用双扫描 LCD 时的下帧缓冲区的开始地址 A[21:1]， 公式为 LCDBASEL＝LCDBASEU＋(PAGEWIDTH＋OFFSIZE)×(LINEVAL＋1)	0x0000

注：用户通过改变 LCDBASEU 和 LCDBASEL 的值来滚动屏幕。但在帧结束时，不能改变 LCDBASEU 和 LCDBASEL 的值，因为预取下一帧的数据优先于改变帧，如果这时改变帧，预取的数据将无效，且显示的也不正确。为了检查 LINECNT，中断应当被屏蔽，否则如果在读 LINECNT 后，任意中断刚好执行，由于 ISR 的执行，LINECNT 的值可能无效。

• **帧缓冲起始地址寄存器 3(LCDSADDR3)**

帧缓冲起始地址寄存器 3 的地址为 0x01F00010,具有 R/W 属性,虚拟屏幕地址设置初始值为 0x000000,具体功能如表 2-36 所列。

表 2-36　帧缓冲起始地址寄存器 3

位	位名称	描　述	初始值
[19:9]	OFFSIZE	虚拟屏幕偏移量(半字的数量),该值定义前一显示行的最后半字和新的显示一行首先的半字之间的距离	0x000
[8:0]	PAGEWIDTH	虚拟屏幕宽度(半字的数量),该值定义帧的观察区域的宽度	0x00

注:PAGEWIDTH 和 OFFSIZE 必须在 ENVID=0 时变化。

• **RED 查找表寄存器(REDLUT)**

RED 查找表寄存器的地址为 0x01F00014,具有 R/W 属性,初始值为 0x00000000,具体功能如表 2-37 所列。

表 2-37　RED 查找表寄存器

位	位名称	描　述	初始值
[31:0]	REDVAL	这些位定义 8 组中每一组的 16 个影射的哪一个将被选择。 000=REDVAL[3:0];001=REDVAL[7:4]; 010=REDVAL[11:8];011=REDVAL[15:12]; 100=REDVAL[19:16];101=REDVAL[23:20]; 110=REDVAL[27:24];111=REDVAL[31:28]	0x00000000

• **GREEN 查找表寄存器(GREENLUT)**

GREEN 查找表寄存器的地址为 0x01F00018,具有 R/W 属性,初始值为 0x00000000,具体功能如表 2-38 所列。

表 2-38　GREEN 查找表寄存器

位	位名称	描　述	初始值
[31:0]	GREENVAL	这些位定义 8 组中每一组的 16 个影射的哪一个将被选择。 000=GREENVAL[3:0];001=GREENVAL[7:4]; 010=GREENVAL[11:8];011=GREENVAL[15:12]; 100=GREENVAL[19:16];101=GREENVAL[23:20]; 110=GREENVAL[27:24];111=GREENVAL[31:28]	0x00000000

• **BLUE 查找表寄存器(BLUELUT)**

BLUE 查找表寄存器的地址为 0x01F00018,具有 R/W 属性,初始值为 0x00000000,具体功能如表 2-39 所列。

表 2－39　BLUE 查找表寄存器

位	位名称	描　述	初始值
[15:0]	BLUEVAL	这些位定义 4 组中每一组的 16 个影射的哪一个将被选择。 00＝BLUEVAL[3:0]；01＝BLUEVAL[7:4]； 10＝BLUEVAL[11:8]；11＝BLUEVAL[15:12]	0x0000

表 2－37、表 2－38 和表 2－39 为 LCD 的 RGB 查找表寄存器 3 的配置说明。在这三个寄存器中，设定使用的 8 种红色，8 种绿色和 4 种蓝色。

其实，不同红色的差异是通过时间抖动的算法及帧率控制的方法来实现的。对于绿、蓝也是一样。因此，还要设置抖动模式寄存器。

抖动模式寄存器(DP1_2、DP4_7、DP3_5、DP2_3、DP5_7、DP3_4、DP4_5、DP6_7)以及抖动模式寄存器(DITHMODE)如表 2－40 所列。

表 2－40　抖动模式寄存器

名　称	地　址	R/W	抖动模式占空比	初始值
DP1_2	0x01F00020	R/W	1/2	0xA5A5
DP4_7	0x01F00024	R/W	4/7	0xBA5DA65
DP3_5	0x01F00028	R/W	3/5	0xA5A5F
DP2_3	0x01F0002C	R/W	2/3	0xD6B
DP5_7	0x01F00030	R/W	5/7	0xEB7B5ED
DP3_4	0x01F00034	R/W	3/40	x7DBE
DP4_5	0x01F00038	R/W	4/5	0x7EBDF
DP6_7	0x01F0003C	R/W	6/7	0x7FDFBFE
DITHMODE	0x01F00044	R/W	用户必须改变该值为 0x12210	0x00000

不同显示模式的 MV 值如表 2－41 所列。

表 2－41　不同显示模式的 MV 值

显示模式	MV 值	显示模式	MV 值
单色，4 位单扫描	1/4	16 级灰度，4 位单扫描	1/4
单色，8 位单扫描或 4 位双扫描	1/8	16 级灰度，8 位单扫描或 4 位双扫描	1/8
4 级灰度，4 位单扫描	1/4	彩色，4 位单扫描	3/4
4 级灰度，8 位单扫描或 4 位双扫描	1/8	彩色，8 位单扫描或 4 位双扫描	3/8

【实验步骤】

① 本实验使用实验教学系统的 CPU 板和 LCD 单元。在进行本实验时，音频的左右声道开关、A/D 通道选择开关、触摸屏中断选择开关等均应处在关闭状态。

② 在 PC 机并口和实验箱的 CPU 之间，连接 SDT 调试电缆。

③ 检查线缆连接是否可靠。可靠后，给系统上电。打开 LCD 的电源开关。

④ 打开随书所配光盘中的硬件实验\SDT\实验十六目录下的 Lcd.apj 项目文件，并进行编译。若编译出错，按照 2.2 节中的解决办法解决。

⑤ 编译通过后，首先启动 JTAG 驱动程序 JTAG-NT&2000.exe(操作系统是 Win2000；若是 Win98，需用 JTAG.exe)，之后运行 SDT 的调试环境，装载随书所配光盘中的硬件实验\SDT\实验十六\debug 目录下中的映像文件 EuCos.axf。在 SDT 调试环境下全速运行映像文件到主函数 Main()，然后单步运行，观察液晶屏的反应。

⑥ 在 Main()函数中改动某些 GUI 的 API 函数，重新装入映像文件，运行程序，观察液晶屏的显示效果。重复实验。

⑦ 实验完毕，先关闭 LCD 电源开关，再关闭 SDT 开发环境，再关闭电源。

【参考程序】

1. S3C44B0X 的 LCD 控制器的初始化程序

```
#define    M5D(n)          ((n) & 0x1fffff)
#define    SCR_XSIZE      (320)
#define    SCR_YSIZE      (240)
#define    LCD_XSIZE      (320)
#define    LCD_YSIZE      (240)
#define    HOZVAL_COLOR        (LCD_XSIZE * 3/8-1)       //确定水平尺寸
#define    LINEVAL             (LCD_YSIZE-1)             //确定垂直尺寸
#define    MVAL                (13)
#define    CLKVAL_COLOR        (5)                       //确定 VCLK 的频率
#define Video_StartBuffer      0x0c000000                //LCD 的帧缓冲区开始地址
U16  LCD_Init(U8 Lcd_Bpp)
{
  switch(Lcd_Bpp)
  {
case 8:
                    // 关闭 LCD 控制器，8 位单扫描，WDLY = 8 clk，WLH = 8 clk
rLCDCON1 = (0)|(2<<5)|(0x1<<8)|(0x1<<10)|(CLKVAL_COLOR<<12);
                                                   //LINEBLANK = 10
```

```
rLCDCON2 = (LINEVAL)|(HOZVAL_COLOR<<10)|(10<<21);
                                            // 256-color, LCDBANK, LCDBASEU
rLCDSADDR1 = (0x3<<27)|(((U32)Video_StartBuffer>>22)<<21)|M5D((U32)Video_Start-
Buffer>>1);
rLCDSADDR2 = M5D((((U32)Video_StartBuffer + (SCR_XSIZE * LCD_YSIZE))>>1)) | (MVAL<<
21)|1<<29;
rLCDSADDR3 = (LCD_XSIZE/2) | ( ((SCR_XSIZE-LCD_XSIZE)/2)<<9 );
        rREDLUT    = 0xfdb96420;              //使用的 8 种红色
        rGREENLUT = 0xfdb96420;               //使用的 8 种绿色
        rBLUELUT  = 0xfb40;                   //使用的 4 种蓝色
        rDITHMODE = 0x0;
        rDP1_2  = 0xa5a5;                     //抖动模式占空比值
        rDP4_7  = 0xba5da65;                  //抖动模式占空比值
        rDP3_5  = 0xa5a5f;                    //抖动模式占空比值
        rDP2_3  = 0xd6b;                      //抖动模式占空比值
        rDP5_7  = 0xeb7b5ed;                  //抖动模式占空比值
        rDP3_4  = 0x7dbe;                     //抖动模式占空比值
        rDP4_5  = 0x7ebdf;                    //抖动模式占空比值
        rDP6_7  = 0x7fdfbfe;                  //抖动模式占空比值
        rDITHMODE = 0x12210;                  //抖动模式寄存器

           // 打开 LCD 控制器，8 位单扫描,WDLY = 8 clk,WLH = 8 clk
rLCDCON1 = (1)|(2<<5)|(MVAL_USED<<7)|(0x3<<8)|(0x3<<10)|(CLKVAL_COLOR<<12);
        break;
    default:
        return 1;
  }
  return 0;
}
  //LCD 控制器对彩色 256 色的初始配置完成,即可在 LCD 上显示了
```

2. 系统的主程序入口

```
void Main(void)
{
    Target_Init();
    GUI_Init();

    Set_Color(GUI_GREEN);
    Fill_Rect(0,0,319,239);
    Delay(1000);
```

```
Set_Color(GUI_WHITE);
Delay(1000);
Fill_Rect(0,0,319,239);

Set_Color(GUI_BLACK);
Delay(1000);
Fill_Rect(0,0,319,239);
Delay(1000);

Set_Color(GUI_YELLOW);
Fill_Rect(0,0,319,239);
Delay(1000);
Set_Color(GUI_BLUE);
Fill_Rect(0,0,319,239);
Delay(1000);

Set_Color(GUI_RED);
Draw_Circle(100,100,50);
Delay(1000);

Draw_Point   (100, 200);                               //绘制点 API
Delay(1000);
Draw_HLine   (100, 3, 319);                            //绘制水平线 API
Delay(1000);
Draw_VLine   (0, 150, 239);                            //绘制竖直线 API
Delay(1000);
Draw_Line    (0,0,319,239);
Delay(1000);
Draw_Line    (319,0,0,239);
Delay(1000);
Fill_Circle (80, 180, 40);
Delay(1000);
Fill_Rect    (280, 200, 300, 220);                     //填充区域 API
Delay(1000);
Set_Font     (&GUI_Font8x16);                          //设定字体类型 API
Set_Color(GUI_WHITE);
Set_BkColor (GUI_BLUE);                                //设定背景颜色 API

Fill_Rect(0,0,319,3);
```

```
    Fill_Rect(0,0,3,239);
    Fill_Rect(316,0,319,239);
    Fill_Rect(0,236,319,239);
    Disp_String ("this is a demo",130,70);
    Set_Font     (&CHINESE_FONT12);
    Disp_String (CN_start"这是一个例程"CN_end,130,90);
    Set_Font     (&CHINESE_FONT16);
    Disp_String (CN_start"这是一个例程"CN_end,130,110);
    while(1);
}
```

3. 绘图的 API 函数

```
U32   GUI_Init       (void);                                  //GUI 初始化
void Draw_Point      (U16 x, U16 y);                          //绘制点 API
U32   Get_Point      (U16 x, U16 y);                          //得到点 API
void Draw_HLine      (U16 y0, U16 x0, U16 x1);                //绘制水平线 API
void Draw_VLine      (U16 x0, U16 y0, U16 y1);                //绘制竖直线 API
void Draw_Line       (I32 x1,I32 y1,I32 x2,I32 y2);           //绘制线 API
void Draw_Circle     (U32 x0, U32 y0, U32 r);                 //绘制圆 API
void Fill_Circle     (U16 x0, U16 y0, U16 r);                 //填充圆 API
void Fill_Rect       (U16 x0, U16 y0, U16 x1, U16 y1);        //填充区域 API
void Set_Color       (U32 color);                             //设定前景颜色 API
void Set_BkColor     (U32 color);                             //设定背景颜色 API
void Set_Font        (GUI_FONT * pFont);                      //设定字体类型 API
void Disp_String     (const I8 * s, I16 x, I16 y);            //显示字体 API
```

4. GUI 的图形初始化程序

```
#include "..\Glib\Glib.h"
U32 GUI_Init(void)
{
     U32 r;
     r = LCD_Init(LCD_BPP);
     Set_Color(GUI_BLACK);
     Fill_Rect(0,0,XMAX,YMAX);
     return r;
}
```

5. GUI 的字符显示程序

```
#include "..\Glib\Glib.h"
        Context GUI_Context;
```

```
extern U16 LCD_BKCOLOR;
   void     DispString(const I8 * s);
U16     GUI_GetLineLen(const I8 * s, U16 MaxLen);
U16     GUI_GetLineDistX(const I8 * s, U16 Len);
U16     GUI_GetCharDistX(void);
void    GUI_DispLine(const I8 * s, I16 Len, const GUI_RECT * pr);
void    GL_DispChar(U16 c);
U16     GUI_DB2UC_CN (U8 Byte0, U8 Byte1);
void    GUI_DispNextLine(void);
U16     GUI_GetFontDistY(void);
void    GUIMONO_DispChar(U16P c);
void    LCD_DrawBitmap    (U16 x0, U16 y0,
                          U16 xsize, U16 ysize,
                          U16 xMul, U16 yMul,
                          U16 BitsPerPixel,
                          U16 BytesPerLine,
                          const U8 * pPixel);
```

6. 设定字体函数

```
void  Set_Font( GUI_FONT * pFont)
{
      if (pFont)
      {
        GUI_Context.pAFont = pFont;
    }
}
```

7. 显示字符串的 API

```
void Disp_String(const I8 * s, I16 x, I16 y)
{
      GUI_Context.DispPosX = x;
      GUI_Context.DispPosY = y;
      DispString(s);
}
```

8. 显示字符串

```
void DispString(const I8 * s)
{
      I16      xOrg;
      U8            FontSizeY;
```

```
    if (!s)
      return;
  FontSizeY = GUI_Context.pAFont->YDist;
    xOrg = GUI_Context.DispPosX;
    for (; *s; s++)
    {
      GUI_RECT r;
      U16 LineLen =  GUI_GetLineLen(s,0x7fff);
      U16 xLineSize = GUI_GetLineDistX(s, LineLen);
      r.x0 = GUI_Context.DispPosX;
      r.x1 = r.x0 + xLineSize-1;
      r.y0 = GUI_Context.DispPosY;
      r.y1 = r.y0 + FontSizeY-1;
  GUI_DispLine(s, LineLen, &r);
      GUI_Context.DispPosY = r.y0;
      s += LineLen;
      if ((*s == '\n') || (*s == '\r'))
      {
          GUI_Context.DispPosX = GUI_Context.LBorder;
            if (*s == '\n')
            GUI_Context.DispPosY += GUI_GetFontDistY();
      }
      else
      {
          GUI_Context.DispPosX = r.x0 + xLineSize;
      }
      if (*s == 0)
          break;
    }
}
```

9. 显示字符

```
void GL_DispChar(U16 c)
{
  if (c == '\n')
    {
      GUI_DispNextLine();
    }
    else
    {
```

```
        if (c!='\r')
        {
            GUIMONO_DispChar(c);
        }
    }
}
```

10. LCD 画 API

```
void LCD_DrawBitmap
                    (U16 x0, U16 y0,
                    U16 xsize, U16 ysize,
                    U16 xMul, U16 yMul,
                    U16 BitsPerPixel,
                    U16 BytesPerLine,
                    const U8 * pPixel)
{
    U16 x1, y1;
    const U16 * pTrans;
    U16 Diff = 0;
    y1 = y0 + ysize-1;
    x1 = x0 + xsize-1;
 pTrans = (BitsPerPixel != 1) ? NULL : &LCD_BKCOLOR;
 if ((xMul == 1) && (yMul == 1))
    {
      LCD_L0_DrawBitmap(x0, y0, xsize, ysize, BitsPerPixel, BytesPerLine, pPixel, Diff,
      pTrans);
    }
    else
    {
    }
}
```

2.14 触摸屏实验

【实验目的】

- 了解触摸屏工作的基本原理。
- 理解 LCD 如何和触摸屏相配合。

• 通过编程实现对触摸屏的控制。

【实验设备】

• EL-ARM-830 教学实验箱，PentiumII 以上的 PC 机，仿真器电缆。
• PC 操作系统 Win98 或 Win2000 或 WinXP，ARM SDT 2.5 或 ADS 1.2 集成开发环境，仿真器驱动程序。

【实验内容】

• 在 320×240 的彩色 LCD 上显示触摸点的坐标。
• 用圆滑的笔头点击触摸屏，观察液晶屏的显示结果。
• 编写应用程序，并运行，察看液晶屏的响应。

【实验原理】

1. 触摸屏的应用及分类

随着信息技术的不断发展，人性化设计的重要性越来越凸显出来。由于触摸屏可以使操作简单直观，因此越来越多的手持产品和公共服务类设备都采用触摸屏。触摸屏附着在显示器的表面，与显示器配合使用。如果能测量出触摸点在屏幕上的坐标位置，则可根据显示屏上对应坐标点的显示内容或图符获知触摸者的意图。

触摸屏按其技术原理可分为五类：矢量压力传感式、电阻式、电容式、红外线式和表面声波式。其中，电阻式触摸屏在嵌入式系统中用的较多。

1) 电阻触摸屏的结构

电阻触摸屏是一块 4 层的透明复合薄膜屏，最下面是玻璃或有机玻璃构成的基层，最上面是一层外表面经过硬化处理从而光滑防刮的塑料层，二者也可以统称为电阻性导体层。中间是两层金属导电层，分别在基层之上和塑料层内表面。在两导电层之间，有许多细小的透明隔离点把它们隔开。电阻性导体层必须选用阻性材料，如通过将铟锡氧化物(ITO)涂在衬底上构成。隔离点为粘性绝缘液体材料，如聚脂薄膜。电极选用导电性能极好的材料(如银粉墨)构成，其导电性能大约为 ITO 的 1000 倍。当手指触摸屏幕时，两导电层在触摸点处接触，如图 2-53 所示。

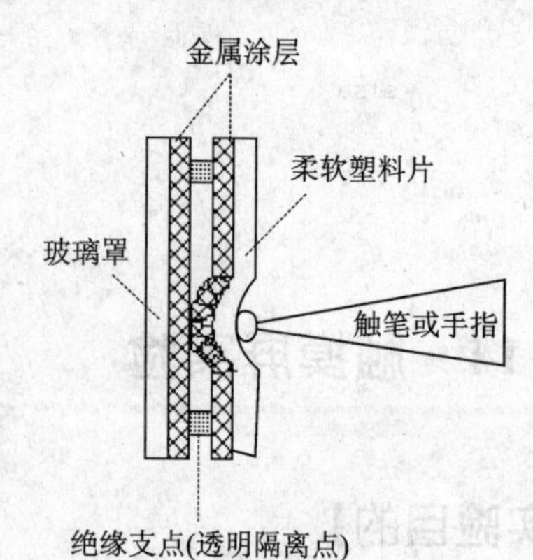

图 2-53 电阻触摸屏的结构

2) 电阻触摸屏的工作原理

电阻式触摸屏是一种传感器，它将矩形区域中触摸点(X,Y)的物理位置转换为代表 X 坐标和 Y 坐标的电压。当触摸屏表面受到的压力(如通过笔尖或手指进行按压)足够大时,顶层与底层之间会产生接触。所有的电阻式触摸屏都采用分压器原理来产生代表 X 坐标和 Y 坐标的电压。如图 2-54 所示,分压器是通过将两个电阻进行串联来实现的。上面的电阻(R_1)连接正参考电压(V_{REF}),下面的电阻(R_2)接地。两个电阻连接点处的电压测量值与下面那个电阻的阻值成正比。为了在电阻式触摸屏上的特定方向测量一个坐标,需要对一个阻性层进行偏置:将它的一边接 V_{REF},另一边接地。同时,将未偏置的那一层连接到一个 ADC 的高阻抗输入端。当触摸屏上的压力足够大,使两层之间发生接触时,电阻性表面被分隔为两个电阻,它们的阻值与触摸点到偏置边缘的距离成正比。触摸点与接地边之间的电阻相当于分压器中下面的那个电阻。因此,在未偏置层上测得的电压与触摸点到接地边之间的距离成正比。

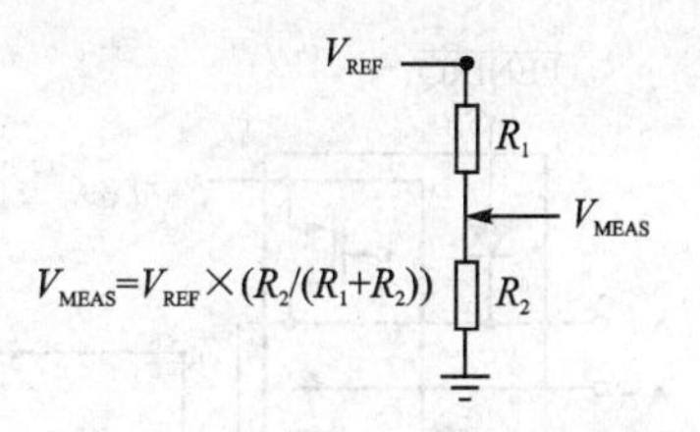

图 2-54　电阻式触摸屏工作原理

触摸屏的两个金属导电层是触摸屏的两个工作面,在每个工作面的两端各涂有一条银胶,称为该工作面的一对电极。若给一个工作面的电极对施加电压,则在该工作面上就会形成均匀连续的平行电压分布。当给 X 方向的电极对施加一确定的电压,而 Y 方向电极对不加电压时,在 X 平行电压场中,触点处的电压值可以在 $Y+$(或 $Y-$)电极上反映出来。通过测量 $Y+$ 电极对地的电压大小和 A/D 转换,便可得知触点的 X 坐标值。同理,当给 Y 电极对施加电压,而 X 电极对不加电压时,通过测量 $X+$ 电极的电压和通过 A/D 转换,便可得知触点的 Y 坐标。

触摸屏工作时,上下导体层相当于电阻网络。当某一层电极加上电压时,会在该网络上形成电压梯度。如有外力使得上下两层在某一点接触,则在另一层未加电压的电极上可测得接触点处的电压,从而知道接触点处的坐标。比如,在顶层的电极($X+$,$X-$)上加上电压,则会在顶层导体层上形成电压梯度。当有外力使得上下两层在某一点接触时,在底层($Y+$,$Y-$)电极上就可以测得接触点处的电压。再根据该电压与电极($X+$)之间的距离关系得出该处的 X 坐标,然后,将电压切换到底层电极($Y+$,$Y-$)上,并在顶层($X+$,$X-$)电极上测量接触点处的电压,从而确定 Y 坐标。

电阻式触摸屏有 4 线和 5 线两种。4 线式触摸屏的 X 工作面和 Y 工作面分别加在两个导电层上,共有 4 根引出线:$X+$、$X-$、$Y+$ 和 $Y-$,分别连到触摸屏的 X 电极对和 Y 电极对上。5 线式触摸屏把 X 工作面和 Y 工作面都加在玻璃基层的导电涂层上,但工作时仍是分时加电压的,即让两个方向的电压场分时工作在同一工作面上,而外导电层则仅仅用来充当导体和电压测量电极。因此,5 线式触摸屏的引出线需为 5 根。

2. 触摸屏控制芯片 ADS7843 的工作原理

触摸屏模块采用 TI 公司的 ADS7843 芯片,通过它可以把采集到的电压信号经其内部的

12 位 A/D 转换成数字量给 S3C44B0X 处理其功能图如图 2-55 所示。

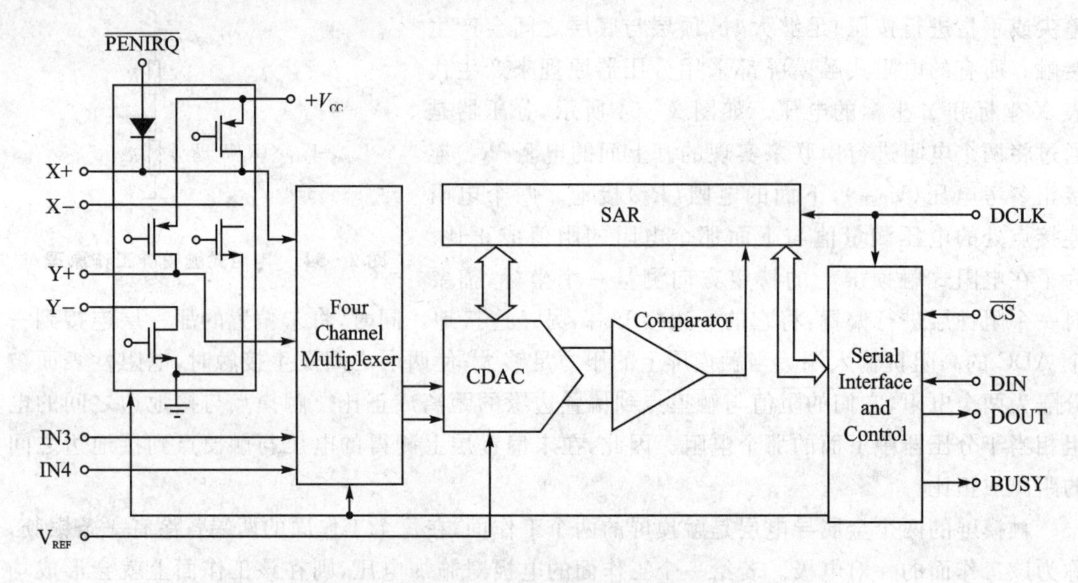

图 2-55 ADS7843 功能图

ADS7843 是 TI 公司专为 4 线电阻式触摸屏设计的专用接口芯片，可以方便地与 S3C44B0X 连接，并对转换信号进行处理和计算。它具有可编程的 8 位或 12 位分辨率的逐次逼近型 A/D 转换器，带有一个同步串行接口，可支持高达 125 kHz 的转换速率。其工作电压 V_{cc}为 2.7～5 V，参考电压在 1 V～V_{cc}之间均可，参考电压的数值决定转换器的输入电压范围。参考电压模式设置分为两种：单端模式和差分模式。在单端模式中，参考输入电压选取的是 V_{cc}和 GND。由于内部开关电阻的压降会影响转换结果而带来误差，所以转换器内部的低阻开关对转换精度有一定影响。差分模式参考输入由未选中的输入通道 $Y+$、$Y-$/$X+$、$X-$ 提供参考电源和地，不管内部开关电阻如何变化，其转换结果总与触摸屏的电阻成比例，因此克服了内部开关电阻的影响。

当有触摸信号时，ADS7843 的中断引脚会产生一个低电平中断请求信号通知 CPU。由于该引脚直接和 CPU 的外部中断引脚相连，所以 CPU 会立即检测到该请求信号，进而程序跳入中断服务子程序中。CPU 首先会选中 ADS7843 芯片，即 CS＝0，并启动 A/D 转换。在每个转换周期开始时，CPU 通过发送数据引脚先发送 8 位控制字到 A/D 的串行输入 DIN，然后 A/D 进行相应的坐标转换，同时其 BUSY 引脚电平变高转换完毕后，BUSY 引脚电平变低。当 CPU 检测到这个“忙”信号由高变低后，从 A/D 的串行输出口 DOUT 读取 12 位的转换数值。若转换周期结束，又有触摸中断请求信号，则继续进行转换；若没有触摸中断请求信号，则 A/D 转换器进入低功耗模式，等待下次转换。当没有触摸信号时，PENIRQ 引脚输出高电平。

经过 ADC 转化后的 X 值与 Y 值是不具有实用价值的。这个值的大小不但与触摸屏的分辨率有关，而且也与触摸屏和 LCD 的结合情况有关。LCD 分辨率与触摸屏的分辨率一般来说是不一样的，坐标也不一样，因此，若想得到体现 LCD 坐标的触摸屏位置，还需要在程序中进行转换。假设 LCD 分辨率是 320×240，坐标原点在左上角；触摸屏分辨率是 900×900，坐标原点在左上角，则转换公式如下：

$x\text{LCD}=[320\times(x-x_2)/(x_1-x_2)]$

$y\text{LCD}=[240\times(y-y_2)/(y_1-y_2)]$

如果坐标原点不一致，比如 LCD 坐标原点在右下角，而触摸屏原点在左上角，则还可以进行如下转换：

$x\text{LCD}=320-[320\times(x-x_2)/(x_1-x_2)]$

$x\text{LCD}=240-[240\times(y-y_2)/(y_1-y_2)]$

最后得到的值便可以尽可能使 LCD 坐标与触摸屏坐标一致，这样更具有实际意义。

关于详细的 ADS7843 资料，请参见 ADS7843 相关文档。

【实验步骤】

① 本实验使用实验教学系统的 CPU 板，LCD 和触摸屏。在进行本实验时，音频的左右声道开关、A/D 通道选择开关等均应处在关闭状态。

② 在液晶屏的下方有 4 个跳线，短接下面的 2 个引脚，在 PC 机并口和实验箱的 CPU 之间，连接 SDT 调试电缆。

③ 把 LCD 电源开关附近的 S2 的 2 开关拨到 ON 状态。

④ 检查线缆连接是否可靠。可靠后，给系统上电。打开 LCD 的电源开关。

⑤ 打开随书所配光盘中的硬件实验\SDT\实验十四目录下的 Touch.apj 项目文件，并进行编译。若编译出错，按照 2.2 节中的解决办法解决。

⑥ 编译通过后，首先启动 JTAG 驱动程序 JTAG-NT&2000.exe(操作系统是 Win2000；若是 Win98，需用 JTAG.exe)，之后运行 SDT 的调试环境，装载随书所配光盘中的硬件实验\SDT\实验十七\debug 目录下中的映像文件 EuCos.axf。在 SDT 调试环境下全速运行映像文件。用圆滑的笔头点击屏，观察液晶屏的显示结果。具体的响应需要根据具体的应用程序进行开发。

⑦ 实验完毕，先关闭 LCD 电源开关，并将 S2 的 2 开关复位，再关闭 SDT 开发环境，最后关闭电源。

【参考程序】

1. 系统的主程序入口函数

```
void Main()
{
      short SCREEN_X,SCREEN_Y;
      Target_Init();
      GUI_Init();

      Set_Color(GUI_RED);
      Set_BkColor(GUI_RED);                             //设定颜色
      Fill_Rect(0,0,319,239);                           //填充屏幕
      Set_Color(GUI_WHITE);                             //设定颜色
      Fill_Rect(0,0,319,3);                             //填充外框
      Fill_Rect(0,0,3,239);
      Fill_Rect(0,236,319,239);
      Fill_Rect(316,0,319,239);
      Set_Color(GUI_WHITE);
      Set_Font(&CHINESE_FONT16);
      Disp_String(CN_start"触摸屏实验"CN_end,30,10);
      Disp_String(CN_start"请使用触笔触摸屏幕"CN_end,30,30);
      Disp_String(CN_start"触笔触摸屏幕的坐标"CN_end,30,50);

      Set_Font    (&GUI_Font8x16);
      Disp_String("X = ",130,110);
      Disp_String("Y = ",130,130);

       while (1)
       {
          if (flag == 0x1)
          {
               flag = 0;

               Set_Color(GUI_RED);
               Set_Font(&GUI_Font8x16);
               Fill_Circle(SCREEN_X,SCREEN_Y,10);
               Set_Color(GUI_GREEN);
               SCREEN_X = (short)TOUCH_X;
               SCREEN_Y = (short)TOUCH_Y;
```

```
            GUI_DispDecAt(SCREEN_X,160,110,3);
            GUI_DispDecAt(SCREEN_Y,160,130,3);
            Set_Color(GUI_WHITE);
            Fill_Circle(SCREEN_X,SCREEN_Y,10);
            Set_Color(GUI_RED);
            Fill_Circle(SCREEN_X,SCREEN_Y,5);
            Set_Color(GUI_WHITE);                       //设定颜色
            Fill_Rect(0,0,31,2)                         //填充
            Fill_Rect(0,0,3,239);
            Fill_Rect(0,236,319,239);
            Fill_Rect(316,0,319,239);
            Set_Color(GUI_WHITE);
            Set_Font    (&CHINESE_FONT16);
            Disp_String (CN_start"触摸屏实验"CN_end,30,10);
            Disp_String (CN_start"请使用触笔触摸屏幕"CN_end,30,30);
            Disp_String (CN_start"触笔触摸屏幕的坐标"CN_end,30,50);

        }
    }
}
```

2. 宏的配置

```
#ifndef GUI_TOUCH_AD_LEFT             //由 A/D 转换器返回的 320X240 屏的最左面的值
    #define GUI_TOUCH_AD_LEFT            0x80
#endif

#ifndef GUI_TOUCH_AD_RIGHT            //由 A/D 转换器返回的 320X240 屏的最右面的值
    #define GUI_TOUCH_AD_RIGHT           0xf60
#endif

#ifndef GUI_TOUCH_AD_TOP              //由 A/D 转换器返回的 320X240 屏的最上面的值
    #define GUI_TOUCH_AD_TOP             0xf0
#endif

#ifndef GUI_TOUCH_AD_BOTTOM           //由 A/D 转换器返回的 320X240 屏的最下面的值
    #define GUI_TOUCH_AD_BOTTOM          0xed0
#endif

#ifndef GUI_TOUCH_XSIZE
```

```
    #define GUI_TOUCH_XSIZE                320
#endif
#ifndef GUI_TOUCH_YSIZE
    #define GUI_TOUCH_YSIZE                240
#endif

#define GUI_COORD_X                        0
#define GUI_COORD_Y                        1
```

3. 触摸屏的初始化函数

```
******************************************************************
- 函数名称：void Touch_Init(void)
- 函数功能:初始化触摸屏控制器
- 输入参数:无
- 输出参数:无
******************************************************************
void Touch_Init(void)
{
    unsigned int i,Con_Word;

// 控制字 S = 1;A2 A1 A0 = 101 x_axis; mode = 0 12 位; dfr = 0 差分; pd0 pd1 = 00 下电
    Con_Word = 0xd0;
    clrsck;                          //时钟电平置零
    clrdin;                          //控制字输入口清零
    Delay1(20);
    clrcs;
    s_clr;                           //片选置零,有效。接收控制字端口开始接收控制字
    Delay1(20);

    for(i = 0;i<8;i ++ )             //送入控制字 8 位
    {
        if ((Con_Word&0x80) == 0x80)
        {
            setdin;
        }
        else
        {
            clrdin;
```

```
        }
        setsck;
        Delay1(20);
        Con_Word = Con_Word<<1;
        clrsck;
        Delay1(20);
    }
    setcs;
    //s_set;
 //片选置高,访问无效。
}
```

4. 触摸平中断函数

```
******************************************************************
- 函数名称：void __irq Touch(void)
- 函数功能:触摸屏中断
- 输入参数:无
- 输出参数:无
******************************************************************
void __irq  Touch_ISR(void)
{
    int rr,i,j;
    int AD_XY,yPhys,xPhys;
    static char test[4];
    char flage = 0;
    rPCONG = 0x3fff;                        // 0x3dff 把中断端口改为 I/O 输入,使用监测
                                            //输入的 4 次均为高电平,则表示去抖完毕

    rr = rEXTINPND;

    if(rr == 0x8)
    {
        AD_XY = GetTouch_XY_AD();
        yPhys = (AD_XY>>4)&0x0fff;
        xPhys = (AD_XY>>20)&0x0fff;
        TOUCH_X = AD2X(xPhys);
        TOUCH_Y = AD2Y(yPhys);
        flag = 1;
```

```
            Uart_Printf(0,"x = %d,y = %d\n",TOUCH_X,TOUCH_Y);
    }

        rEXTINPND = 0x8;
        rI_ISPC = BIT_EINT4567;
                                                        //软件去抖
        do{
                for (i = 0;i<4;i++)
                {
                    test[i] = (char)(rPDATG&0x80)>>7;
                    for (j = 0;j<10000;j++);      //循环次数要大于 10000
                }
                if ((test[0]&0x1)&&(test[1]&0x1)&&(test[2]&0x1)&&(test[3]&0x1))
                {
                    flage = 0x1;
                }
          }while(flage! = 0x1);

        rPCONG = 0xffff;                                //fdff 重新启用中断配置
        for(i = 0;i<100;i++);
    }
```

详细具体的应用,请参见随书所配光盘中的硬件实验\SDT\实验十七目录下的 Touch.apj 项目文件。请详细阅读代码注释。

2.15 音频录放实验

【实验目的】

- 掌握 DMA 的数据传输方式。
- 掌握 IIS 音频接口的使用方法。

【实验设备】

- EL-ARM-830 教学实验箱,PentiumII 以上的 PC 机,仿真器电缆和音频线。
- PC 操作系统 Win98 或 Win2000 或 WinXP.ARM SDT 2.5 或 ADS 1.2 集成开发环境,仿真器驱动程序。

【实验内容】

通过使用音频接口的 IIS 格式，采集音频的模拟信号，并把采集到的音频模拟信号通过配置其寄存器，转换成 IIS 格式的数字信号送给 S3C44B0X 的 IIS 控制器。之后，把数字数据通过 IIS 格式发送给 D/A 芯片以转化成音频模拟信号送出。最后，用 DMA 的方式循环播放以及实时播放。

【实验原理】

音频的录放是通过使用一片 A/D、D/A 芯片作为音源的控制器。它把采集到的音频模拟信号通过配置其寄存器，转换成 IIS 格式的数字信号送给 S3C44B0X 的 IIS 控制器。此时，CPU 用 DMA 控制器把得到的数字信号存放到一块内存空间上。当存完之后，DMA 控制器把已存的数字数据通过 IIS 格式发送给 A/D、D/A 芯片，并由该芯片转换成音频模拟信号送出。该 DMA 控制器既能实现循环播放，也能实现实时播放。

语音模拟信号的编码采用 UDA1341TS 芯片，该芯片有两个串行同步变速通道，以及一个 D/A 变换后的滤波器。其他部分提供片上时序和控制功能。芯片的各种应用配置可以通过芯片的 3 根线，由串行通信编程来实现，主要包括：复位、节电模式、通信协议、串行时钟速率、信号采样速率、增益控制和测试模式、音质特性。最大采样速率为 48 kb/s。

UDA1341TS 提供 2 组音频信号输入线、1 组音频信号输出线、1 组 IIS 总线接口信号线和 1 组 L3 总线。

IIS 总线接口信号线包括位时钟输入 BCK、字选择输入 WS、数据输入 DATA1、数据输出 DATAO 和音频系统时钟 SYSCLK 信号线。

UDA1341TS 的 L3 总线包括微处理器接口数据 L3DATA、微处理器接口模式 L3MODE、微处理器接口时钟 L3CLOCK 三根信号线。当该芯片工作于微控制器输入模式时，微处理器通过 L3 总线对 UDA1341TS 中的数字音频处理参数和系统控制参数进行配置。处理器 S3C44B0X 中没有 L3 总线专用接口，电路中使用 I/O 口连接 L3 总线。

语音处理单元由 UDA1341TS 模块、输出功率模块组成。语音的模拟信号经过偏执和铝箔处理后输入到语音的编码芯片 UDA1341TS 中，UDA1341TS 将其以 IIS 的语音格式送入 S3C44B0X 中。S3C44B0X 可以处理也可以不处理该信号，并把它保存起来；该信号也可用 DMA 控制该信号而不经过 CPU 处理，直接实时的采集，然后实时的播放出去。

音频信号通过 D/A 转换后输出，经过一次功率放大，然后可以推动功率为 0.4 W 的板载扬声器，也可以接耳机输出，如图 2－56 所示。

下面主要介绍 IIS 音频接口的使用。

S3C44B0X IIS (Inter-IC Sound)接口能用来连接一个外部 8/16 位立体声声音 CODEC。I2S 总线接口对 FIFO 存取提供 DMA 传输模式来代替中断模式，它可以同时发送数据和接收数据,也可以只发或只收。

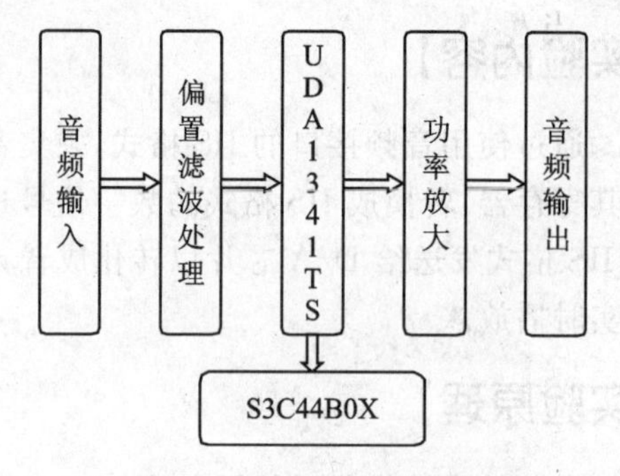

图 2-56 语音处理单元原理图

1. 特 征

- 支持 IIS 格式与 MSB-justified 格式;
- 每个通道有 16、32、48 fs 的串行位时钟(fs 为采样频率);
- 每个通道有 8 位或 16 位数据格式;
- 256、384 fs 主时钟;
- 为主时钟和外部 CODEC 时钟的可编程频率分频器;
- 32 字节(2×16)的发送和接收 FIFO(每个 FIFO 组织为 8×半字)。

2. 接口工作模式

1) 单独发送或接收模式

正常传输模式:对于发送与接收 FIFO,IIS 控制寄存器有队列(FIFO)就绪标志位。当发送数据时,如果发送 FIFO 不空,该标志为 1,FIFO 准备好发送数据;如果发送 FIFO 为空,该标志为 0。当接收数据时,如果接收 FIFO 不满,该标志设置为 1,指示可以接收数据;若 FIFO 满,则该标志为 0。通过该标志位,可以确定 CPU 读/写 FIFO 的时间,可通过该方式实现发送和接收 FIFO,来发送和接收数据。

DMA 传输模式:在这种模式中,发送或接收队列的访问是由 DMA 控制器来完成的。在发送或接收模式下,DMA 服务请求由队列的就绪标志位自动给出。

2) 发送和接收同时模式

因为只有一个 DMA 源,因此在该模式下,只能一个通道(如发送通道)用正常传输模式,而另一个通道(接收通道)用 DMA 传输模式,反之也是如此,从而实现同时工作的目的。

3. 音频串行接口格式

1) IIS-BUS 格式

IIS 有 4 条线,串行数据输入(IISDI)、串行数据输出(IISDO)、左/右通道选择(IISLRCK)和串行位时钟 clock(IISCLK)。产生 IISLRCK 和 IISCLK 信号的为主设备。串行数据以 2 的补数发送,首先发送高位。高位首先发送是因为发送方和接收方可以有不同的字长度。没有必要让发送方知道接收方能处理的位数,同样接收方也不需要知道发送方正发送的数据是多少位的。当系统字长度大于发送方的字长度时,字被切断(最低数据位设置为 0)发送。如果接收方发送比它的字长度更多的位时,则多的位被忽略;若接收方发送比它的字长度少的位时,不足的位被内部设置为 0。因此,高位有固定的位置,而低位的位置依赖于字长度。发送器总是在 IISLRCK 变化的下一个时钟周期发送下一个字的高位。发送器的串行数据发送可以在时钟信号的上升沿或下降沿被同步。串行数据必须在串行时钟信号的上升沿锁存进接收器,所以当发送数据用上升沿来同步时会有一些限制。LR 通道选择线指示当前正发送的通道。IISLRCK 即可以在串行时钟的上升沿变化，也可以在下降沿变化，但不需要同步。在从模式下，这个信号在串行时钟的上升沿锁存。IISLRCK 在高位发送前变化一个时钟周期，这允许从发送器同步发送串行数据。更进一步，它允许接收方存储先前的字，并清除输入来接收下一个字。

2) MSB JUSTIFIED 格式

MSB/JUSTIFIED 格式和 IIS 格式有相同的信号线，仅有的不同是当 IISLRCK 改变时，发送器总是发送下一个字的 MSB。

4. IIS 相关寄存器

对 IIS 音频接口使用前，首先要对 IIS 相关的寄存器进行正确配置。

IIS 控制寄存器(IISCON)的地址为 0x01D18000(Li/HW, Li/W, Bi/W)/0x01D18002(Bi/HW)，具有 R/W 属性，初始值为 0x100，具体功能如表 2-42 所列。

表 2-42 IIS 控制寄存器

位	位名称	描 述
[8]	左/右 声道选择	(只读)0=左通道;1=右通道
[7]	发送 FIFO 准备标志位	(只读)0=发送 FIFO 没有准备好(空);1=发送 FIFO 准备好(不空)
[6]	接收 FIFO 准备标志位	(只读)0=接收 FIFO 没有准备好(满);1=接收 FIFO 准备好(不满)
[5]	发送 DMA 服务请求使能	0=发送 DMA 请求禁止;1=发送 DMA 请求使能
[4]	接收 DMA 服务请求使能	0=接收 DMA 请求禁止;1=接收 DMA 请求使能
[3]	发送通道空闲命令	在发送空闲状态，IISLRCK 不激活(暂停发送)，该位仅在 I^2S 是 master 时有效。 0=IISLRCK 产生;1=IISLRCK 不产生
[2]	接收通道空闲命令	在接收空闲状态，IISLRCK 不激活(暂停接收)，该位仅在 I^2S 是 master 时有效。 0=IISLRCK 产生;1=IISLRCK 不产生
[1]	I2S 使能预定标器	0=预定标器禁止;1=使能预定标器
[0]	I2S 接口使能	0=I^2S 禁止(停止);1=I2S 使能(启动)

IIS 模式寄存器(IISMOD)的地址为 0x01D18004(Li/HW, Li/W, Bi/W)/0x01D18006(Bi/HW)，具有 R/W 属性，初始值为 0x0，具体功能如表 2-43 所列。

表 2-43　I^2S 模式寄存器

位	位名称	描　述
[8]	主/从模式选择	0＝Master 模式(IISLRCK 和 IISCLK 输出)； 1＝Slave 模式(IISLRCK 和 IISCLK 输入)
[7:6]	发送/接收模式选择	00＝不传输；01＝接收模式； 10＝发送模式；11＝发送/接收模式
[5]	左/右通道的电平	0＝左通道为低(右通道为高)；1＝左通道为高(右通道为低)
[4]	串行接口格式	0＝I^2S 格式；1＝MSB(Left)-justified 格式
[3]	每通道的串行数据位	0＝8 位；1＝16 位
[2]	主时钟(CODECLK) 频率选择	0＝256 fs；1＝384 fs
[1:0]	串行时钟频率选择	00＝16 fs；01＝32 fs； 10＝48 fs；11＝N/A

IIS 比例因子寄存器(IISPSR)的地址为 0x01D18008(Li/B，Li/HW，Li/W Bi/W)/0x01D1800A(Bi/HW)、0x01D1800B(Bi/B)，具有 R/W 属性，初始值为 x0，具体功能如表 2-44 所列，该寄存器的定标因子表如表 2-45 所列。

表 2-44　IIS 比例因子寄存器

位	位名称	描　述
[7:4]	预定标器 A	预定标器 A 的定标因子。 clock_prescaler_A＝MCLK/＜比例因子＞
[3:0]	预定标器 B	预定标器 B 的定标因子。 clock_prescaler_B＝MCLK/＜比例因子＞

注：如果 prescaler 的值为 3，5，7，占空比将不是 50%，此种情况下高电平“H”的周期为 0.5 MCLK。

表 2-45 IISPSR 定标因子表

IISPSR[3:0]/[7:4]	定标因子	IISPSR[3:0]/[7:4]	定标因子
0000b	2	1000b	1
0001b	4	1001b	—
0010b	6	1010b	3
0011b	8	1011b	—
0100b	10	1100b	5
0101b	12	1101b	—
0110b	14	1110b	7
0111b	16	1111b	—

IIS FIFO 控制寄存器 IISFCON 的地址为 0x01D1800C(Li/HW, Li/W, Bi/W)/0x01D1800E(Bi/HW),具有 R/W 属性,初始值为 0x0,具体功能如表 2-46 所列。

表 2-46 IIS FIFO 控制寄存器

位	位名称	描　述
[11]	发送 FIFO 存取模式选择	0=正常存取模式;1=DMA 存取模式
[10]	接收 FIFO 存取模式选择	0=正常存取模式;1=DMA 存取模式
[9]	发送 FFO 使能位	0=FIFO disable;1=FIFO enable
[8]	接收 FIFO 使能位	0=FIFO disable;1=FIFO enable
[7:4]	发送 FIFO 数据计数值	数据计数值=0～8(只读)
[3:0]	接收 FIFO 数据计数值	数据计数值=0～8(只读)

IIS 的总线接口在传输和发送模式下有两个 16 字节的队列。每个队列都是 16 位宽,8 位深的形式,这允许队列以半字方式处理数据而不用考虑合法的数据大小。发送和接收队列的访问通过队列入口来完成;队列入口的地址为 0x01D18010。

IIS 队列寄存器 IISFIF 的地址为 0x01D18010(Li/HW)/0x01D18012(Bi/HW),具有 R/W属性,初始值为 0x0,具体功能如表 2-47 所列。

表 2-47 I^2S 队列寄存器

位	位名称	描　述
[15:0]	FENTRY	IIS 的发送/接收数据

为了启动 IIS 操作,按如下过程执行:

① 允许 IISFCON 寄存器的 FIFO 。

② 允许 IISFCON 寄存器的 DMA 请求。

③ 允许 IISFCON 寄存器的启动。

为了结束 I2S 操作,按如下过程执行:

① 禁止 IISFCON 寄存器的 FIFO,如果你还想发送 FIFO 的剩余数据,则跳过这一步。

② 禁止 IISFCON 寄存器的 DMA 请求。

③ 禁止 IISFCON 寄存器的启动。

另外,还有一个 IIS 的 FIFO 数据入口寄存器,即 IISFIF,它负责把 FIFO 得到的数据从这里发出去,同时,也把数据收进来,送入 FIFO 中。

至此,所需配置的 IIS 寄存器介绍完毕,再加上 2.8 节中讲的 DMA 控制器,两者结合起来,就可以录放声音了。详细的编程步骤,请参见随书所配光盘中的硬件实验\SDT\实验十八\IIS1 目录下的 IIS.apj 项目文件及 IIS2 目录下的 IIS.apj 项目文件。IIS1 下的项目文件实现了录制一段语音后循环播放的功能,而 IIS2 下的项目文件实现了实时录制实时播放的功能。

【实验步骤】

① 本实验使用实验教学系统的 CPU 板和语音单元。在进行本实验时,A/D 通道选择开关、LCD 电源开关、触摸屏中断选择开关等均应处在关闭状态。

② 在 PC 机并口和实验箱的 CPU 之间,连接 SDT 调试电缆。

③ 检查连接是否可靠。可靠后,给系统上电。打开音频的左右声道开关。如果喇叭声音过大,顺时针调小 LCD 下方的音量旋钮到合适音量。

④ 打开随书所配光盘中的硬件实验\SDT\实验十五\IIS1 目录下的 IIS.apj 项目文件,并进行编译。若编译出错,按照 2.2 节中的解决办法解决。

⑤ 在 PC 机上打开任意音频播放器播放音乐。把音频线一端插入 PC 的 Speaker 插孔中。

⑥ 把音频线插入实验箱语音单元中粉红色的音频输入插孔中。

⑦ 打开 JTAG 驱动程序 JTAG-NT&2000.exe(操作系统是 Win2000;若是 Win98,需用 JTAG.exe),运行 SDT 的调试环境,装载随书所配光盘中的硬件实验\SDT\实验十五\IIS1\debug 目录下的映像文件 EuCos.axf。在 SDT 调试环境下全速运行映像文件。

⑧ 此时,在喇叭中应有片段音乐重复播出。拔出 PC 机端的音频线,停止运行 SDT 调试软件。此时仍有片段音乐重复播放,这说明已经录制了语音信息,并且该播放不被 CPU 干预。适当的调整左右声道的音量,也可以关闭喇叭,使用耳机收听。耳机的效果要好得多,这是由于驱动喇叭有功放干扰。

⑨ 按一下 CPU 板上的复位键,关闭 JTAG 驱动程序,关闭 SDT 调试软件。打开随书所配光盘中的硬件实验\SDT\实验十五目录下的 IIS2.apj 项目文件,并进行编译。若编

译出错，按照2.2节中的解决办法解决。

⑩ 打开JTAG驱动程序JTAG-NT&2000.exe(操作系统是Win2000；若是Win98，需用JTAG.exe)，运行SDT的调试环境，装载随书所配光盘中的硬件实验\SDT\实验十五\IIS2\debug目录下的映像文件EuCos.axf。在SDT调试环境下全速运行映像文件。

⑪ 把音频线插入实验箱语音单元中粉红色的音频输入插孔中。

⑫ 此时，在喇叭中应有音乐实时播出。停止运行SDT调试软件，音乐停止播放。运行SDT调试软件，音乐继续播放。可适当调整左右声道的音量。

⑬ 具体学习，参见源程序。实验完毕，先关闭LCD电源开关，再关闭SDT开发环境，最后关闭电源。

【参考程序】

1. IIS功能测试程序

```
/*************************************************************
* 名称：IIS功能测试程序
* 功能：测试IIS的电路
*************************************************************/
void Test_Iis(void)
{
    IISInit();                      //初始化IIS
    Playwave();                     //播放wav文件
    IISClose();                     //关IIS
}
```

2. UDA1341初始化

```
*************************************************************
函数名称 : void Init1341(void)
- 函数说明 : 初始化UDA1341的程序
- 输入参数 : 无
- 输出参数 : 无
*************************************************************
void Init1341(void)
{
    /****** 端口初始化 ******/
    rPCONE   = 0x29968;             //L3D PE3; L3M PE6; L3C PE4 (out)
    rPUPE   |= 0X00;                //0x58;        //禁止(上拉)

    setL3M;                         //L3M = H(开始条件)
```

```
    setL3C;                                     //L3C = H(开始条件)

    /******L3 接口******/
    _WrL3Addr(0x14 + 2);                        //状态(000101xx + 10)

 #ifdef FS2205KHZ
    _WrL3Data(0x60,0);                          //0,1,10,000,0 复位,256 fs,无 DC 滤波,IIS 总线
//256fs
 #else
    _WrL3Data(0x50,0);                          //0,1,01,000,0 复位,384 fs,无 DC 滤波,IIS 总线
 #endif

    _WrL3Addr(0x14 + 2);                        //状态(000101xx + 10)

 #ifdef FS2205KHZ
_WrL3Data(0x20,0);                              //0,0,10,000,0 复位,256 fs,无 DC 滤波,IIS 总线
 #else
    _WrL3Data(0x10,0);                          //0,0,01,000,0 没有复位,384 fs,没有 DC 滤波,IIS 总线
 #endif

    _WrL3Addr(0x14 + 2);                        //状态 (000101xx + 10)
    _WrL3Data(0x83,0);                          //1,0,0,0,0,0,11
OGS = 0,IGS = 0,ADC_NI,DAC_NI,sngl speed,AonDon
}
```

3. IIS 接收程序

```
*****************************************************************
- 函数名称 : void Test_Iis(void)
- 函数说明 : IIS 的接收程序
- 输入参数 : 无
- 输出参数 : 无
*****************************************************************
void Iis_Rx(void)
{
    unsigned int i;
    unsigned short * rxdata;

    Rx_Done = 0;
    Tx_Done = 0;
```

```
    ChangePllValue(0x47,0x5,0x1);                        //改换主频为 MCLK = 45.1584 MHz
<-- Fin 8MHz -->45.142857Mhz

    pISR_BDMA0 = (unsigned)TR_Done;
    rINTMSK = ~(BIT_GLOBAL|BIT_BDMA0);

    /****** Rx Buf initialize ******/
    rxdata = (unsigned short *)malloc(0x20000); //128 KB

    for(i = 0;i<0x20000;i ++ )
     *(rxdata + i) = 0;

    rNCACHBE0 = ((int)rxdata>>12) + ( (((int)rxdata>>12) + 0x20)<<16 );//non-cachable
65KB*2

    /****** BDMA0 Initialize ******/
    rBDISRC0 = (1<<30) + (3<<28) + ((int)rIISFIF);   //半字,固定,IISFIF
    rBDIDES0 = (2<<30) + (1<<28) + (int)(rxdata);    //增量,rxdata
    rBDICNT0 = (1<<30) + (1<<26) + (3<<22) + (0<<21) + (0<<20) + 0x20000*2;

    rBDICNT0 |= (1<<20);                                 //使能
    rBDCON0 = 0x0<<2;
    //IIS,reserved,end_int,1_tx,DMA disable,COUNT

        /****** IIS Initialize ******/
    rIISCON = 0x012;                                     //Rx DMA 使能,Tx 空闲,预定标器使能
    rIISMOD = 0x049;                                     //0  01  0  0  1  1  01
//Master,Rx,L-ch = low,iis,16bit ch.,codeclk = 256fs,lrck = 32fs
    //rIISPSR = 0x11;                                    //预定标器_A/B 使能, value = 3
    rIISPSR = 0x0;                                       //预定标器_A/B 使能, value = 0
    rIISFCON = 0x500;                                    //Tx/Rx DMA,Tx/Rx FIFO --> start piling....

    /****** Rx start ******/
    rIISCON |= 0x1;

    while(!Rx_Done);
    Rx_Done = 0;

    /****** Rx Stop(Master) ******/
```

```
    rIISCON  = 0x0;                                             //IIS 停止
    rIISFCON = 0x0;                                             //for FIFO flash
    rBDICNT0 = 0x0;                                             //BDMA 停止

    rBDISRC0 = (1<<30) + (1<<28) + (int)(rxdata);               //Half word,inc,Buf
    rBDIDES0 = (1<<30) + (3<<28) + ((int)rIISFIF);              //M2IO,fix,IISFIF
    rBDICNT0 = (1<<30) + (1<<26) + (3<<22) + (1<<21) + (0<<20) + 0x20000 * 2;
    //IIS,reserve,done_int,auto-reload/start,DMA enable,COUNT
    rBDICNT0 |= (1<<20);                                        //enable
    rBDCON0 = 0x0<<2;

    /****** IIS Initialize ******/
    rIISCON = 0x22;                                             //Tx DMA 使能,Rx 空闲,预定标器使能
    rIISMOD = 0x89;                                             //Master,Tx,L-ch = low,IIS,16 位
//ch.,codeclk = 384fs,lrck = 32fs
    //rIISPSR = 0x11;                                           //预定标器_A/B 使能,value = 3
//MCLK = 45.1584MHz/8 = 5.6448 MHz
    rIISPSR = 0x0;                                              //预定标器_A/B 使能,value = 0
//MCLK = 45.1584MHz/2 = 5.6448 * 4 MHz

    rIISFCON = 0xa00;                                           //Tx DMA,Tx FIFO --> start piling....
    rIISCON |= 0x1;                                             /****** IIS Tx 开始 ******/

//    while(!Tx_Done);
//    Tx_Done = 0;
//}
//    free(rxdata);
//    Cache_Flush();
      rNCACHBE0 = 0x0;

//    rINTMSK = BIT_GLOBAL;
      ChangePllValue(0x43,0x3,0x1);                             //Fin = 8 MHz, Fout = 60 MHz
//    Uart_Init(0,115200,0);
}
```

2.16 USB 设备收发数据实验

【实验目的】

- 了解 USB 工作的基本组成原理。
- 深入理解固件程序的编写。
- 了解 USB 外设的设计开发流程。

【实验设备】

- EL-ARM-830 教学实验箱，PentiumII 以上的 PC 机，仿真器电缆，USB 扁平线缆、扁平方头电缆、串口电缆。
- PC 操作系统 Win98 或 Win2000 或 WinXP，ARM SDT 2.5 或 ADS 1.2 集成开发环境，仿真器驱动程序。

【实验内容】

在 PC 上运行本实验随开发板带的上层应用程序 usbhid.exe。在 USB 设备初始化完之后，PC 通过 USB 总线给设备写数据到数据端口，设备收到数据后，把数据放到数据输出端口，供 PC 读取。PC 端通过上层程序的 Once 或 Continuous 按钮，读一次或连续读 USB 设备的端口，从而把数据端口的数据读出。

【实验原理】

1. USB 简介

USB(Universal Serial Bus)即通用串行总线，是现在非常流行的一种快速、双向、廉价、可以进行热插拨的接口。在现在的每一台 PC 机上，都可以找到一对 USB 接口。在遵循 USB1.1 规范的基础上，USB 接口的最高传输速度可达 12 Mb/s，而在最新的 USB2.0 规范下，最高传输速度更可以达到 480 Mb/s。同时，USB 使用一个 4 针插头作为标准，通过这个标准插头，采用菊花链形式可以把多达 127 个 USB 外设连接起来，所有外设通过协议来共享 USB 的带宽。既可以使用串行连接，也可以使用集线器(Hub)把多个设备连接在一起，再同 PC 机的 USB 接口相连。此外，USB 外设可以从系统中直接汲取电流，无须单独的供电系统。由于 USB 的这些特点，使它获得了广泛的应用。

2. USB 的组成

USB 规范中将 USB 分为 5 个部分：控制器、控制器驱动程序、USB 芯片驱动程序、USB 设备，以及针对不同 USB 设备的客户驱动程序。

① 控制器(Host Controller),主要负责执行由控制器驱动程序发出的命令,如位于 PC 主板的 USB 控制芯片。

② 控制器驱动程序(Host Controller Driver),在控制器与 USB 设备之间建立通信信道,一般由操作系统或控制器厂商提供。

③ USB 芯片驱动程序(USB Driver),提供对 USB 芯片的支持,设备上的固件(Firmware)。

④ USB 设备(USB Device),包括与 PC 相连的 USB 外围设备。

⑤ 设备驱动程序(Client Driver Software),驱动 USB 设备的程序,一般由 USB 设备制造商提供。

3. USB 的传输方式

针对设备对系统资源需求的不同,在 USB 规范中规定了 4 种不同的数据传输方式:

- 同步传输(Isochronous)。该方式用来连接需要连续传输的数据,适用于对数据的正确性要求不高,而对时间极为敏感的外部设备,如麦克风、喇叭以及电话等。同步传输方式以固定的传输速率,连续不断地在主机与 USB 设备之间传输数据。在传送数据发生错误时,并不处理这些错误,而是继续传送新的数据。同步传输方式的发送方和接收方都必须保证传输速率的匹配,不然会造成数据的丢失。
- 中断传输(Interrupt)。该方式用来传送数据量较小,但需要及时处理,以达到实时效果的设备。此方式主要用在偶然需要少量数据通信,但服务时间受限制的键盘、鼠标,以及操纵杆等设备上。
- 控制传输(Control)。该方式用来处理主机到 USB 设备的数据传输,包括设备控制指令、设备状态查询及确认命令。当 USB 设备收到这些数据和命令后,将依据先进先出的原则处理到达的数据。该方式主要用于主机把命令传给设备、及设备把状态返回给主机。任何一个 USB 设备都必须支持一个与控制类型相对应的端点 0。
- 批量传输(Bulk)。该方式不能保证传输的速率,但可保证数据的可靠性,当出现错误时,会要求发送方重发。通常打印机、扫描仪和数字相机以这种方式与主机联接。

4. 关键字定义

1) USB 主机(Host)

USB 主机控制总线上所有 USB 设备和所有集线器的数据通信过程。一个 USB 系统中只有一个 USB 主机。USB 主机检测 USB 设备的连接和断开,管理主机和设备之间的标准控制管道,管理主机和设备之间的数据流,收集设备的状态和统计总线的活动,控制和管理主机控制器与设备之间的电气接口。USB 主机每 1 ms 产生一帧数据,同时对总线上的错误进行管理和恢复。

2) USB 设备(Device)

通过总线与 USB 主机相连的设备称为 USB 设备。USB 设备负责接收 USB 总线上的所有数据包,主要根据数据包的地址域来判断是否接收。接收后,通过响应 USB 主机的数据包与 USB 主机进行数据传输。

3) 端点(Endpoint)

端点是位于 USB 设备中与 USB 主机进行通信的基本单元。每个设备允许有多个端点,主机只能通过端点与设备进行通信。各个端点由设备地址和端点号确定在 USB 系统中惟一的地址。每个端点都包含一些属性,如传输方式、总线访问频率、带宽、端点号、数据包的最大容量等。除控制端点 0 外的其他端点,必须在设备配置后才能生效,控制端点 0 通常用于设备初始化参数。在 USB 芯片中,每个端点实际上就是一个一定大小的数据缓冲区。

4) 管道(Pipe)

管道是 USB 设备和 USB 主机之间数据通信的逻辑通道,一个 USB 管道对应一个设备端点,各端点通过自己的管道与主机通信。所有设备都支持对应端点 0 的控制管道,通过控制管道,主机可以获取 USB 设备的信息,如设备类型、电源管理、配置、端点描述等。

5. USB 外设的开发

在设计开发一个 USB 外设的时候,主要需要编写 3 部分的程序:固件程序、USB 驱动程序和客户应用程序。

固件是 FIREWARE 的对应中文词,它实际上是程序文件,其编写语言可以采用 C 语言或汇编语言。它的操作方式与硬件联系紧密,包括 USB 设备的连接 USB 协议、中断处理等。它不是单纯的软件,而是软件和硬件的结合,需要编写人员对端口、中断和硬件结构非常熟悉。固件程序一般放入 MPU 中,当把设备连接到主机上(USB 连接线插入插孔)时,上位机可以发现新设备,然后建立连接。因此,编写固件程序的一个最主要的目的就是让 Windows 可以检测和识别设备。USB 的驱动程序和客户的应用程序属于中、上层程序。

实验箱上的 USB 驱动器采用的是 PDIUSBD12,核心 CPU 板上采用的是 SL811 主从芯片。

USB 固件程序由 3 部分组成:初始化 S3C44B0X 相关接口电路(包括 PDIUSBD12);主循环部分,其任务是可以中断的;中断服务程序,其任务是对时间敏感的,必须马上执行。根据 USB 协议,任何传输都是由主机开始的,S3C44B0X 作它的前台工作,等待中断。主机首先要发令牌包给 USB 设备(这里是 PDIUSBD12),PDIUSBD12 接收到令牌包后就给 S3C44B0X 发中断。S3C44B0X 进入中断服务程序后,首先读 PDIUSBD12 的中断寄存器,判断 USB 令牌包的类型,然后执行相应的操作。在 USB 程序中,要完成对各种令牌包的响应,其中比较难处理的是 SETUP 包,主要是对端口 0 的编程。

S3C44B0X 与 PDIUSBD12 的通信主要是靠 S3C44B0X 给 PDIUSBD12 发命令和数据来实现的。PDIUSBD12 的命令字分为 3 种:初始化命令字、数据流命令字和通用命令字。PDIUSBD12 数据手册给出了各种命令的代码和地址。S3C44B0X 先给 PDIUSBD12 的命令地址发命令,根据不同命令的要求再发送或读出不同的数据。因此,可以将每种命令都做成函数,用函数实现各个命令,以后直接调用函数即可。

本实验随机带的上层应用程序 usbhid. exe 的基本设计原理是,在 USB 设备初始化完之后,PC 通过 USB 总线给设备写数据到数据端口,设备收到数据后,把数据放到数据输出端口,供 PC 读取。PC 端通过上层程序的 Once 或 Continuous 按钮,读一次或连续读 USB 设备的端口,从而把数据端口的数据读出。

在 S3C44B0X 与 SL811 的通信中,固件程序也按相同的设计思想。

具体应用请参见随书所配光盘中的硬件实验\SDT\实验十九\D12 目录下的 USB. apj 项目文件,以及硬件实验\SDT\实验十九\SL811 目录下的 USB. apj 项目文件。

【实验步骤】

① 本实验使用实验教学系统的 CPU 板、USB 单元和 CPU 板上的串口。在进行本实验时,音频的左右声道开关、A/D 通道选择开关、触摸屏中断选择开关、LCD 电源开关等均应处在关闭状态。

② 在 PC 机并口和实验箱的 CPU 之间,连接 SDT 调试电缆。

③ 检查线缆连接是否可靠。可靠后,给系统上电。

④ 打开随书所配光盘中的硬件实验\SDT\实验十六\D12 目录下的 USB. apj 项目文件,并进行编译。若编译出错,按照 2.2 节中的解决办法解决。

⑤ 编译通过后,首先启动 JTAG 驱动程序 JTAG-NT&2000. exe(操作系统是 Win2000;若是 Win98,需用 JTAG. exe)之后运行 SDT 的调试环境,装载随书所配光盘中的硬件实验\SDT\实验十六\D12\debug 目录下中的映像文件 EuCos. axf。在 SDT 调试环境下全速运行映像文件。

⑥ 把两端均为扁平的 USB 电缆,一端接 PC 机,一端插入实验箱底板 USB 单元的接口处,观察 D3 指示灯的变化。若是第一次实验,则在 PC 机上会出现自动安装 USB 设备的过程,安装上后,D3 灯应该不停的闪烁。同时,如图 2-57 所示的控制面板/系统/硬件/设备管理器栏里会自动添加一个名为人体学输入设备的 USB 设备。

⑦ 此时,打开随实验箱提供的上层应用程序 usbhidio. exe 文件。如图 2-58,在 Bytes to Send 栏中选择要发送的数据。之后,单击 Write Report 按钮,在 Send and Receive Data 栏中选择 Once 或 Continuous(Once 是发一次收一次,而 Continuous 是连续发和连续收),接收到的数据在 Bytes Receive 栏中显示。在连续发送的过程中,可以更改要发送的数据,接收的数据实时更换。

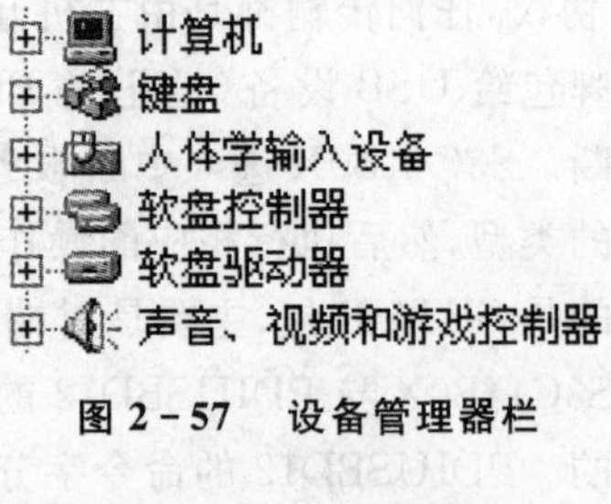

图 2-57 设备管理器栏

⑧ 关闭程序 usbhidio. exe,关闭 SDT 调式环境,拔出 USB 电缆,关闭电源。

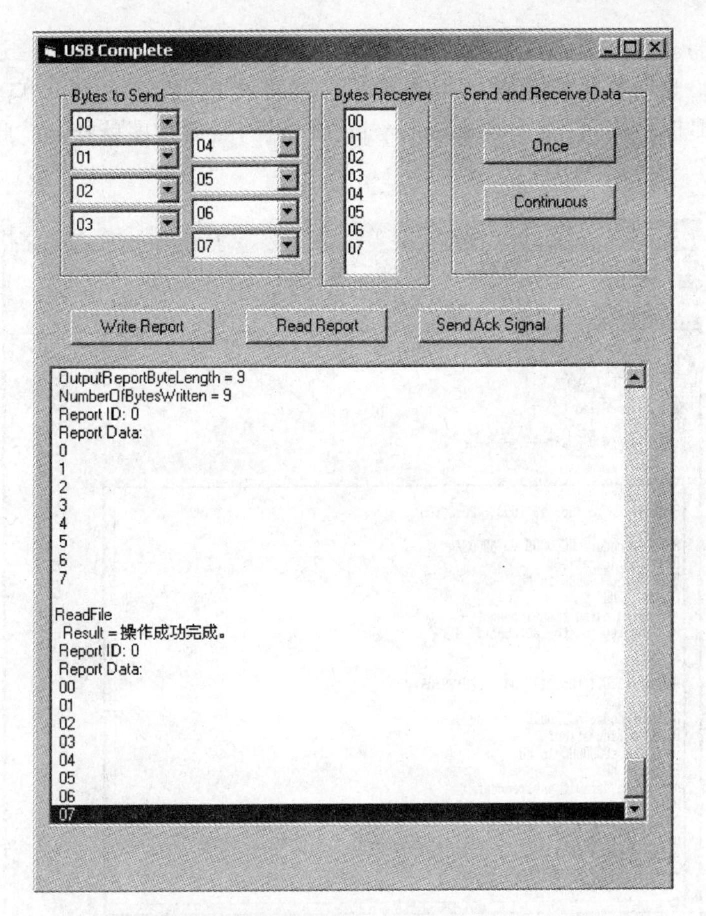

图 2－58　USB lomplete 界面

⑨ 下面的 USB 实验，是在烧入 ucbios 后才能正常运行的。正确烧入 ucbios 请参照第 4 章的相关章节。

⑩ 连接串口电缆，注意 USB 电缆线（一端方形，另一端扁平形）现仅需连接实验箱一侧，PC 机一侧暂时不要连接，给实验箱上电。

⑪ 打开一个超级终端（设置其参数为：波特率为 115200，数据位数 8，奇偶校验无，停止位无 1，数据流控制位无）。

⑫ 打开随书所配光盘中的硬件实验\SDT\实验十六\SL811 目录下的 USB.apj 项目文件并进行编译。编译通过后，首先启动 JTAG 驱动程序 JTAG-NT&2000.exe（操作系统是 Win2000；若是 Win98，需用 JTAG.exe），之后运行 SDT 的调试环境，装载随书所配光盘中的硬件实验\SDT\实验十六\SL811\debug 目录下中的映像文件 EuCos.axf。在 SDT 调试环境下全速运行映像文件。

⑬ 运行程序,超级终端正常时的显示如图 2-59(说明 USB 芯片检测通过,显示芯片版本号)所示。这时程序在等待 USB 电缆另一端插入 PC 机上的 USB 口。如果程序在初始化 USB 时有错误,会出现 memory error 字样,然后程序就挂起。此时,不能完成下一步骤。

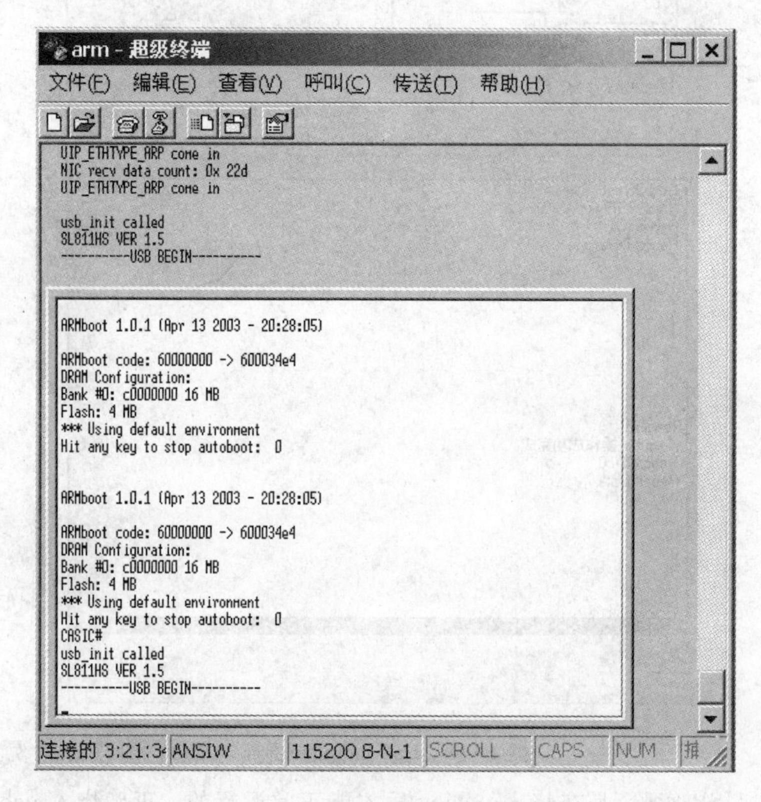

图 2-59　超级终端正常时的显示

⑭ USB 电缆插入 PC 机,如果一切正常的显示如图 2-60 所示。

注意: 最后一行一定是 HID_REPORT,如果不是,说明有错误出现。

⑮ 打开提供的应用程序 usbhidio.exe,如果前面没有错误,此时就可以进入读/写操作,如图 2-61 所示。

观察超级终端的显示内容。此时,发现与步骤⑦略有不同的是通过 USB 总线发送给 SL811 的数据是从串口送出的。请仔细对照 Bytes to Send 栏中的数据与串口接收的数据。

⑯ 实验完毕,关闭程序 usbhidio.exe,关闭 SDT 调试环境,拔除 USB 电缆,关闭电源。

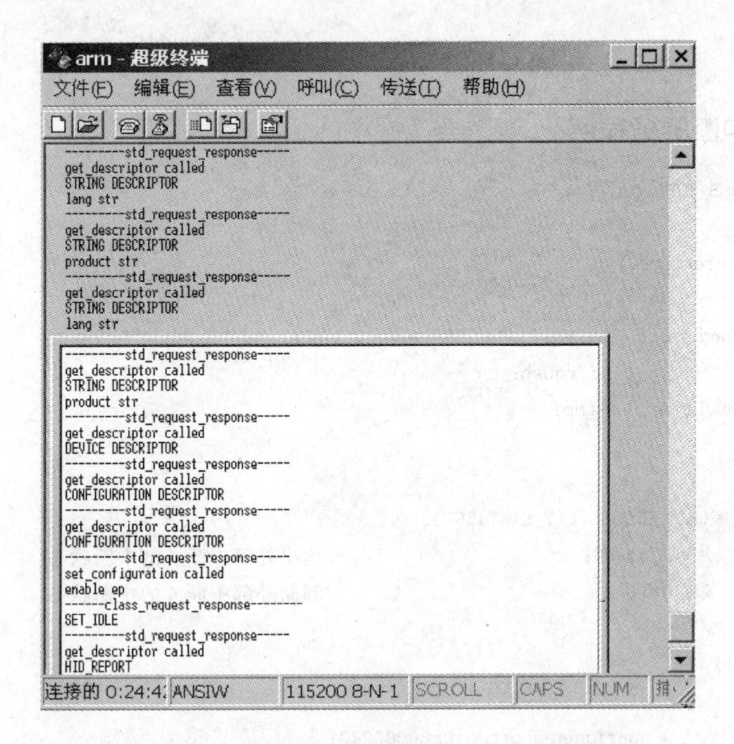

图 2-60 USB 电缆插入 PC 机,一切正常的显示

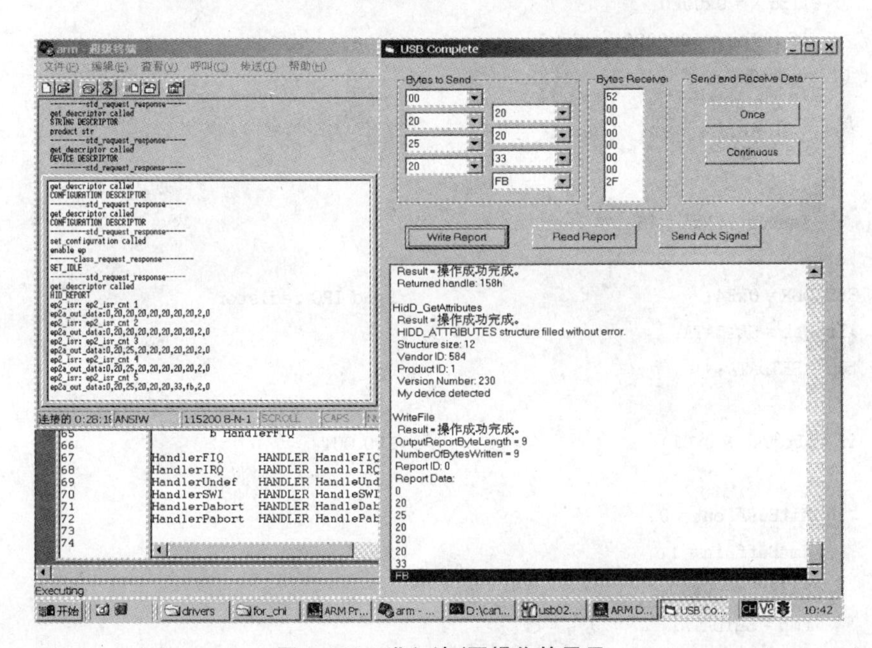

图 2-61 进入读/写操作的显示

【参考程序】

1. USB 中断服务程序

```
void __irq USB_ISR(void)
{
//void usb_interrupt()
//{
      unsigned short     lIrq;
      char               iIrqUsb;
      unsigned char      tmp;
      int i;

    rINTMSK = (BIT_GLOBAL|BIT_EINT4567);
    lIrq      = rEXTINPND;                              //读出外部中断 4 的中断状态
    lIrq     &=  0x1;                                   //判断外部中断 4 的中断状态

    while (1)
    {
//      lIrq = *(unsigned short *)0x80000240;
//      lIrq &= 0x0020;
//      if (lIrq == 0x0020)
    if (lIrq == 0x1)
    {
      if (bIsOrig)
        {
          XmtBuff.pNum = 16;
        }
      SETADDR = 0xF4;                                   //Read IRQ register
      iIrqUsb = SETDATA;
      tmp = SETDATA;

      if (iIrqUsb & 0x01)                               //EP0 OUT
        {
          XmtBuff.out = 0;
          XmtBuff.in = 1;
          SETADDR = 0x40;
          tmp = SETDATA;
          if (tmp & 0x20)
```

```
    {
      tx_0 ();
    }
      else
    {
      SETADDR = 0x00;                        //选择端点 0(指针指向 0 位置)
      SETADDR = 0xF0;                        //读标准控制码
      tmp = SETDATA;
      tmp = SETDATA;
      for (i = 0; i < 8; i++)
        {
          XmtBuff.b[i] = SETDATA;
        }
      if (bSetReport)
        {
          for (i = 0; i < 8; i++)
        {
          HIDData[i] = XmtBuff.b[i];
        }
          bSetReport = 0;
        }
        SETADDR = 0xF1;                      //应答 SETUP 包,使能(清 OUT 缓冲区、使能 IN
                                             //缓冲区)命令
        SETADDR = 0xF2;                      //清 OUT 缓冲区
        SETADDR = 0x01;                      //选择端点 1(指针指向 0 位置)
        SETADDR = 0xF1;                      //应答 SETUP 包,使能(清 OUT 缓冲区、使能 IN
                                             //缓冲区)命令
    }
    }

  else if (iIrqUsb & 0x02)                   //端点 0 输入
    {
      XmtBuff.in = 1;
      SETADDR = 0x41;                        //读 in 最后状态
      tmp = SETDATA;
```

```
        rx_0 ();
      }
    else if (iIrqUsb & 0x04)                          //端点 1 输出
      {
        XmtBuff.out = 2;
        XmtBuff.in = 3;
        SETADDR = 0x42;                               //读 out 最后状态
        tmp = SETDATA;
        tx_1 ();
      }
    else if (iIrqUsb & 0x08)                          //端点 1 输入
      {
        XmtBuff.in = 3;
        SETADDR = 0x43;                               //读 in 最后状态
        tmp = SETDATA;
        XmtBuff.b[0] = 5;
        XmtBuff.wrLength = 8;
        XmtBuff.p = HIDData;
        rx_0 ();
      }
    else if (iIrqUsb & 0x10)                          //端点 2 输出
      {
        XmtBuff.pNum = 64;
        XmtBuff.out = 4;
        XmtBuff.in = 5;

        SETADDR = 0x44;                               //读 out 最后状态
        tmp = SETDATA;
        read_out ();
      }
    else if (iIrqUsb & 0x20)                          //端点 2 输入
  {
        XmtBuff.pNum = 64;
        XmtBuff.in = 5;
        SETADDR = 0x45;                               //读 in 最后状态
        tmp = SETDATA;
        XmtBuff.b[0] = 5;
        XmtBuff.wrLength = 1;
        XmtBuff.p = XmtBuff.b;
```

```
            rx_0 ();
        }
      else if (iIrqUsb & 0x80)
        {


        }
      else if (iIrqUsb & 0x40)
        {


        }
        rEXTINPND      = 0x1;
        rI_ISPC        = BIT_EINT4567;
        rINTMSK        = ~(BIT_GLOBAL|BIT_EINT4567);

    }
}
}
```

2. SL811 的主函数

```
void Main(void)
{
   int    ARMCPU_isr;
   rSYSCFG = SYSCFG_8KB;                        //使用 8 KB 的指令缓存
   rNCACHBE0 = ((unsignedint)(Non_Cache_End>>12)<<16)|(Non_Cache_Start>>12);
  //在上面的数据区域不使用高速缓存
      Port_Init();                              //I/O 端口功能、方向设定
  rPDATE = rPDATE|0x10;
  ChangePllValue(52,2,1);                       //修改系统主频为 8 倍频
  Uart_Init(0,SERIAL_BAUD);                     //异步串行口初始化,设置波特率为 115200
  //Delay(0);
  if (usb_init()! = 0) {
      Msg("USB initialize failed! now halt\n");
      while (1) ;
  }
  Msg("----------USB BEGIN----------\n");
  while(1)
  {
      ARMCPU_isr = rINTPND;                     //外部引脚 exint1 中断
      ARMCPU_isr &= 0x2000000;
```

```
        if (ARMCPU_isr)
        {
            /＊USB 设备响应 USB 主机请求＊/
            usb_isr();
        }
    }
}
```

2.17 SD 卡测试实验

【实验目的】

- 了解 SD 卡的基本构成。
- 了解 SD 卡的工作原理。
- 通过编程实现对 SD 卡的控制。

【实验设备】

- EL-ARM-830 教学实验箱，PentiumII 以上的 PC 机，仿真器电缆。
- PC 操作系统 Win98 或 Win2000 或 WinXP，ARM SDT 2.5 或 ADS 1.2 集成开发环境，仿真器驱动程序。

【实验内容】

- 利用 SD 卡识别指示灯 D13，完成插拔 SD 卡的检测实验。SD 卡插入卡槽中，D13 灯亮，当从卡槽中拔出时，D13 灯灭。
- 读取 SD 卡 ID 号的实验。利用 W86L388D 控制芯片完成对 SD 卡命令的发送和数据的传输功能。通过给 SD 卡发送读卡命令后，SD 卡把其 ID 号送回给 CPU 处理，ARM 把得到的 ID 卡号显示在屏幕上。

【实验原理】

1. SD 卡简介

SD 存储卡(Secure Digital Memory Card)是近几年推出的一种满足音频和视频的消费电子类产品，它具有安全性、兼容性，以及良好的适应环境需求等特性。SD 卡的 SDMI 标准使得它存储速度更快，容量更大。同时，它还兼容 MMC 卡。SD 卡是 MMC 卡的后续产品，它在 MMC 卡的基础上有重大改进，除了提高传输速度以外，SD 卡还采用了一种数字版权管理

(DRM)技术来保护卡上的内容不被盗版。SD卡完全兼容数字音乐安全规范(SDMI),版权拥有者可以放心地使用SD卡复制其作品,还可以设定卡上的内容能否被复制,以及复制多少次等。最新的Palm PDA就是采用SD卡加载扩展软件,这样可以防止非法复制。

SD卡在24 mm×32 mm×2.1 mm的体积内结合了SanDisk快闪记忆卡控制技术、MLC(Multilevel Cell)技术、东芝0.16μ和0.13μ的NAND技术。SD卡通过9针的接口界面与专门的驱动器连接,不需要额外的电源来保持记忆信息。它还是一体化固体介质,没有任何移动部分,所以不用担心机械移动的损坏。SD卡的接口是9针的,结构组成图如图2-62所示。其中,电源线3根,数据线4根,1根时钟线CLK,1根命令线CMD。SD卡的接口与MMC卡接口相比,除了保留MMC的7针外,还在两边加多了2针,作为数据线。SD卡采用了NAND型Flash Memory,基本上和SmartMedia的一样,平均数据传输速率达到2 MB/s。

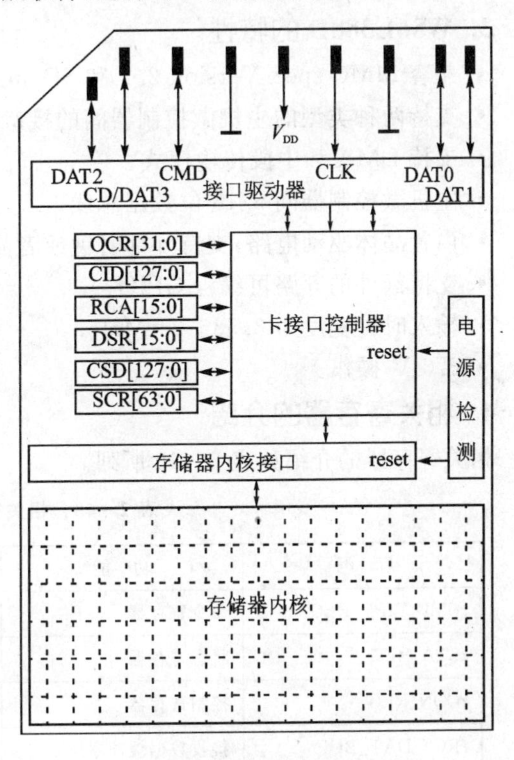

图2-62 SD卡结构组成图

SD卡的结构能保证数字文件传送的安全性,也很容易重新格式化,所以有着广泛的应用领域。音乐、电影、新闻等多媒体文件都可以方便地保存到SD卡中,因此不少数码相机也支持SD卡。

2. SD卡的工作原理

SD卡单元采用了华邦公司W86L388D的SD卡控制器,能够使用1线或4线传输数据及指令,工作频率最高为25 MHz。SD卡通信协议属于标准规范中的一部分,并支持MMC卡操作,它们之间的不同之处在于有各自的初始化过程。

在本实验中,通过几根控制线和1根中断请求线与一片SD卡的桥接控制芯片W86L388D相连,利用W86L388D控制芯片完成对SD卡命令的发送和数据的传输功能。S3C44B0X通过给其相应的寄存器中写入控制命令,来驱动读/写SD卡。从SD卡中读取的数据通过与CPU相连的16位数据总线,发送给CPU处理。SD卡与CPU的通信是通过中断方式来进行应答的。W86L388D的中断控制器显示SD卡的各种中断请求,CPU只须读取其状态,就能判断对SD卡进行如何处理。

也就是说，先给 SD 卡送命令后，再从 SD 卡上读取数据，并把数据送到数据总线上。写数据也是先送到数据总线上，经 W86L388D 送给 SD 卡存储。SD 卡的协议命令，均由 CPU 给 W86L388D 编程实现。

3. W86L388D 的特性

- 兼容 MMC spec. Version 2.2 和 SD spec. Version 1.0；
- 支持两种类型的主机微控制器间的接口访问——同步和非同步模式；
- 支持 DMA 和中段传输模式；
- 主机微控制器间 8/16 位数据总线；
- 内置晶体驱动电路，支持外部时钟或者晶体时钟；
- 支持额外的 5 路可编程 GPIO；
- 输入时钟宽度为 3.58～25 MHz；
- 3.3 V 操作。

4. 相关寄存器的介绍

相关寄存器的介绍如表 2-48 所列。

表 2-48 相关寄存器的介绍

标 号	功 能	地 址	实现方法
rCMD_PIPE_REG	命令寄存器	0x08800000	写入相应的数据(SD)
rSTA_REG	状态寄存器	0x08800002	读出相应的状态(SD)
rCON_REG	控制寄存器	0x08800002	写入相应的命令(SD)
rRCE_DAT_BUF	接收数据缓冲器	0x08800004	读出接收到的数据(SD)
rTRA_DAT_BUF	发送数据缓冲器	0x08800004	写入要发送的数据(SD)
rINT_STA_REG	中断状态寄存器	0x08800006	读出中断的状态(SD)
rINT_ENA_REG	中断使能寄存器	0x08800006	写入相应的使能中断(SD)
rGPIO_DAT_REG	GPIO 数据寄存器	0x08800008	写入相应的 GPIO 数据(SD)
rGPIO_CON_REG	GPIO 控制寄存器	0x08800008	写入相应的 GPIO 命令(SD)
rGPIO_INT_STA_REG	GPIO 中断状态寄存器	0x0880000A	读出 GPIO 中断的状态(SD)
rGPIO_INT_ENA_REG	GPIO 中断使能寄存器	0x0880000A	写入 GPIO 中断的命令(SD)

具体的命令操作和协议请参见文档 W86L388D_prog.PDF 和 SD 卡.PDF。

具体应用请参见随书所配光盘中的硬件实验\SDT\实验十七\SD_CID 目录下的 SD_CID.apj 项目文件。

【实验步骤】

① 本实验使用实验教学系统的 CPU 板、SD 卡单元和 LCD 单元。在进行本实验时，音频的左右声道开关、A/D 通道选择开关、触摸屏中断选择开关等均应处在关闭状态。

② 在 PC 机并口和实验箱的 CPU 之间，连接 SDT 调试电缆。

③ 检查线缆连接是否可靠。可靠后，给系统上电。

④ 打开随书所配光盘中的硬件实验\SDT\实验十七\SD_CHECK 目录下的 SD.apj 项目文件，并进行编译。若编译出错，按照 2.2 节中的解决办法解决。

⑤ 编译通过后，首先启动 JTAG 驱动程序 JTAG-NT&2000.exe(操作系统是 Win2000；若是 Win98，需用 JTAG.exe)，之后运行 SDT 的调试环境，装载随书所配光盘中的硬件实验\SDT\实验十七\SD_CHECK 目录下 debug 中的映像文件 EuCos.axf。在 SDT 调试环境下全速运行映像文件。

⑥ 把一个 SD 卡插入卡槽中，D13 灯亮，当从卡槽中拔出时，D13 灯灭。这是通过中断检测 SD 卡有无的。

⑦ 停止程序运行，关闭 SDT 调式环境，拔出 SD 卡，复位系统。

⑧ 打开随书所配光盘中的硬件实验\SDT\实验十七\SD_CID 目录下的 SD.apj 项目文件，并进行编译。若编译出错，按照 2.2 节中的解决办法解决。

⑨ 编译通过后，首先启动 JTAG 驱动程序 JTAG-NT&2000.exe(操作系统是 Win2000；若是 WIN98，需用 JTAG.exe)，之后运行 SDT 调试环境，装载随书所配光盘中的硬件实验\SDT\实验十七\SD_CID 目录下 debug 中的映像文件 EuCos.axf。插入 SD 卡，打开 LCD 的电源开关。在装载的第一个文件的 258 行处(即 b Main 处)设置断点，让程序全速运行到该处。然后，单击跳进函数的按钮，跳入主程序中。

⑩ 单步运行到 W86_Init()处，再单击跳进函数的按钮，跳入该子程序中。然后，再设三处断点，即在 57、80 和 94 行处，这样可以全速到这三处断点处。在 80 行可能出现反复循环的现象，大概 2～8 次左右。如果程序始终在此循环无法跳出，则应该关闭调试环境，并进行硬件复位和程序重新下载。这种情况是由于 SD 卡受意外干扰而无法通信造成的。当程序跳出该循环后，继续全速运行，则 LCD 屏上会显示出 SD 卡的 ID 卡号。通过给 SD 卡发送读卡命令后，SD 卡会把其 ID 号送回给 CPU 处理，ARM 把得到的 ID 卡号显示在屏幕上。

【参考程序】

1. 硬件平台配置初始化函数

```
*******************************************************************************
文件名称 : target.c
```

```
文件功能：硬件平台配置具体函数的初始化
**********************************************************************
void W86_Init(void);
    void SDINT_Init(void);
    void __irq  SDCHECK_ISR(void);

    //#define  clrCLKSD         rPDATE = rPDATE & (~(0x1<<5))        //pE5
    //#define  clrCSW86         rPDATE = rPDATE & (~(0x1<<6))        //pE6
    //#define  clrCMDSD         rPDATE = rPDATE & (~(0x1<<4))        //pE4
    //#define  setCLKSD         rPDATE = rPDATE | (0x1<<5)           //pE5
    //#define  setCSW86         rPDATE = rPDATE | (0x1<<6)           //pE6
    //#define  setCMSD          rPDATE = rPDATE | (0x1<<4)           //pE4
    #define rCMD_PIPE_REG       (*(volatile unsigned short*)0x08800000)
    #define rSTA_REG            (*(volatile unsigned short*)0x08800002)
    #define rCON_REG            (*(volatile unsigned short*)0x08800002)
    #define rRCE_DAT_BUF        (*(volatile unsigned short*)0x08800004)
    #define rTRA_DAT_BUF        (*(volatile unsigned short*)0x08800004)
    #define rINT_STA_REG        (*(volatile unsigned short*)0x08800006)
    #define rINT_ENA_REG        (*(volatile unsigned short*)0x08800006)
    #define rGPIO_DAT_REG       (*(volatile unsigned short*)0x08800008)
    #define rGPIO_CON_REG       (*(volatile unsigned short*)0x08800008)
    #define rGPIO_INT_STA_REG   (*(volatile unsigned short*)0x0880000A)
    #define rGPIO_INT_ENA_REG   (*(volatile unsigned short*)0x0880000A)
    #define rIND_ADD_REG        (*(volatile unsigned short*)0x0880000C)
    #define rIND_DAT_REG        (*(volatile unsigned short*)0x0880000E)
```

2. SD卡的插拔卡检测程序

```
**********************************************************************
- 函数名称：void Init1341(void)
- 函数说明：SD卡的插拔卡检测程序
- 输入参数：无
- 输出参数：无
**********************************************************************
void __irq SDCHECK_ISR(void)
{
    int rr;
    rr = rEXTINPND;
    card = rSTA_REG;
    if(rr == 0x4)
```

```
    {
        card = rINT_STA_REG;
        if( (card & 0x100)  ==  0x100)
            {
                rIND_ADD_REG = 0x00;
                rIND_DAT_REG = 0x41;
            }
}
      rEXTINPND = 0x4;
      rI_ISPC = BIT_EINT4567;
      card = rINT_STA_REG;
}
```

3. 初始化 W86

```
*****************************************************************
-  函数名称 ：void W86_Init(void)
-  函数说明 ：初始化 W86
-  输入参数 ：无
-  输出参数 ：无
*****************************************************************
void W86_Init(void)
{
    char i = 0;
    for(i = 0;i<18;i ++ )
    {
    buffer[i] = 0;
    }
    card              = rCON_REG;
    rCON_REG          = 0xE7;
    Delay(100);
    rCON_REG          = 0x17;                    //上电,打开 SD 总线,设定时钟频率
    rGPIO_CON_REG     = 0x1f1f;
    //rGPIO_DAT_REG   = 0xa1f;
    //Delay(1000);
    rGPIO_DAT_REG     = 0x21f;
    //rGPIO_DAT_REG   = 0xa1f;
    rIND_ADD_REG      = 0x2;
    rIND_DAT_REG      = 0x0200;
    rINT_ENA_REG      = 0x8f;
```

```
do
{
    Delay(100);
    card          = rSTA_REG;

    rCMD_PIPE_REG = 0x7700;                    //CMD55
    rCMD_PIPE_REG = 0x0000;
    rCMD_PIPE_REG = 0x0001;

    Delay(100);
    card          = rSTA_REG;

    rCMD_PIPE_REG = 0x6900;                    //ACMD41 With OCR
    rCMD_PIPE_REG = 0xff80;
    rCMD_PIPE_REG = 0x0001;

    Delay(100);

    for(i = 0;i<3;i ++ )
    {
        buffer[i] = rCMD_PIPE_REG;
    }
}while((buffer[0]&0x0080)! = 0x0080);


rCMD_PIPE_REG = 0x4200;                        //CMD2
rCMD_PIPE_REG = 0x0000;
rCMD_PIPE_REG = 0x0001;
Delay(100);
card = rSTA_REG;

for(i = 0;i<9;i ++ )
{
    buffer[i] = rCMD_PIPE_REG;
}

}
```

2.18 以太网测试实验

【实验目的】

- 了解本实验箱的以太网基本组成架构。
- 理解以太网间主机的连接。

【实验设备】

- EL-ARM-830 教学实验箱,PentiumII 以上的 PC 机,串口线,交叉网线。
- PC 操作系统 Win98 或 Win2000 或 WinXP,TFTP. exe 文件。

【实验内容】

Ping 通主机和实验箱,通过交叉网线,利用 TFTP 协议传输文件给实验箱。

【实验原理】

在嵌入式系统中增加以太网接口,通常可以通过如下两种方法实现。

方法一:嵌入式处理器+网卡芯片(如 RTL8019AS,CS8900 等)。

这种方法对嵌入式处理器没有特殊要求,只要把以太网芯片连接到嵌入式处理器的总线上即可。此方法通用性强,不受处理器的限制。但是,由于处理器和网络数据之间通过外部总线(通常是并行总线)交换数据,所以速度慢,可靠性不高,电路板走线复杂。

方法二:带有以太网络接口的嵌入式处理器。

这种方法要求嵌入式处理器有通用的网络接口(如 MII 接口)。通常这种处理器是面向网络应用而设计的,处理器和网络数据交换通过内部总线,速度快。

在本实验箱上,通过 RTL8019AS 芯片作为网卡的驱动芯片,连接到 S3C44B0X。

S3C44B0X 处理器和 RTL8019AS 连接的结构如图 2-63 所示。RTL8019AS 通过总线和 S3C44B0X 处理器相连接,中断由 S3C44B0X 的外部中断接管。

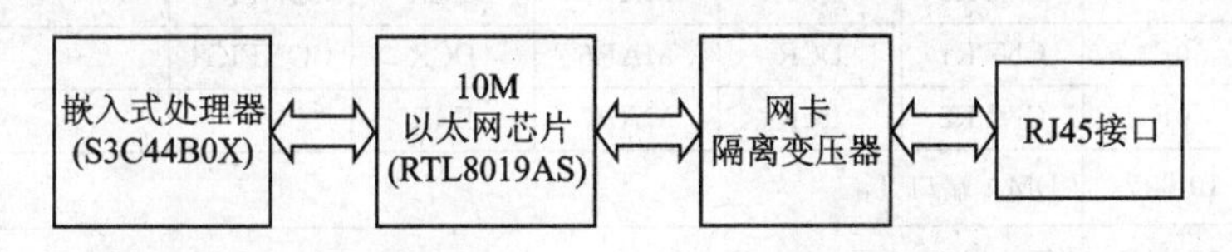

图 2-63 S3C44B0X 处理器和 RTL8019AS 连接的结构

与常规网卡设计思路不同的是,在嵌入式系统中,精简系统一直是个主要原则。RTL8019AS 作为网卡时,需要一片 EEPROM 作为配置寄存器,来确定通信的端口地址、中断地址、网卡的物理地址、工作模式、制造商等信息。在嵌入式系统中，可以使用 RTL8019AS 的默认配置和一些引脚作为网卡的初始化方法。这样可以节省配置寄存器，减少嵌入式硬件平台的体积。

RTL8019AS 支持即插即用模式和非即插即用模式。在嵌入式系统中，网卡的外设通常是不经常插拔的，所以，为了系统的精简，配置 RTL8019AS 为非即插即用模式。RTL8019AS 有着固定的中断，有着固定的端口地址，可假设端口是 0x300(这里的端口是相对于 ISA 总线来说的端口，对于 ARM 的总线，需要重新计算地址)。这些配置可以通过 RTL8019AS 的外部引脚，在系统复位时，自动配置起来。

如表 2-49 所列，RTL8019AS 的内壁寄存器是分页的，每个寄存器均是 8 位。在不同的页面下，同一个端口对应着不同的寄存器。页面的选择通过 CR 寄存器的第 6 位和第 7 位来选择。

表 2-49　RTL8019AS 的内壁寄存器

NO(Hex)	页 0		页 1	页 2	页 3	
	[R]	[W]	[R/W]	[R]	[R]	[R/W]
00	CR	CR	CR	CR	CR	CR
01	CLDA0	PSTART	PAR0	PSTART	9346CR	9346CR
02	CLDA1	PSTOP	PAR1	PSTART	BPAGE	BPATGE
03	BARY	BNRY	PAR2	—	CCNFIG0	—
04	TSR	TSR	PAR3	TPSR	CONFIG1	CONFIG1
05	NCR	TBCR0	PAR4	—	CONFIG2	CONFIG2
06	FIFO	TBCR1	PAR5	—	CONFIG3	CONFIG3
07	ISR	ISR	CURR	—	—	TEST
08	CRDA0	RSAR0	MAR0	—	CSNSAV	—
09	CRDA1	RSAR1	MAR1	—	—	HLTCLK
0A	8019ID0	RBCR0	MAR2	—	—	—
0B	8019ID1	RBCR1	MAR3	—	INTR	—
0C	RSR	RSR	MAR4	RCR	—	FMWP
0D	CNTR0	TCR	MAR5	TCR	CONFIG4	—
0E	CNTR1	DCR	MAR6	DCR	CONFIG4	—
0F	CNTR2	IMR	MAR7	IMR	—	—
10～17	DMA 端口					
19～1F	复位端口					

S3C44B0X 通过访问 RTL8019AS 的寄存器地址，来读/写数据和查看网络的状态。网卡驱动芯片的发送与接收端口连接一个网络变压器，它作为前端接口器件起到电气隔离、信号传

输、相位转换、阻抗匹配等重要作用。网卡的驱动芯片把网络信号载入网线后，传输出去，或者拦截网线上的信号，送入网络芯片的接收端口。关于 RTL8019AS 网络芯片的具体配置请参考随节光盘中的 RTL8019. PDF 文档，以及 uclinux_bios. apj 中的相关源码。

【实验步骤】

① 本实验使用实验教学系统的 CPU 板、网络单元和串口单元。在进行本实验时，音频的左右声道开关、A/D 通道选择开关、触摸屏中断选择开关、LCD 电源开关等均应处在关闭状态。

② 擦空实验箱上 CPU 板的 Flash。

③ 将随书所配光盘中的 uClinux-bios. s19 文件用烧写电缆烧写到 Flash 里面去。

④ 烧写成功后，实验系统断电，拔下烧写电缆，把 PC 的 IP 地址改为 192.168.0.XXX，XXX 为除 100 以外的 0～255 的值，一般设为 192.168.0.1。在 PC 并口和实验箱的 CPU 之间，连接串口交叉电缆，在 PC 网口和实验箱的 CPU 网口之间，连接网口交叉电缆。

⑤ 在 PC 机里打开一个超级终端(设置其参数为：波特率为 115 200，数据位数 8，奇偶校验无，停止位无 1，数据流控制位无)。

⑥ 给系统上电。在超级终端中输入 backup 以备份 BIOS 到高端，然后输入 Y。

⑦ 在超级终端中输出提示行，键入 load 后，按回车键，这时，实验箱就等待 PC 机的连接了。

⑧ 在 PC 机和实验箱通过网口相连之前，一定要把 PC 机和实验箱 IP 地址设成同一网段内。实验箱的 IP 地址是 192.168.0.100，因此，推荐 PC 机的 IP 地址为 192.168.0.1。PC 机 IP 地址的更改在网上邻居属性里的本地连接中，选择本地连接属性中的 TCP/IP 属性，即可更改。同时，子网掩码为 255.255.255.0。

⑨ 更改完后，在 Windows 的命令行下，利用 ipconfig /all 查看一下 IP 地址和子网掩码是否更改，键入 ping 192.168.0.100 命令，按下回车键后，结果如图 2-64 所示。说明 PC 机已和实验箱连上。

⑩ 把随书所配光盘中的 TFTP. exe 和 boot. bin 文件复制到 PC 系统下 DOS 命令行默认的目录下(如图 2-64 中是 E:\>，就放在 E:\>文件夹内)。在 PC 机的命令行中，首先输入 tftp -i 192.168.0.100 put boot. bin，然后按下回车键，此步是把 boot. bin 文件通过网络接口下载到实验箱上的 SDRAM 中，它的下载地址是 0x0c008000。该文件是一个向量跳转的列表。该表和 μClinux 的中断向量密切相关。当发生中断或异常时，ARM 的 PC 指针首先跳回到从 0x00 开始的异常向量表处，之后再跳到此处向量所指的地址处。boot. bin 是要跳到 μClinux 的异常向量表地址的跳转指令。通过查看超级终端的输出记录，可以看到从 PC 机上传到实验箱上的文件名称，放到实验箱上内存的默认起始地址，文件的大小，如图 2-65 所示。

```
E:\WINNT\system32\cmd.exe
        Description . . . . . . . . . . . : Realtek RTL8139(A) PCI Fast Ethernet
 Adapter #2
        Physical Address. . . . . . . . . : 00-0A-EB-1C-07-0B
        DHCP Enabled. . . . . . . . . . . : No
        IP Address. . . . . . . . . . . . : 192.168.0.1
        Subnet Mask . . . . . . . . . . . : 255.255.255.0
        Default Gateway . . . . . . . . . :
        DNS Servers . . . . . . . . . . . :

E:\>ping 192.168.0.100

Pinging 192.168.0.100 with 32 bytes of data:

Reply from 192.168.0.100: bytes=0 (sent 32) time<10ms TTL=128
Reply from 192.168.0.100: bytes=0 (sent 32) time<10ms TTL=128
Reply from 192.168.0.100: bytes=0 (sent 32) time<10ms TTL=128
Reply from 192.168.0.100: bytes=0 (sent 32) time<10ms TTL=128

Ping statistics for 192.168.0.100:
    Packets: Sent = 4, Received = 4, Lost = 0 (0% loss),
Approximate round trip times in milli-seconds:
    Minimum = 0ms, Maximum =  0ms, Average =  0ms

E:\>
```

图 2-64　查看 PC 机和实验箱的连接情况

```
hh - 超级终端
文件(F) 编辑(E) 查看(V) 呼叫(C) 传送(T) 帮助(H)

\>

 ********************************
 欢迎使用S3C44B0x开发板
 IP: 192.168.0.100
 ********************************

 \>?
 help     ------  show help
 ?        ------  = help
 date     ------  show or set current date
 time     ------  show or set current time
setweek  ------  set weekday
clock    ------  show system running clock
setmclk  ------  set system running clock
setbaud  ------  set baud rate
ipcfg    ------  show or set IP address
load     ------  load file to ram
comload  ------  load file from serial port
run      ------  run from sdram
prog     ------  program flash
copy     ------  copy flash from src to dst address
boot     ------  boot from flash
backup   ------  move bios to the top of flash
md       ------  show memory data
move     ------  move program from flash to sdram
\>move 40000 c000000 10000
move finished!
\>load
No begin address for download, use address 0xc008000
Load image file from host
Type tftp -i 192.168.0.100 put filename at the host PC
Press ESC key to exit
Begin to receive filename: HZK12.bin, transtype: octet.
TFTP transfer finished, and receive 40000 bytes.
\>

连接的 0:30:35 ANSIW 115200 8-N-1 SCROLL CAPS NUM 捕 打印
```

图 2-65　通过超级终端下载文件

⑪ 此时，boot.bin 文件通过网线下载到 SDRAM 中，然后在超级终端中输入命令 prog 0 c008000 3c，然后输入 Y，将 boot.bin 文件烧到 Flash 的 0 地址。通过 move 命令，可以把文件从 Flash 中调入内存。

⑫ 实验完毕，关闭超级终端，关闭电源，拆除线缆。

2.19 PS2 接口键盘、鼠标实验

【实验目的】

- 了解 PS2 串行接口通信原理。
- 掌握 PS2 串行接口驱动模块编写原理。

【实验设备】

- EL-ARM-830 教学实验箱，PentiumII 以上的 PC 机，仿真器电缆。
- PC 操作系统 Win98 或 Win2000 或 WinXP，ARM SDT 2.5 或 ADS 1.2 集成开发环境，仿真器驱动程序。
- PS2 键盘、鼠标各一个。

【实验内容】

PS2 键盘、鼠标输入，C51 单片机捕获输入数据，由 ARM 从 C51 单片机取得数据发送到串口显示。

【实验原理】

PS2 接口是目前最常见的鼠标接口，最初是 IBM 公司的专利，俗称"小口"。这是一种鼠标和键盘的专用接口，是一种 6 针的圆型接口。但鼠标只使用其中的 4 针传输数据和供电，其余 2 个为空脚。PS2 接口的传输速率比 COM 接口稍快一些，而且是 ATX 主板的标准接口，是目前应用最为广泛的鼠标接口之一，但仍然不能使高档鼠标完全发挥其性能，而且不支持热插拔。在 BTX 主板规范中，这也是即将被淘汰掉的接口。

需要注意的是，在连接 PS2 接口鼠标时不能错误地插入键盘 PS2 接口（当然，也不能把 PS2 键盘插入鼠标 PS2 接口）。一般情况下，符合 PC99 规范的主板，其鼠标的接口为绿色、键盘的接口为紫色。另外，也可以从 PS2 接口的相对位置来判断，靠近主板 PCB 的是键盘接口，其上方的是鼠标接口。PS2 模块单元将采集到的键盘或鼠标发来的数据包，首先在 AT89C2051 的 P1 口（键盘、鼠标识别码分别为 0x0A 和 0x05）准备好，然后给 S3C44B0X 的中断 3 发送一个中断信号，并打开 AT89C2051 的中断 INT1，等待 S3C44B0X 发信号过来。

当 S3C44B0X 响应中断后，在其中断服务子程序中，要先读（ * ps2_cs）中的值，它的值代表着鼠标和键盘的识别码。然后设定 S3C44B0X 的 GPE7 为输出端口，并给 PS2 模块发送一个下降沿信号，该信号为 AT89C2051 的中断信号。

PS2 模块在收到该触发中断的信号后，进入其中断服务子程序，程序中将标志 flag 置 1。当 PS2 模块程序检测到 flag 为 1 后，将在 P1 口准备好第二个数据（扫描码长度），然后给 S3C44B0X 的 GPE7 端口发送一个高电平信号，表示 AT89C2051 的 P1 口已准备好要发送的数据。当 S3C44B0X 检测到 GPE7 端口的高电平后，就开始读（ * ps2_cs）中的值，以得到扫描码长度。之后给 PS2 模块一个中断信号并延时，然后等待。如此循环。扫描码在一次 S3C44B0X 中断处理中读完整个数据包，PS2 模块在发最后一位时，给 INT3 一个低电平。

要进一步了解 PS2 接口的实现，请参见关于 PS2 接口相应的编程资料文档，其中有详细、完备的编程资料。

详细具体的应用，请参见随书所配光盘中的硬件实验\SDT\实验十九\ps2 目录下的 Key_Led. apj 项目文件。

【实验步骤】

① 本实验使用实验教学系统的 CPU 板、PS2 接口模块、PS2 键盘和 PS2 鼠标。在进行本实验时、A/D 通道选择开关、LCD 电源开关、音频的左右声道开关、触摸屏中断选择开关等均应处在关闭状态。

② 在 PC 机并口和实验箱的 CPU 之间，连接 SDT 调试电缆。

③ 在实验箱右上角有上下 2 个 PS2 接口。将拨码开关 SW2 的第 4 位拨到 ON 上，将 PS2 键盘的电缆线插入上面一个 PS2 插孔，将 PS2 鼠标的电缆线插入下面一个 PS2 插孔。

④ 使用直连串口线连接 CPU 板和 PC 机串口。打开串口调试助手，设置串口的属性为"115200-8-N-1"(波特率-数据位-校验位-停止位)。

⑤ 检查线缆连接是否可靠。可靠后，给系统上电。

⑥ 用手按 PS2 接口模块的 S3 按钮一次，使 PS2 控制模块的 51 单片机复位。

⑦ 打开随书所配光盘中的硬件实验\SDT\实验十九\ps2 目录下的 Key_Led. apj 项目文件，并进行编译。若编译出错，按照 2.2 节中的解决办法解决。

⑧ 编译通过后，首先启动 JTAG 驱动程序 JTAG-NT&2000. exe(操作系统是 Win2000；若是 Win98，需用 JTAG. exe)，之后运行 SDT 的调试环境，装载随书所配光盘中的硬件实验\SDT\实验十九\ps2\debug 目录下中的映像文件 EuCos. axf。在 SDT 调试环境下全速运行映像文件。移动鼠标可以观察到 PS2 接口模块的 D1 灯闪烁，同时在串口调试助手的接收区可以看到鼠标的位移数据。停止移动鼠标，D1 灯灭。接着从 PS2 键盘键入数据，可以看到 D1 灯闪烁，同时串口调试助手收到键盘的按键码，如图 2－66 所示。

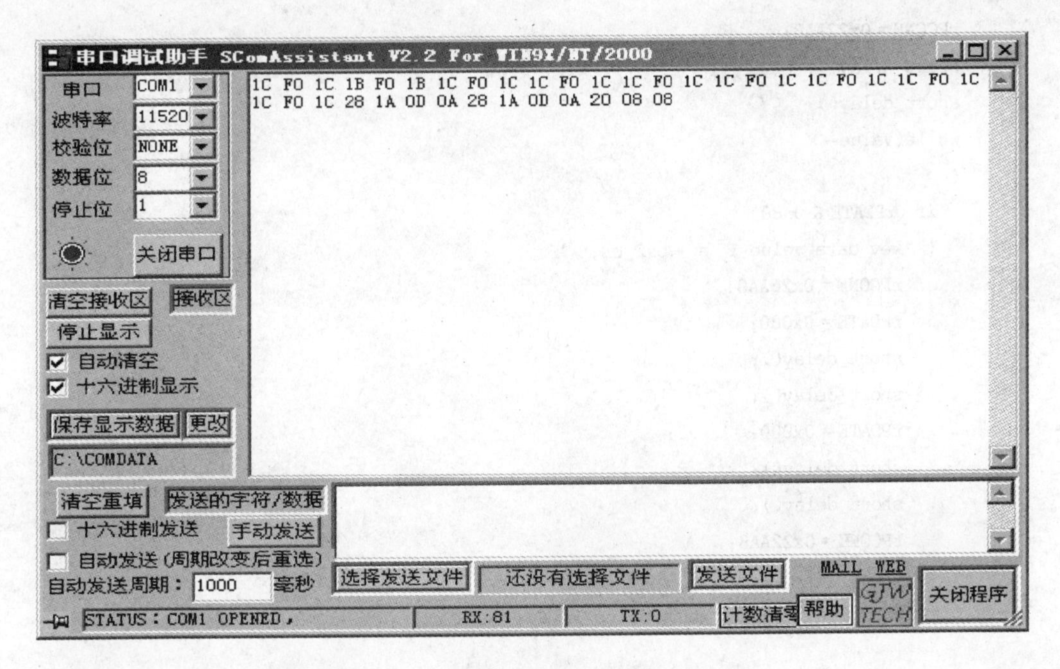

图 2-66　串口调试助手收到键盘的按键码

⑨ 用户可以将收到的数据量化或译码成为需要的信息。

【参考程序】

1. 函数 void Key_ISR(void)

```
void __irq Key_ISR( void )
{
    char value;
    rINTMSK   = (BIT_GLOBAL|BIT_EINT3);              //关中断
    value =    * ps2_cs;                             //指向扫描码
    if(value == 0x03)                                //0x03 表示
    {
    { value = * ps2_cs;
     rPCONE = 0x26AA8;                               //初始化 I/O 端口寄存器
     rPDATE = 0x080;
     short_delay();
     short_delay();
     rPDATE = 0x000;
     short_delay();
     short_delay();
```

```
        rPCONE = 0x22AA8;
        short_delay();
        short_delay();
        while(value--)
        {
          if (rPDATE & 0x80)
          {   key_data[value-1] = *ps2_cs;
              rPCONE = 0x26AA8;
              rPDATE = 0x080;
              short_delay();
              short_delay();
              rPDATE = 0x000;
              short_delay();
              short_delay();
              rPCONE = 0x22AA8;
              short_delay();
              Uart_SendByte(key_data[value-1],0);
              }
        }
       }
      }
    if (value == 0x0A) {                                    //键盘
        rPCONE = 0x26AA8;
        rPDATE = 0x080;
        short_delay();
        rPDATE = 0x000;
        short_delay();
        rPCONE = 0x22AA8;
        short_delay();
        if( rPDATE & 0x80) {
            value = *ps2_cs;
            rPCONE = 0x26AA8;
            rPDATE = 0x080;
            short_delay();
            rPDATE = 0x000;
            short_delay();
            short_delay();
            rPCONE = 0x22AA8;
            short_delay();
```

```
            while(value--) {
                if (rPDATE & 0x80) {
                    key_data[value-1] = * ps2_cs;
                    rPCONE = 0x26AA8;
                    rPDATE = 0x080;
                    short_delay();
                    rPDATE = 0x000;
                    short_delay();
                    short_delay();
                    rPCONE = 0x22AA8;
                    short_delay();
                    Uart_SendByte(key_data[value-1],0);
                }
            } //end while
            }
        }
    if (value == 0x05)                              //鼠标
{
    rPCONE = 0x26AA8;
    rPDATE = 0x080;
    short_delay();
    rPDATE = 0x000;
    short_delay();
    rPCONE = 0x22AA8;
    short_delay();
    if( rPDATE & 0x80)
    { value = * ps2_cs;
      rPCONE = 0x26AA8;
      rPDATE = 0x080;
      short_delay();
      rPDATE = 0x000;
      short_delay();
      short_delay();
      rPCONE = 0x22AA8;
      short_delay();
      while(value--)
      {
       if (rPDATE & 0x80)
       {  key_data[value-1] = * ps2_cs;
```

```
            rPCONE = 0x26AA8;
            rPDATE = 0x080;
            short_delay();
            rPDATE = 0x000;
            short_delay();
            short_delay();
            rPCONE = 0x22AA8;
            short_delay();
         Uart_SendByte(key_data[value-1],0);              //串口发送字节
        }
      }
    }
   }
   rI_ISPC = BIT_EINT3;                                   //开中断
   rINTMSK    = ~(BIT_GLOBAL|BIT_EINT3);
}
```

2. 函数 Uart _SendByte(int data)

```
void Uart_SendByte(int data,char port)
{
    if (port == 0)
    {
        if (data == '\n')
        {
            while(!(rUTRSTAT0 & 0x2));
            //Delay(1);
//由于高端的较慢响应
            WrUTXH0('\r');
        }
        while(!(rUTRSTAT0 & 0x2));
//一直等到 THR 为空
        //Delay(1);
        WrUTXH0(data);
    }
    else
    {
        if(data == '\n')
        {
            while(!(rUTRSTAT1 & 0x2));
```

```
            //Delay(10);
    //由于高端响应较慢
            rUTXH1 = '\r';
        }

        while(!(rUTRSTAT1 & 0x2));
    //一直等到 THR 为空
        //Delay(10);
        rUTXH1 = data;
      }
    }
```

第3章

基于 μC/OS-II 操作系统下的 ARM 系统实验

3.1 内核在 ARM 处理器上的移植实验

【实验目的】

掌握把 μC/OS-II 移植到 ARM7 处理器上的基本步骤及方法。

【实验内容】

- 移植 μC/OS-II 到三星的 S3C44B0X ARM7TDMI 处理器上。
- 运行提供的移植项目，在 CPU 板上观察 D7 和 D8 的闪烁。

【实验设备】

- EL-ARM-830 教学实验箱，PentiumII 以上的 PC 机，仿真器电缆。
- PC 操作系统 Win98 或 Win2000 或 WinXP，ARM SDT 2.5 或 ADS 1.2 集成开发环境，仿真器驱动程序。

【实验原理】

μC/OS-II 是一个完整的、可移植、可固化、可剪裁的占先式实时多任务内核。μC/OS-II 使用 ANSI C 语言编写，包含一小部分汇编代码，使之可以供不同架构的微处理器使用。μC/OS-II 可以管理 64 个任务，具有信号量、互斥信号量、事件标志组、消息邮箱、消息队列、任务管理、时间管理和内存管理等系统功能。

μC/OS-II 包括以下 3 部分：

- 核心代码。包括 10 个 C 程序文件和 1 个头文件，主要实现系统调度、任务管理、内存管理、信号量、消息邮箱和消息队列等系统功能。此部分代码与处理器无关。
- 配置代码。包括 2 个头文件，用于剪裁和配置 μC/OS-II。此部分代码与用户实际应用相关。

- 移植代码。包括 1 个汇编文件、1 个 C 程序文件和 1 个头文件，这是移植所需要的代码。μC/OS-II 移植到 ARM7TDMI 处理器上，必须写上述 3 个文件，这 3 个文件都是与处理器架构紧密相关的，分别是 OS_CPU.h、OS_CPU_A.s、OS_CPU_C.c。它们的作用是把 μC/OS-II 操作系统紧紧的附着在 ARM 处理器上，实现软件与硬件的协同。

移植 μC/OS-II 之前，目标处理器必须满足以下 5 点要求：

- 处理器的 C 编译器能产生可重入型代码；
- 处理器支持中断，并且能产生定时中断(通常为 10～100 Hz)；
- 用 C 语言就可以开/关中断；
- 处理器能够支持一定数量的数据存储硬件堆栈(可能是几 KB)；
- 处理器有将堆栈指针以及其他 CPU 寄存器的内容读出，并保存到堆栈或内存中去的指令。

【实验步骤与说明】

① 本实验仅使用实验教学系统的 CPU 板。在进行本实验时，音频的左右声道开关、液晶的显示开关、A/D 通道选择开关、触摸屏中断选择开关等均应处在关闭状态。

② 参照《嵌入式实时操作系统 μC/OS-II》一书，可以知道，要把 μC/OS-II 移植到 ARM7TDMI 处理器上，必须写 3 个文件：OS_CPU.h、OS_CPU_A.s 和 OS_CPU_C.c。

③ 在 OS_CPU.h 文件中定义了与处理器相关(实际上是与编译器相关)的类型数据。通常 OS_CPU.h 文件中主要包括：

- 把编译器类型数据重定义为 μC/OS-II 内核所用的数据类型；
- 编写相应 ADS 或 SDT 编译器开关中断的函数；
- 定义单个堆栈的数据宽度；
- 定义微处理器堆栈的增长方向。

a) 首先，由于不同处理器有不同的字长，所以 μC/OS-II 的移植包括了一系列数据类型的重定义，以确保其可移植性。虽然，μC/OS-II 不用浮点数据，但仍定义了浮点数据类型。

```
typedef unsigned char   BOOLEAN;
typedef unsigned char   INT8U;                  /* 无符号 8 位 */
typedef signed   char   INT8S;                  /* 有符号 8 位 */
typedef unsigned short  INT16U;                 /* 无符号 16 位 */
typedef signed   short  INT16S;                 /* 有符号 16 位 */
typedef unsigned int    INT32U;                 /* 无符号 32 位 */
```

```
typedef signed   int    INT32S;                  /* 有符号 32 位 */
typedef float           FP32;                    /* 单精度浮点型 */
typedef double          FP64;                    /* 双精度浮点型 */

#define BYTE            INT8S                    /* 定义和以前兼容的数据类型 */
#define UBYTE           INT8U
#define WORD            INT16S
#define UWORD           INT16U
#define LONG            INT32S
#define ULONG           INT32U
```

b) 与所有的实时内核一样，μC/OS-II 需要先禁止中断，然后再访问代码的临界区，并在访问完后重新允许中断。这样，就使得 μC/OS-II 能够保护临界区的代码免受多任务或中断服务子程序的侵扰。在移植过程中，使用 ARM SDT 编译器和 ARM ADS 编译器在关中断、开中断函数的处理上会稍有一些差别，SDT 编译器使用的是方法 2，ADS 编译器使用的是方法 3。

SDT 下开关中断的方法定义如下：

```
#if    OS_CRITICAL_METHOD == 2
    #define  OS_ENTER_CRITICAL()    IRQFIQDE   /* 关中断 */
    #define IRQFIQDE    __asm                 \
    {                                          \
        mrs r0,CPSR;                           \
        stmfd sp!,{r0};                        \
        orr r0,r0,#NOINT;                      \
        msr CPSR_c,r0;                         \
    }
    #define  OS_EXIT_CRITICAL()     IRQFIQRE   /* 恢复中断 */
    #define IRQFIQRE    __asm                 \
    {                                          \
        ldmfd sp!,{r0};                        \
        msr CPSR_c,r0;                         \
    }
#endif
```

ADS 下开关中断的方法定义如下：

```
typedef unsigned int    OS_CPU_SR;     /* (PSR = 32 位) */
/* 上面这条语句定义了 CPU 状态寄存器的容量，即 CPSR 的长度，它进一步定义了变量 cup_sr 的长度，
   即 OS_CPU_SR  cup_sr */
#if       OS_CRITICAL_METHOD == 3
```

```
    #define  OS_ENTER_CRITICAL()  (cpu_sr = OSCPUSaveSR())/ * 关中断 * /
    #define  OS_EXIT_CRITICAL()   (OSCPURestoreSR(cpu_sr))/ * 开中断 * /
#endif
/ * 在 OS_CPU_A.S 中调用以下两段程序 * /
EXPORT  OSCPUSaveSR
OSCPUSaveSR
        mrs r0,CPSR             ;//保存当前的 CPSR,即保存到 cup_sr 中
        orr r1,r0,#NOINT        ;//把当前的 CPSR 加屏蔽保存到 r1
        msr CPSR_c,r1           ;//把屏蔽的值给 CPSR
        mov pc,lr               ;//返回

EXPORT  OSCPURestoreSR
OSCPURestoreSR
        msr CPSR_c,r0           ;//把关中断前保存到 cup_sr 中的值恢复
        mov pc,lr               ;//返回
```

这样,就可以实现方法 3 来关闭、开启中断了。

c) 接下来,用户还必须将任务的堆栈数据类型通知 μC/OS-II,以确定出入栈的宽度。

```
typedef unsigned int   OS_STK; / * 单个堆栈的宽度 32 位 * /
```

d) 最后,要确定堆栈的生长方向。大多数微控制器和微处理器的堆栈方向是由高地址到低地址生长的,但也有一些微处理器是相反的。μC/OS-II 可以使用两种方式工作:

```
#define  OS_STK_GROWTH        1        //由高地址到低地址生长
#define  OS_STK_GROWTH        0        //由低地址到高地址生长
```

④ 在文件 OS_CPU_C.c 中主要包括 10 个函数,其中 1 个是任务堆栈初始化函数,其他 9 个为操作系统扩展的钩子函数。在 OSTaskCreate()和 OSTaskCreateExt()中,通过调用任务堆栈初始化函数 OSTaskStkInit()来初始化任务的堆栈结构。初始完毕后,堆栈看起来就像刚发生过中断,并将所有的寄存器内容保存到该任务堆栈中的情形一样。

任务堆栈初始化函数如下:

```
OS_STK * OSTaskStkInit(void ( * task)(void * pd), void * pdata, OS_STK * ptos, INT16U opt)
{
        OS_STK * stk;
        opt     = opt;                              / * opt 没有使用,预防警告错误 * /
        stk     = ptos;                             / * 加载堆栈指针 * /
        * (stk) = (OS_STK)task;                     / * 进入点 * /
        * (--stk) = (INT32U)0;                      / * lr * /
```

```
        * (--stk) = (INT32U)0;                          /* r12 */
        * (--stk) = (INT32U)0;                          /* r11 */
        * (--stk) = (INT32U)0;                          /* r10 */
        * (--stk) = (INT32U)0;                          /* r9 */
        * (--stk) = (INT32U)0;                          /* r8 */
        * (--stk) = (INT32U)0;                          /* r7 */
        * (--stk) = (INT32U)0;                          /* r6 */
        * (--stk) = (INT32U)0;                          /* r5 */
        * (--stk) = (INT32U)0;                          /* r4 */
        * (--stk) = (INT32U)0;                          /* r3 */
        * (--stk) = (INT32U)0;                          /* r2 */
        * (--stk) = (INT32U)0;                          /* r1 */
        * (--stk) = (INT32U)pdata;                      /* r0 */
        * (--stk) = (INT32U)(SVC32MODE|0x0);            /* CPSR SVC32MODE */
        * (--stk) = (INT32U)(SVC32MODE|0x0);            /* SPSR SVC32MODE */
      return (stk);                                     //返回堆栈指针
}
```

钩子函数是为用户提供扩展的函数，需要根据具体的实际要求填加函数中的内容。

⑤ 由于 ADS 1.2 编译器默认汇编文件的后缀名为“s”，所以将移植代码 OS_CPU_A. asm 改名为 OS_CPU_A. s。在文件 OS_CPU_A. s 中主要包括 5 个函数：

void OSStartHighRdy——启动最高优先级任务；

void OSIntCtxSw——中断中的任务切换；

void OSCtxSw——任务切换；

void OSCPUSaveSR——保存中断前的寄存器状态；

void OSCPURestoreSR——中断完成后，恢复中断前的状态 。

当 μC/OS－II 初始化完毕后，它要寻找最高优先级的任务，找到后跳到最高优先级任务中执行。

以下为寻找代码：

```
AREA    |subr|, CODE, READONLY
/*********************************************************************/
                    启动多任务
            void OSStartHighRdy(void)
    注释 : OSStartHighRdy()函数必须在 OSTaskSwHook()之后调用，设定 OSRunning 为真，切换到最高
           优先级
/*********************************************************************/
    IMPORT  OSTCBCur
    IMPORT  OSTaskSwHook
```

```
    IMPORT  OSRunning
    IMPORT  OSTCBHighRdy
    EXPORT  OSStartHighRdy

OSStartHighRdy                              ;//寻找最高级任务开始
    bl OSTaskSwHook                         ;//调用用户定义的任务钩子函数
    ldr r4, = OSRunning                     ;//设定多任务开始标志
    mov r5,#1
    strb r5,[r4]

    ldr r4, = OSTCBCur
    ldr r5, = OSTCBHighRdy                  ;//得到最高优先级任务的 TCB 地址

    ldr r5,[r5]                             ;//得到任务堆栈指针
    ldr sp,[r5]
    str r5,[r4]                             ;/把得到的 TCB 地址指针给当前的 TCB

    ;//切换到新任务
    ldmfd sp!,{r4}                          ;//弹出新任务的 SPSR
    msr SPSR_cxsf,r4                        ;//写入当前状态寄存器
    ldmfd sp!,{r4}                          ;//弹出新任务的 psr
    msr CPSR_cxsf,r4                        ;//写入当前状态寄存器
    ldmfd sp!,{r0-r12,lr,pc}                ;//弹出新任务的 r0~r12,lr & pc
```

跳到最高优先级任务后,开始执行,最高优先级要挂起一段时间,或是等待某个事件,以使较低的优先级任务得到运行的权利,这时将发生任务间的切换。

其源代码如下:

```
/***********************************************************************/
                执行任务切换 (任务级)
                void OSCtxSw(void)
            注释:OSTCBCur 指向挂起的任务的 OS_TCB ;
                 OSTCBHighRdy 指向恢复的任务的 OS_TCB
/***********************************************************************/

    IMPORT  OSTCBCur
    IMPORT  OSTaskSwHook
    IMPORT  OSTCBHighRdy
    IMPORT  OSPrioCur
    IMPORT  OSPrioHighRdy
```

```
    EXPORT  OSCtxSw
OSCtxSw                             ;//任务切换
    stmfd sp!,{lr}                  ;//压入 PC (lr 应代替 PC 被压入)
    stmfd sp!,{r0-r12,lr}           ;//压入 lr & register file
    mrs r4,cpsr
    stmfd sp!,{r4}                  ;//压入 CPSR
    mrs r4,spsr
    stmfd sp!,{r4}                  ;//压入 spsr
                                    ;// OSPrioCur = OSPrioHighRdy
    ldr r4, = OSPrioCur
    ldr r5, = OSPrioHighRdy
    ldrb r6,[r5]
    strb r6,[r4]

                                    ;//得到当前的 TCB 的地址
    ldr r4, = OSTCBCur
    ldr r5,[r4]
    str sp,[r5]                     ;/在任务 TCB 中存放当前任务控制块的栈底指针
    bl OSTaskSwHook                 ;//调用任务的钩子函数

                                    ;//得到最高优先级 TCB 的地址
    ldr r6, = OSTCBHighRdy
    ldr r6,[r6]
    ldr sp,[r6]                     ;//得到新任务的堆栈栈底指针
                                    ;// OSTCBCur = OSTCBHighRdy
    str r6,[r4]                     ;//设定新任务 TCB 的地址

    ldmfd sp!,{r4}                  ;//弹出新任务的 spsr
    msr SPSR_cxsf,r4
    ldmfd sp!,{r4}                  ;//弹出新任务的 psr
    msr CPSR_cxsf,r4
    ldmfd sp!,{r0-r12,lr,pc}        ;//弹出新任务的 r0～r12,lr & pc
```

在发生中断时,也有可能进行任务的切换。所以,在中断级的任务切换也应该考虑到。下面为中断级的任务切换源代码:

```
/*****************************************************************/
                执行任务切换（中断级）
                void OSIntCtxSw(void)
```

```
        注释 : 该函数针对中断服务子程序 Handler 仅设定标志为真
    /*******************************************************************/

    IMPORT  OSIntCtxSwFlag
    EXPORT  OSIntCtxSw
OSIntCtxSw
    ldr r0, = OSIntCtxSwFlag
    mov r1,#1
    str r1,[r0]
    mov pc,lr

    /*******************************************************************/
                IRQ HANDLER
            该段处理所有的 IRQs
        注意:FIQ Handler 段应该近似此段编程
    /*******************************************************************/

    IMPORT  C_IRQHandler              ;//target.c 中定义
    IMPORT  OSIntEnter
    IMPORT  OSIntExit
    IMPORT  OSIntCtxSwFlag
    IMPORT  OSTCBCur
    IMPORT  OSTaskSwHook
    IMPORT  OSTCBHighRdy
    IMPORT  OSPrioCur
    IMPORT  OSPrioHighRdy

NOINT   EQU     0xc0
    EXPORT  UCOS_IRQHandler
UCOS_IRQHandler
    stmfd sp!,{r0-r3,r12,lr}          ;//保存 CPU 寄存器内容,进入 IRQ 后,CPSR 为 1,
                                      ;//禁止 IRQ
    bl OSIntEnter                     ;//内核进入 ISR 函数
    bl C_IRQHandler
    bl OSIntExit                      ;//内核退出 ISR 函数时,如果需要切换到更高优
                                      ;//先级中去,该函数在 OSIntCtxSw()中,
                                      ;//使 OSIntCtxSwFlag 为 1

    ldr r0, = OSIntCtxSwFlag
    ldr r1,[r0]
    cmp r1,#1
```

```
    beq _IntCtxSw                    ;//判断是否在中断中发生任务切换

    ldmfd sp!,{r0-r3,r12,lr}         ;//否,则恢复 CPU 寄存器内容
    subs pc,lr,#4                    ;//从 IRQ 中返回
_IntCtxSw                            ;//是,则发生中断级任务切换
    mov r1,#0
    str r1,[r0]                      ;//清 OSIntCtxSwFlag,使它为 1
    ldmfd sp!,{r0-r3,r12,lr}         ;//清 IRQ 中断堆栈
    stmfd sp!,{r0-r3}                ;//将要使用 R0～R3 为暂时寄存器
    mov r1,sp                        ;//保存 IRQ 的中断堆栈指针
    add sp,sp,#16                    ;//回到 IRQ 的堆栈栈顶
    sub r2,lr,#4                     ;//保存 PC 的返回地址
    mrs r3,spsr                      ;//保存被中断任务的 SPSR
    orr r0,r3,#NOINT                 ;//当返回到 SVC 或 SYS 模式下,禁止中断
    msr spsr_c,r0
    ldr r0,=.+8
    movs pc,r0                       ;//返回到 SVC 模式,禁止中断,即把 spsr_c 装入 cpsr 中
    stmfd sp!,{r2}                   ;//此时的 SP 为 SVC 或 SYS 的堆栈指针,压入被中断任务的 pc
    stmfd sp!,{r4-r12,lr}            ;//压入被中断任务的 lr,r4～r12
    mov r4,r1                        ;//保存 IRQ 的中断堆栈指针到 R4
    mov r5,r3                        ;//保存被中断任务的 SPSR 到 R5
    ldmfd r4!,{r0-r3}                ;//从 IRQ 的中断堆栈中弹出被中断任务的 r0～r3
                                     ;//到 CPU 的寄存器中
    stmfd sp!,{r0-r3}                ;//压入被中断任务的 r0～r3 到 SVC 模式的堆栈中
    stmfd sp!,{r5}                   ;//压入被中断任务的 Cpsr
    mrs r4,spsr
    stmfd sp!,{r4}                   ;//压入被中断任务的 spsr 系统模式下,没有 spsr

                                     ;//OSPrioCur = OSPrioHighRdy
    ldr r4,=OSPrioCur
    ldr r5,=OSPrioHighRdy
    ldrb r5,[r5]
    strb r5,[r4]
                                     ;//得到当前的 TCB 地址
    ldr r4,=OSTCBCur
    ldr r5,[r4]
    str sp,[r5]                      ;//在任务 TCB 中存放当前任务控制块的指针

    bl OSTaskSwHook                  ;//调用任务的钩子函数
```

```
                                        ;//得到最高优先级 TCB 的地址
        ldr r6, = OSTCBHighRdy
        ldr r6,[r6]
        ldr sp,[r6]                     ;//得到新任务的堆栈指针
                                        ;// OSTCBCur = OSTCBHighRdy
        str r6,[r4]                     ;//设定新任务 TCB 的地址
        ldmfd sp!,{r4}                  ;//弹出新任务的 spsr
        msr SPSR_cxsf,r4
        ldmfd sp!,{r4}                  ;//弹出新任务的 cpsr
        msr CPSR_cxsf,r4
        ldmfd sp!,{r0-r12,lr,pc}        ;//弹出新任务的 r0～r12,lr & pc
```

至此,中断级任务切换完成。再加上临界段代码的实现方式,即开关中断状态(前面已述),μC/OS-II 就移植到 ARM7 处理器上了。

⑥ 通过运行提供的移植代码来体验一下移植后操作系统简单的工作。

我们已经把 μC/OS-II 移植到 EL-ARM-830 实验系统上了,并编写了多任务应用程序,即 1 个熄灭 D7、D8 灯的任务,1 个点亮 D7 熄灭 D8 的任务,1 个熄灭 D7 点亮 D8 的任务,3 个任务轮流输出。该程序存放在 plant. mcp(ADS1. 2 下)或 plant. prj(SDT2. 50 下)项目中,而此项目存放在随书所配光盘中 UCOSII/ADS/实验一/内核移植或随书所配光盘中 UCOSII/SDT/实验一/内核移植中。

图 3-1 为该项目在 ADS1. 2 环境下的目录结构及源文件结构组成的基本框架。

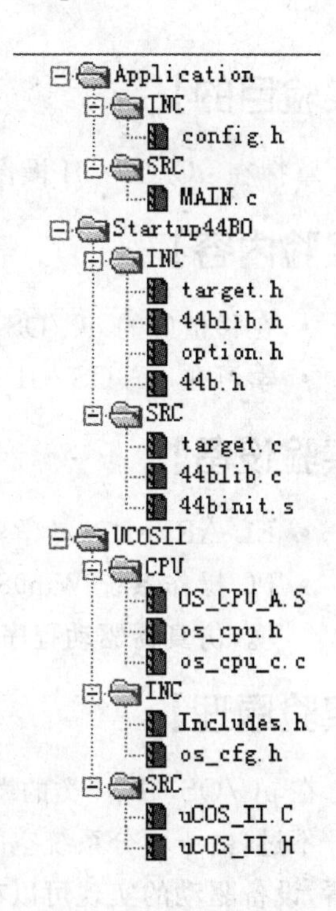

图 3-1 目录结构及源文件结构组成的基本框架

其中,Application/INC 目录下存放的是操作系统下应用程序的头文件;Application/SRC 目录下存放的是操作系统的应用程序。Startup44B0/INC 目录下存放的是 ARM 的启动代码和 CPU 板初始化程序的头文件;Starup44B0/SRC 目录下存放的是 ARM 的启动源代码文件 44binit. s,库文件 44blib. c,CPU 板的初始化文件 target. c。在这里,没有串口初始化,主要是因为后面章节里有专门讲述如何填加串口驱动,如何利用串口收发的缘故。UCOSII/CPU 目录下存放的是操作系统的移植文件;UCOSII/INC 目录下存放的是和应用任务相关的头文件;UCOSII/SRC 目录下存放的是 μC/OS-II 操作系统的源代码,它们是由 Ucos_II. C 文件嵌进来的。了解了移植文件的基本结构,有利于下面几章驱动的编写。

在 μC/OS-II 正常运行之前，还必须进行硬件系统的初始化，这也就是需要文件夹 Startup44b0 的理由。

接好 EL-ARM-830 实验系统，仿真器连接正确，并上电后，在 PC 上打开 ADS 1.2 或 SDT 2.50 开发环境。之后打开 plant.mcp 或 plant.prj 项目，先编译一下，然后运行，观察 CPU 板上 LED 灯 D7、D8 的闪烁情况。

该应用任务显示了 3 个任务交替运行的结果。在该基本框架的基础上深入学习 μC/OS-II 的移植，将会事半功倍。

3.2 基于 μC/OS-II 的串口驱动编写实验

【实验目的】

掌握在 μC/OS-II 操作系统下 RS-232 串口收发的基本方法。

【实验内容】

- 在移植好的 μC/OS-II 项目中添加串口驱动程序。
- 学习在 μC/OS-II 下，串口应用任务的编程实例。

【实验设备】

- EL-ARM-830 教学实验箱，PentiumII 以上的 PC 机，仿真器电缆，两条串口电缆。
- PC 操作系统 Win98 或 Win2000 或 WinXP，ARM SDT 2.5 或 ADS 1.2 集成开发环境，仿真器驱动程序，超级终端通信程序。

【实验原理】

在 μC/OS-II 一类的微内核操作系统中，设备驱动一般都是由应用程序在内核外部实现的。不过，由于不分系统空间与用户空间，这些设备驱动程序在系统态执行。从系统结构的角度看，设备驱动的实现可以有两种方式：一种是将特定设备的驱动做成一个服务进程，需要访问该项设备的进程，通过进程间通信机制向服务进程发出请求，由服务进程“独家代理”完成对设备的操作；另一种是把对设备的操作做成一组函数调用，以库函数的形式向各个进程提供设备的驱动。从设备的实现方式看也有两种：一种是轮询方式；另一种是中断方式。在轮询方式中，对设备的操作完全由 CPU 掌握，外部设备则完全处于被动的状态。

添加串口驱动程序，即在移植好操作系统内核的基础上，添加串口驱动程序的文件夹 Uart_driver。其中，包括 1 个头文件，1 个初始化硬件，以及用于收发数据的各功能函数的文件，也就是添加了 Uart_driver.h 和 Uart_driver.c 两个驱动文件，并要在 Startup44b0\SRC\

target.c 中注册。首先要在 void Target_Init(void)函数里的 Port_Init()函数后面添加串口初始化函数 Uart_Init(0,baudrate,n),并添加串口驱动程序的头文件#include ..\..\Uart_driver\inc\Uart_driver.h";同时还要在 Application\INC 目录下的 config.h 文件中,加入串口驱动程序的头文件#include "..\..\Uart_driver\inc\Uart_driver.h"。

本实验可以使用两个任务来完成,一个任务用来接收串口数据,这里称之为接收数据任务;另一个任务用来发送串口数据,这里称之为数据发送任务。

【实验步骤与说明】

① 本实验仅使用实验教学系统的 CPU 板。在进行本实验时,音频的左右声道开关、液晶的显示开关、A/D 通道选择开关、触摸屏中断选择开关等均应处在关闭状态。

② 打开存放在随书所配光盘中的 UCOSII/ADS/实验二/uart_UCOSII 或随书所配光盘中的 UCOSII/SDT/实验二/uart_UCOSII 目录下的项目文件 uart.mcp 或 uart.prj。图 3-2 为该项目在 ADS 1.2 环境下的目录结构组成。

```
⊞ Application
⊞ Startup44B0
⊞ UCOSII
⊞ Uart_driver
```

图 3-2 目录结构组成

该项目在移植好的操作系统内核的基础上,又添加了包含串口驱动程序的文件夹 Uart_driver,其中,包括 1 个头文件,1 个初始化硬件,以及用于收发数据的各功能函数的文件。图 3-3为打开各个文件夹后,项目在 ADS 1.2 环境下呈现出的目录及源文件结构组成框架。Uart_driver.h 和 Uart_driver.c 即为上面所述的两个文件。

要使串口驱动在 μC/OS-II 操作系统下成功运行,首先要添加 Uart_driver.h 和 Uart_driver.c 两个驱动文件,之后,要在 Startup44B0\SRC\target.c 中注册。要在 void Target_Init(void)函数里 Port_Init()函数后面添加串口初始化函数 Uart_Init(0,baudrate,n)。其中,参数 0 为系统时钟的大小设置参数,参数 baudrate 为串口波特率,参数 n 为串口 0,1 的设置。为使编译通过还要在该文件中添加头文件#include ..\..\Uart_driver\inc\Uart_driver.h",另外,还要在 Application\INC 目录下的 config.h 文件中,加入串口驱动程序的头文件#include "..\..\Uart_driver\inc\Uart_driver.h"。这样,编译通过后,就可驱动串口了。

③ 下面简要分析一下 Uart_driver.c 内的串口初始化函数,以及各收发数据的功能函数。在该文件里共有 7 个函数:

```
void Uart_Init(int mclk,int baud,char port);        //串口初始化
char Uart_Getch(char port);                          //从串口接收缓存器上得到字符
char Uart_GetKey(char port);                         //从串口接收缓存器上得到字符
void Uart_GetString(char *string,char port);
                                                     //从串口接收缓存器上连续得到字符
```

```
void Uart_SendByte(int data,char port);          //发送一个字节
void Uart_SendString(char * pt,char port);       //发送字符串
void Uart_Printf(char port,char * fmt,...);      //发送字符
```

在 Uart_Init()中,参数 mclk 可以为 0 或其他数。为 0 则表示系统的时钟默认成 60 MHz;为其他数,则系统的时钟使用用户的设定值。一般不选其他数,想改变系统的时钟,一般在 Startup44b0/INC 目录下的 option.h 中修改 MCLK 的宏定义值。参数 baud 为串口的波特率设置,可选常用的串口波特率,参数 port 为两个串口的选择设置,0 表示设定 CPU 板上的串口,1 表示设定底板上的串口。其他参数则设置了禁用 FIFO,正常模式,无奇偶校验,一个停止位,8 个数据位,RX 边沿触发,TX 电平触发,禁用延时中断,使用 RX 错误中断,正常操作模式,中断请求或表决模式。这些配置可以参见 S3C44B0X 的 PDF 说明文档。收发函数只对收发缓存器进行读/写等操作,详见 Uart_driver.c 的源程序。

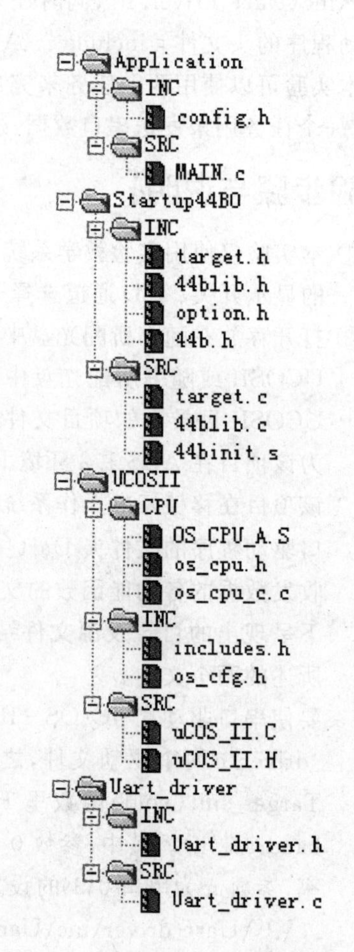

图 3-3 目录及源文件结构组成框架

④ 连上仿真器电缆,把公母头串口电缆分别接在 CPU 板的串口端和 PC 电脑的串口上。打开 ADS 1.2 或 SDT 2.50 开发环境,打开随书所配光盘中的 UCOSII/ADS/实验二/uart_UCOSII 目录下的 uart.mcp 或 UCOSII/SDT/实验二/uart_UCOSII 目录下的 uart.prj 项目,进行编译,通过后调试。若是用 SDT 2.50 调试器,打开相应的驱动程序,Win98 环境下打开 Jtag.exe,Win2000 或 WinXP 下打开 Jtag-NT&2000.exe。若是用 ADS1.2 调试器,则需要添加 MultiICE 驱动程序。当这些工作准备就绪后,通过仿真器把程序下载到 SDRAM 里,让程序运行。PC 电脑若有两个串口,则同时打开两个超级终端,端口一个设为 COM1,一个设为 COM2,属性设置均为波特率 115 200,数据位 8 位,奇偶校验无,停止位为 1,数据流控制位无。若只有一个串口,则一次使用一个端口,即先使用 CPU 板上的串口与 PC 上的串口相连,运行程序,观察结果。完成后,断电,再使用底板上的串口与 PC 上的串口相连,上电,再重新下载一遍程序,运行程序,观察超级终端内的变化情况。正

常情况如图 3-4 所示，任务一输出 1 次，任务二输出 2 次，任务三输出空行 2 次，该结果反复显示。同时连上两个串口，则在两个串口上同时显示。

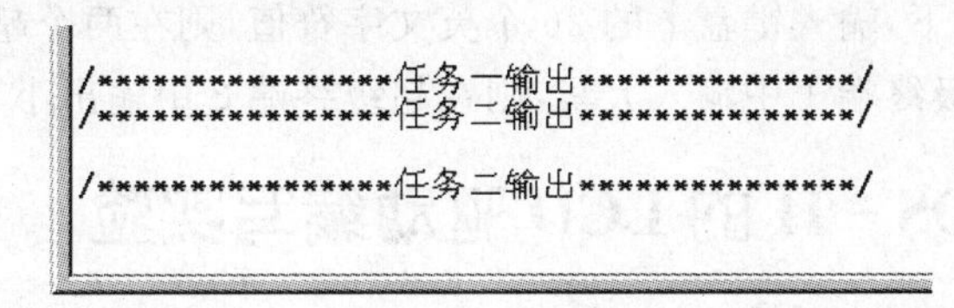

图 3-4　正常情况

修改函数 Uart_Printf(0,"＊＊＊＊＊＊＊＊＊\n")的内容，则超级终端的输出也不相同。

修改操作系统的延时函数 OSTimeDly(200)节拍，则各任务的输出次数也会变化。

⑤ 为进一步加强理解 μC/OS-II 操作系统下的任务应用，把串口输入/输出变成两个任务，任务间通过信号量来实现收发任务的同步通信。此时，程序结构没有改变，改变的只是具体的应用任务。

首先，填加信号量 OS_EVENT ＊ SendOneChar_Sem，以及一个全局变量 INT8U ReceiveBuf。信号量用来实现任务的同步操作，全局变量则存放接收的字符。任务一的主要工作是接收任务二发送来的信号量，该信号量用于下达给任务一开始工作的指令。任务一得到该指令后，把从实验箱的 CPU 串口 0 上得到的字符进行转换，即从大写字符转换成小写字符，或从小写字符转换成大写字符。之后，从实验箱的 CPU 串口 1 处输出该字符。任务二主要是接收从 PC 串口发到实验箱的 CPU 串口 0 上的字符。字符值存放在全局变量 ReceiveBuf 里，供任务一使用。同时，它也从实验箱的 CPU 串口 0 处送出字符。该源码存放在随书所配光盘中的 UCOSII/ADS/实验二目录下的 uart_RXTX_UCOSII 的文件夹里。该实验使用了信号量进行任务间通信，程序执行结果如图 3-5 所示。

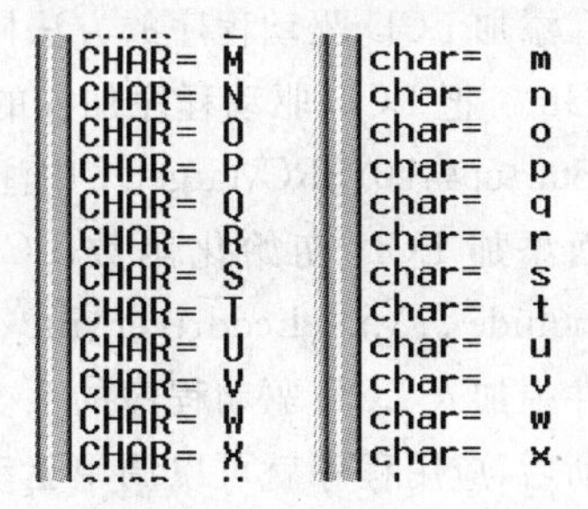

图 3-5　程序执行结果

该实验也是连上仿真器电缆，把两条串口电缆分别接在 CPU 板的串口端和 PC 电脑的串口端，两个串口要同时连上。打开 ADS 1.2 或 SDT 2.50 开发环境，打开随书所配光盘中的 UCOSII/ADS/实验二/uart_RXTX_UCOSII 目录下的 uart.mcp 或 UCOSII/SDT/实验二/uart_RXTX_UCOSII 目录下的 uart.prj 项目，进行编译，通过后调试。若是用 SDT 2.5 调试器，打开相应的驱动程序，Win98 环境下打开 Jtag.exe，Win2000 或 WinXP 下打开 Jtag-NT&2000.exe。若是用 ADS 1.2 调试器，则需要添加 MultiICE 的驱动程序。当这些工作准备就绪后，上电，并编译一下程序，之后通过仿真器把程序下载到 SDRAM 里，让程序运行。

打开超级终端 1，超级终端 2，端口一个设为 COM1，一个设为 COM2，属性设置均为波特率为 115200，数据位 8 位，奇偶校验为无，停止位为 1，数据流控制为无。在超级终端 1 激活的状态下，输入键盘上的 26 个英文字符值，则在两个超级终端上输出相应的大小写，即在超级终端 1 中输入大写，则在超级终端 2 中输出小写，反之也成立。

3.3 基于 μC/OS－II 的 LCD 驱动编写实验

【实验目的】

掌握在 μC/OS－II 操作系统下添加 LCD 驱动程序的基本方法。

【实验内容】

- 在移植好的 μC/OS－II 项目中添加 LCD 的驱动程序。
- 学习在 μC/OS－II 下 LCD 应用任务的简单编程实例。

【实验设备】

- EL-ARM-830 教学实验箱，PentiumII 以上的 PC 机，仿真器电缆。
- PC 操作系统 Win98 或 Win2000 或 WinXP，ARM SDT 2.5 或 ADS 1.2 集成开发环境，仿真器驱动程序。

【实验原理】

添加 LCD 驱动程序的方法同前一节一样，即在移植好的操作系统内核的基础上添加文件夹 Gui。把 LCD 驱动程序加入的过程，也就是把整个 GUI 文件夹加入到该项目里。之后，要在 Startup44b0\SRC\target.c 中注册。首先要在 void Target_Init(void)函数里的 Port_Init()函数后面添加 LCD 初始化函数 LCD_Init(0, baudrate, n)，并且添加串口驱动程序的头文件 #include ..\..\Lcddriver\inc\Lcddriver.h"。还要在 Application\INC 目录下的 config.h 文件中加入 LCD 驱动程序的头文件 #include "..\..\Lcddriver\inc\Lcddriver.h"。添加完驱动后，应用程序就可以调用驱动程序正常工作。

【实验步骤与说明】

① 本实验使用实验教学系统的 CPU 板和液晶显示器(LCD)。在 LCD 下方，有一个可调电阻，标号为 VR2，它用来调整 LCD 的对比度及亮度。在 LCD 的右下方，有一个黄头按键，它用来开关 LCD，它的标号为 LCD_ON/OFF。在进行本实验时，音频的左右声道开关、A/D 通道选择开关、触摸屏中断选择开关等均应处在关闭状态。

② 打开存放在随书所配光盘中的 UCOSII/ADS/实验三/lcd_UCOSII 或 UCOSII/SDT/实验三/lcd_UCOSII 目录下的项目文件 lcd. mcp 或 lcd. prj. 图 3-6 为该项目在 ADS1.2环境下的目录结构组成。

该项目添加了包含 LCD 驱动程序的文件夹 Gui,其中,包括四个文件夹:Font 中存放的是字体文件;Glib 中存放绘图的中层和上层函数,上层函数是直接供用户调用的 API 函数;Init 中存放 GUI 初始化的函数;Lcddriver 中存放的是 LCD 的底层驱动函数,以及对 LCD 控制器的初始化函数。

图 3-7 为打开 Gui 目录下各文件夹后,项目在 ADS 1.2 环境下呈现出的目录及源文件结构组成框架。把 LCD 驱动程序加入的过程,也就是把整个 GUI 文件夹加入到该项目里。同时,还要在 Application\INC 目录下的 config. h 文件中,加入 GUI 程序的头文件 #include "..\..\Gui\Glib\Glib. h",这是为了在应用中方便调用画图的 API 函数。如果要在 LCD 上显示英文或汉字,还要在 Application\SRC\Main. c 中声明引用的是 extern GUI_FONT CHINESE_FONT12 等外部定义过的字体。这样,编译才能通过,并把 LCD 的驱动程序和小型的 GUI 图形库加载到 μC/OS-II 操作系统上。

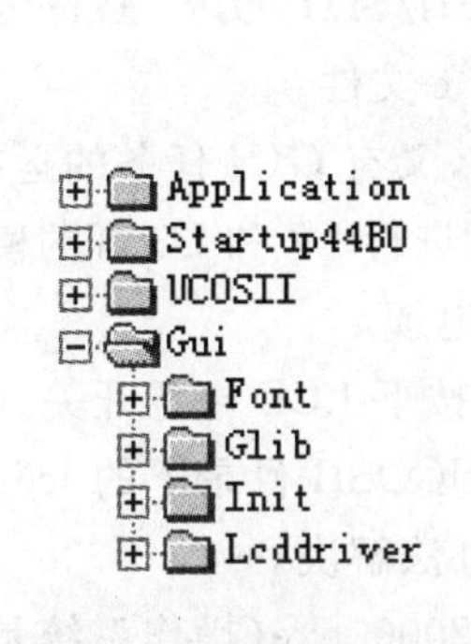

图 3-6　目录结构组成

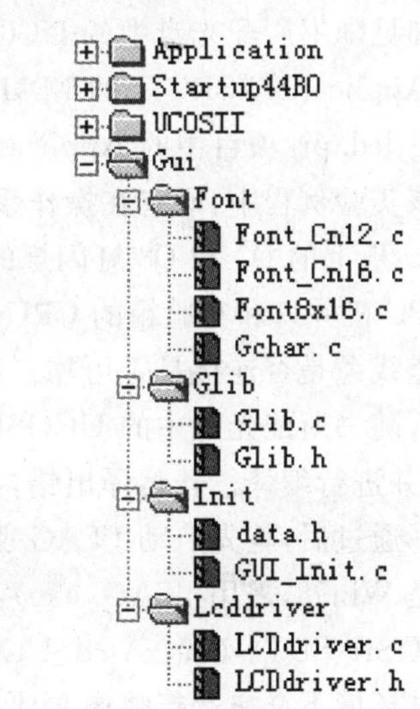

图 3-7　目录及源文件结构组成框架

③ 简要介绍一下 GUI 文件夹内各文件的作用。

在图 3-7 中可以看到 GUI 文件夹内的全部架构。其中,Font 文件夹内,存放 4 个文件:Font_Cn12. c 为调用汉字库 12×12 汉字的引用文件;Font_Cn16. c 为调用汉字库 16×16 汉字的引用文件;Font8x16. c 为调用 ASCII 码的源文件,它的大小为 8×16;Gchar. c 为显示字符的源程序库。Glib 文件夹内存放 2 个文件:Glib. c 是图形显示库的源代码，它主要实现 LCD 中层和上层供用户调用的 API 函数；Glib. h 则是供其他文件或自身调用的头文件。Init 文件夹内存放 2 个文件：data. h 是数据类型重定义的文件；GUI_Init. c 是 GUI 系统的初始化文件。Lcddriver 文件内存放 2 个文件：LCD-driver. c 包括 LCD 底层读/写内存用来绘图的函数，以及初始化 LCD 控制寄存器的初始化硬件函数；LCDdriver. h 是供其他文件或自身调用的头文件。

在 μC/OS－II 操作系统下，要单独开辟一个 GUI 任务进行画图，通常这个任务的优先级很低，一般它仅比空闲任务的优先级高，这样做是为了可以使更多的任务等级显示在屏幕上。

在 ADS 1.2 中打开随书所配光盘中的 UCOSII/ADS/实验三/lcd_UCOSII 目录下 lcd. mcp，打开 Application/SRC 下的 MAIN. C 文件，void Task_2(void * pdata)函数即为 GUI 的应用任务，绘图的 API 函数即放在这里。也可以作一个应用函数的文件，在此任务里调用。

该项目有两个任务，一个是点亮 D7 熄灭 D8，点亮 D8 熄灭 D7 的任务，同时还有一个绘图的 GUI 任务。它们之间用信号量进行同步通信。

详细见随书所配光盘中的 UCOSII/ADS/实验三/lcd_UCOSII 目录下 lcd. mcp 项目中的 Application/SRC 下的 MAIN. c 文件，或者 UCOSII/SDT/实验三/lcd_UCOSII 目录下 lcd. prj 项目中的 Application/SRC 下的 MAIN. c 文件。

在该实验例程中，既有在操作系统下任务之间的通信，又有 GUI 任务的运行。实验箱 CPU 板上的 D7 和 D8 灯闪烁的同时，在 LCD 屏上也进行 D7 和 D8 灯的模拟闪烁。

④ 在 PC 机并口和实验箱的 CPU 之间，连接 SDT 调试电缆。

⑤ 检查线缆是否连接是否可靠。可靠后，给系统上电。按下 LCD 电源开关。

⑥ 打开随书所配光盘中的 UCOSII\SDT\实验三\lcd_UCOSII 目录下的 lcd. apj 项目文件，并进行编译。若编译出错，按照 2.2 节中的解决办法解决。

⑦ 编译通过后，首先启动 JTAG 驱动程序 JTAG-NT&2000. exe(操作系统是 Win2000；若是 Win98，需用 JTAG. exe)，之后运行 SDT 的调试环境，装载随书所配光盘中的 UCOSII\SDT\实验三\lcd_UCOSII\debug 目录下中的映像文件 EuCos. axf。在 SDT 调试环境下全速运行映像文件。观察 LCD 屏上和 CPU 板上的同步显示。

3.4 基于 μC/OS－II 的键盘驱动编写实验

【实验目的】

掌握在 μC/OS－II 操作系统下添加键盘驱动程序的基本方法。

【实验内容】

- 在移植好的 μC/OS - II 项目中添加键盘的驱动程序。
- 学习在 μC/OS - II 下，调用键盘指令以完成响应任务的简单编程。

【实验设备】

- EL-ARM-830 教学实验箱，PentiumII 以上的 PC 机，仿真器电缆，公母头串口电缆。
- PC 操作系统 Win98 或 Win2000 或 WinXP，ARM SDT 2.5 或 ADS 1.2 集成开发环境，仿真器驱动程序。

【实验原理】

添加键盘的驱动程序即添加包含键盘驱动程序的文件夹 Key_driver，其中，包括两个文件夹：INC 中存放键盘驱动的头文件；SRC 中存放有关键盘驱动的底层函数。Gui 文件夹中的 key 文件夹包含基于 μC/OS - II 操作系统之上的键盘应用函数，其内容后面详细介绍。除以上这些，还要把 key 文件夹中包含 Key.c 文件内的函数，放到 Glib.h 中，以供应用程序正确调用。编译成功后，可以使用键盘了。当然，键盘中键值的意义可以根据应用的需要自行设定。

【实验步骤与说明】

① 本实验使用实验教学系统的 CPU 板、液晶显示器(LCD)和 4×4 键盘。在 LCD 下方，有一个可调电阻，标号为 VR2，它用来调整 LCD 的对比度及亮度。在 LCD 的右下方，有一个黄头的按键，它用来开关 LCD，其标号为 LCD_ON/OFF。在进行本实验时，音频的左右声道开关、A/D 通道选择开关、触摸屏中断选择开关等均应处在关闭状态。

② 键盘的扫描方式有编程扫描方式、定时扫描方式和中断扫描方式三种。无论是编程扫描还是定时扫描，CPU 经常处于空扫描状态，为了提高 CPU 利用效率，本实验采用了中断扫描工作方式。

③ 打开存放在随书所配光盘中的 UCOSII/ADS/实验四/keyboard_UCOSII 或随书所配光盘中的 UCOSII/SDT/实验四/keyboard_UCOSII 目录下的项目文件 keyboard.mcp 或 keyboard.prj。图 3 - 8为该项目在 ADS 1.2 环境下的目录结构及添加或修改的文件组成。该项目添加了包含键盘驱动程序的文件夹 Key_driver，其中，包括两个文件夹：INC 中存放键盘驱动的头文件；SRC 中存放有关键盘驱动的底层函数。Gui 文件夹中的 key 文件夹包含基于 μC/OS - II 操作系统之上的键盘应用函数，其内容在后面将详细介绍。除以上这些，还要把 key 文件夹中包含的 Key.c 文件内的函数，放到 Glib.h 中，以供应用程序正确调用。添加完这些，成功编译后，就可以使用键盘了。当然，键盘中键值的意义可以根据应用的需要，自行设定。

下面介绍加载键盘驱动的具体步骤。首先把以前编写的 Key_driver 文件夹内的驱动程序加入已经移植好的 μC/OS－II 操作系统的项目中，并在 HD7279.c 中嵌入 #include "..\..\μC/OS－II\INC\includes.h"，目的是可以在该文件中使用 μC/OS－II 源程序中的一些函数。之后添加 extern OS_EVENT ＊Key_Mbox 声明一个已经定义的邮箱，将来得到的键值就放在这个邮箱里。在键盘中断服务子程序 Key_ISR( ) 中添加 OSMboxPost(Key_Mbox，&key_number)，目的是把得到的键值放到邮箱里，这是 μC/OS－II 提供的函数。然后，编写基于 μC/OS－II 之上的键盘函数。这些函数在 Key.c 中，主要包括键盘使用信号量的初始化函数 Key_Init()，它要放到 Gui_Init()函数中，进行初始化；还有得到键值的函数 I32 GUI_GetKey (void)；存储键值的函数 void GUI_StoreKey (I32 key)；等待键值的函数 I32 GUI_WaitKey (void)；清除键值缓存的函数 void GUI_ClearKeyBuffer(void)等。最后，在 Glib.h 中添加键值的宏定义，以及一些应用任务调用的键盘函数声明。这样，键盘驱动就加载到 μC/OS－II 操作系统上了。

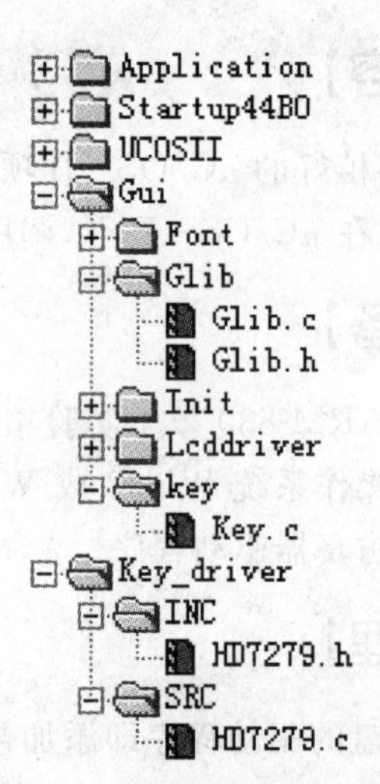

图 3－8　目录结构及添加或修改的文件组成

④ 键盘驱动在 μC/OS－II 操作系统上的基于多任务的应用。

在图 3－8 中，Key_driver/SRC 目录下 HD7279.c 文件主要是采集按下键的键值，并把得到的键值放在一个邮箱中，同时使等待该邮箱的任务切换到就绪状态，这是通过中断服务子程序实现的。在这个应用例程中，等待该邮箱的任务是任务 1，它的优先级在几个任务中是最高的。也就是说，一有按键按下，该任务就会从等待键值的状态切换到就绪态。又由于它的优先级最高，所以它会马上切换到运行态，几乎不需要等待，就会把键值从邮箱中取出，并赋予该键值一定的意义。然后将键值存放到一个全局变量里，画图任务通过等待键值函数 GUI_WaitKey()，等待已赋予意义的键值。一旦有了键值，画图任务便切换到就绪态，等待运行。当画图任务运行时，该任务会判断键值的意义，并执行相关的操作。比如，点亮 LCD 屏上的模拟灯。

为了显示多任务，在例程中又加了一个应用任务，即让实验箱 CPU 板上的 D7 和 D8 灯交替闪烁。

⑤ 参照随书所配光盘中的 UCOSII/ADS/实验四/keyboard_UCOSII 或随书所配光盘中的 UCOSII/SDT/实验四/keyboard_UCOSII 目录下的文件，获得更详细的解释。

⑥ 在 PC 并口和实验箱的 CPU 之间,连接 SDT 调试电缆。

⑦ 检查线缆连接是否可靠。可靠后,给系统上电。按下 LCD 电源开关。

⑧ 打开随书所配光盘中的 UCOSII\SDT\实验四\keyboard_UCOSII 目录下的 keyboard.apj 项目文件,并进行编译。若编译出错,按照 2.2 节中的解决办法解决。

⑨ 编译通过后,首先启动 JTAG 驱动程序 JTAG-NT&2000.exe(操作系统是 Win2000;若是 Win98,需用 JTAG.exe),之后运行 SDT 的调试环境,装载随书所配光盘中的 UCOSII\SDT\实验四\keyboard_UCOSII\debug 目录下中的映像文件 EuCos.axf。在 SDT 调试环境下全速运行映像文件。

按两下"3"键,观察 LCD 屏上和 CPU 板上的显示。之后,选择"上","下","左","右"键,观察 LCD 上的显示。

3.5 基于 μC/OS - II 的小型 GUI 的应用程序编写实验

【实验目的】

掌握在 μC/OS - II 操作系统下编写应用程序的基本方法。

【实验内容】

- 在移植好的 μC/OS - II 项目中添加串口、LCD 和键盘的驱动程序。
- 学习在 μC/OS - II 下,多应用任务的简单编程实例。

【实验设备】

- EL-ARM-830 教学实验箱,PentiumII 以上的 PC 机,仿真器电缆、串口电缆。
- PC 操作系统 Win98 或 Win2000 或 WinXP,ARM SDT 2.51 或 ADS 1.2 集成开发环境,仿真器驱动程序。

【实验原理】

在移植好的 μC/OS - II 项目中分别添加串口、LCD 和键盘的驱动程序,并使用小型 GUI 提供的 API 函数进行多任务应用程序编程,添加完成后的工程文件如图 3 - 9 所示。其中包括应用程序文件目录 Application,ARM 启动代码文件目录 Startup44B0,UCOSII 内核移植代码文件目录 UCOSII,Gui 文件目录(包含有 LCD 驱动),串口、键盘驱动程序及其头文件所在目录。

【实验步骤与说明】

① 本实验使用实验教学系统的 CPU 板、液晶显示器(LCD)、4×4 键盘和串口电缆。在 LCD 下方,有一个可调电阻,标号为 VR2,它用来调整 LCD 的对比度及亮度。在 LCD 的右下方,有一个黄头的按键,它用来开关 LCD,它的标号为 LCD_ON/OFF。在进行本实验时,音频的左右声道开关、A/D 通道选择开关、触摸屏中断选择开关等均应处在关闭状态。

② 在移植好的 μC/OS-II 项目中添加串口、LCD 和键盘的驱动程序。

图 3-9 是填加完毕后的项目构架,它清楚的反映了一个嵌入式系统的骨架。其中应用程序在 Application 文件夹内;ARM 的启动代码在 Startup44B0 文件夹内,μC/OS-II 的内核及内核移植代码在 UCOSII 文件夹内;串口驱动在 Uartdriver 文件夹内;图形用户界面软件以及 LCD 的驱动程序在 Gui 文件夹内;键盘驱动程序在 Key_driver 文件夹内。

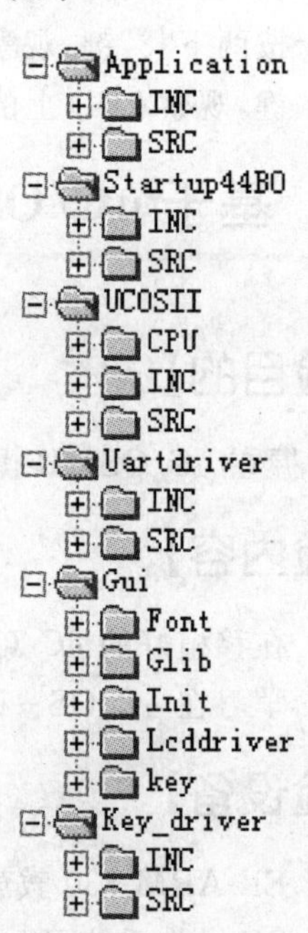

图 3-9 填加完毕后的项目构架

在原有的 μC/OS-II 内核移植项目上添加完各驱动程序后,首先,要在 Startup44B0/SRC/target.c 文件中添加:

#include "..\..\Uart_driver\inc\Uart_driver.h"

#include "..\..\Key_driver\INC\HD7279.h"

这是串口、键盘注册时所需要的头文件。在函数 VIRQ_Relate_Task_Init()中添加:

pISR_EINT4567=(INT32U)UCOS_IRQHandler;

这是发生键盘中断时跳入的向量地址,即一产生键盘中断,也就是外部中断 4567 中任一中断产生,则程序指针从 0x18 处跳入存放外部 4567 中断的地址。在这个地址中存放着 UCOS_IRQHandler,程序会跳入此处,进入操作系统执行中断程序。操作系统会跳入函数 C_IRQHandler()中,进而执行中断服务子程序。因此,还必须在函数 C_IRQHandler()中添加程序段:

```
case BIT_EINT4567:                  //中断状态标志位置位时
        Key_ISR();                  //执行键盘中断服务子程序
        break;
```

还要在目标初始化函数 Target_Init()中添加:

```
Uart_Init(0,115200,0);              //初始化串口 0,即注册
Uart_Init(0,115200,1);              //初始化串口 1,即注册
KeyINT_Init();                      //初始化键盘,即注册
```

最后,还要在 Application\INC\config.h 中加入头文件:

```
#include "..\..\Uart_driver\INC\uart_driver.h"//引用串口程序
#include "..\..\Gui\Glib\Glib.h"//引用键盘上层函数和 GUI 的应用函数等基本的函数,
                                  //也可以进一步扩充
```

在做完这些工作后,一个小型嵌入式应用系统就构建好了。

③ 在使用小型 GUI 编程之前,首先介绍小型 GUI 的一些 API 函数。

- 初始化函数。它用于配置 LCD 硬件控制器,初始化键盘,设置初始界面,设置初始化界面的颜色等。

```
U32   GUI_Init    (void);           //GUI 初始化
```

该函数要在进入最高级任务之前调用,它初始化 LCD、键盘等,如:

```
void Main(void)
{
    Target_Init();                  // EL-ARM-830 实验系统的初始化,包括 CPU 板
    GUI_Init();
    OSInit();                       //操作系统的初始化
    Key_Mbox = OSMboxCreate((void *)0);
    OSTaskCreate(Task_1, (void *)0, (OS_STK *)&Stack_Task_1[STACKSIZE - 1], 5);
                                    //创建任务一
    OSStart();
}
```

具体的函数见随书所配光盘中的/Gui/Init/Gui_Init.c 文件。

- 设置前景色函数。它用于绘制前设定所画实体的颜色。

```
void Set_Color    (U32 color);      //设定前景颜色 API
```

如:

```
Set_Color(GUI_RED);                 //GUI_RED 是一个十六进制数的宏替代
```

可以设置 256 色,详细见随节光盘中的/Gui/Glib/Glib.h。

- 设置背景色函数。它用于绘制实体未占用,但仍属实体域内的绘制对象。如绘制字符或汉字,若字是 16×16 点阵,且是一种颜色,则在 16×16 域内的其他地方可以设定任意颜色。

```
void Set_BkColor (U32 color);                    //设定背景颜色 API
```

如：

```
Set_BkColor (GUI_BLUE);                          //GUI_BLUE 是一个 16 进制数的宏替代
```

可以设置 256 色。详细见随书所配光盘中的/Gui/Glib/Glib.h。

- 画点函数。它用于绘制 320×240 屏上的任意一点。在画点之前，首先要设定点的颜色，而后画点。

```
void Draw_Point   (U16 x, U16 y);                //绘制点 API
```

如在 LCD 屏上(200,80)处画点：

```
Draw_Point   (200, 80);
```

- 得到点的函数。它用于得到 320×240 屏上任意一点的颜色值，一般用于修改指定点上的颜色值。

```
U32   Get_Point   (U16 x, U16 y);                //得到点 API
```

- 画水平线函数。它用于绘制 320×240 屏上水平两点间的直线。在画水平线之前，首先要设定水平线的颜色，而后画水平线，同时还要注意各参数所代表的意义。

```
void Draw_HLine   (U16 y0, U16 x0, U16 x1);      //绘制水平线 API
```

y0 为水平线的 Y 向坐标，x0 为水平线的起点，x1 为水平线的终点。

- 画竖直线函数。它用于绘制 320×240 屏上竖直两点间的直线。在画竖直线之前，首先要设定竖直线的颜色，而后画竖直线，同时还要注意各参数所代表的意义。

```
void Draw_VLine   (U16 x0, U16 y0, U16 y1);      //绘制竖直线 API
```

x0 为竖直线的 X 向坐标，y0 为竖直线的起点，y1 为竖直线的终点。

- 画直线函数。它用于绘制 320×240 屏上任意两点间的直线。在画直线之前，首先要设定直线的颜色，而后画直线，同时还要注意各参数所代表的意义。

```
void Draw_Line    (I32 x1,I32 y1,I32 x2,I32 y2);  //绘制线 API
```

x1 为线的 X 向起点坐标，y1 为线的 Y 向起点坐标，x2 为线的 X 向终点坐标，y1 为线的 Y 向终点坐标。

- 画圆函数。它用于绘制 320×240 屏上的圆，但半径应小于 180。画圆之前，首先要设定圆的颜色，而后画圆，同时还要注意各参数所代表的意义。

```
void Draw_Circle (U32 x, U32 y, U32 r);          //绘制圆 API
```

x,y 为圆心坐标，r 为圆的半径。

• 填充圆函数。它用于绘制 320×240 屏上的实心圆，但半径应小于 180。在填充圆之前，首先要设定填充圆的颜色，而后填充，同时还要注意各参数所代表的意义。

```
void Fill_Circle (U16 x, U16 y, U16 r);                //填充圆 API
```

x,y 为圆心坐标，r 为实心圆的半径。

• 画矩形函数。它用于绘制 320x240 屏上的矩形。在画矩形之前，首先要设定矩形的颜色，而后画矩形，同时还要注意各参数所代表的意义。

```
void Draw_Rect (U16 x1, U16 y1, U16 x2, U16 y2);          //绘制矩形 API
```

• 填充矩形函数。它用于绘制 320×240 屏上的实心矩形。在填充矩形之前，首先要设定填充矩形的颜色，而后填充，同时还要注意各参数所代表的意义。

```
void Fill_Rect    (U16 x0, U16 y0, U16 x1, U16 y1);       //填充区域 API
```

x0 为填充区域左上角 X 向坐标，y0 填充区域左上角 Y 向坐标，x1 为填充区域右下角 X 向坐标，y1 为填充区域右下角 Y 向坐标。

• 设定字体函数。它用于设定要使用的字体类型，同时还要注意设定字体的颜色。

```
void Set_Font     (GUI_FONT * pFont);                     //设定字体类型 API
```

如：

```
Set_Font(&CHINESE_FONT16);
```

设定 16×16 的汉字，要先在应用文件头处声明：

```
extern GUI_FONT CHINESE_FONT16;
```

• 显示字符、字的函数。当显示中文时要在开始处添加 CN_start,CN_end。

```
void Disp_String (const I8 *s, I16 x, I16 y);            //显示字体 API
```

如：

```
Disp_String ("this is a demo",50,50);
```

显示英文，及特殊字符。

```
Disp_String (CN_start"这是一个多任务显示的例程"CN_end,50,30);
```

显示汉字。

④ 接下来进一步介绍 GUI 基本的用法。

GUI 的绘图功能一般都表现在以一个应用的任务出现。其优先级较低，基本上在一次操作系统的脉动节拍处理中，一般只高于空闲任务。这样有利于高优先级任务的及时处理。

一般在 BIOS 初始化完毕，且跳到 C 语言的 Main()函数后，就要对 GUI 进行初始化，即调用 GUI_Init()函数。该函数是对 LCD 硬件控制器、键盘，以及上电后屏幕基本颜色的设置等进行预先的初始化。这样，在操作系统初始化完毕后，应用任务就能立即正常显示了。

在初始化完毕后，要建立一个专门的 GUI 画图任务，并且让画图和键盘的响应结合起来。下面针对一个应用任务详细介绍画图任务的编写：

```
void Task_3(void * pdata)
{
    I32 number;
    INT8U Loop;
      for(;;)
      {
        number = GUI_WaitKey();
        Loop = TRUE;
        do                                              //第一个循环
        {
            switch (number)
            {
                case  GUI_KEY_START:                    //得到开始命令
                    Set_Color(GUI_BLUE);
                    Fill_Rect(0,0,319,239);
                    Set_Color(GUI_WHITE);
                    Set_BkColor (GUI_BLUE);
                    Fill_Rect(0,0,319,2);
                    Fill_Rect(0,0,2,239);
                    Fill_Rect(0,237,319,239);
                    Fill_Rect(317,0,319,239);
                    Set_Color(GUI_YELLOW);
                    Set_Font     (&CHINESE_FONT16);
                    Disp_String (CN_start"这是一个多任务显示的例程"CN_end,50,30);
                    Set_Color(GUI_WHITE);
                    Draw_HLine  (60,50,270);            //绘制水平线 API
                Draw_VLine  (270,60,200);               //绘制竖直线 API
                Draw_VLine  (50, 60, 200);              //绘制竖直线 API
                Draw_HLine  (200,50, 270);              //绘制水平线 API
                Set_Color(GUI_RED);
                Fill_Circle (160, 100, 20);
                Fill_Circle (160, 160, 20);
```

```
            Fill_Circle (110, 130, 20);
            Fill_Circle (210, 130, 20);

            Loop = FALSE;
            number = 0;
            break;

            default:                                //等待主任务发送的键值命令
            number = GUI_WaitKey();
            Loop = TRUE;
            break;
        }
    }while(Loop == TRUE);

    do                                              //第二个循环
    {
        switch (number)
        {
            case GUI_KEY_UP:                        //选择上面的灯
            Set_Color(GUI_RED);
            Fill_Circle(160, 100, 20);              //上
            Set_Color(GUI_BLACK);
            Fill_Circle(160, 160, 20);              //下
            Fill_Circle (110, 130, 20);             //左
            Fill_Circle (210, 130, 20);             //右
            Loop = TRUE;
            number = 0;
            break;

            case GUI_KEY_DOWN:                      //选择下面的灯
                ⋮
                break;
            case GUI_KEY_RIGHT:                     //选择右面的灯
                ⋮
                break;

            case GUI_KEY_LEFT:                      //选择左面的灯
                ⋮
                break;
```

```
            case   GUI_KEY_ESCAPE:                         //得到退出命令
                ⋮
                Loop = FAUSE;
                break;

            default:                                       //等待主任务发送的键值命令
            number = GUI_WaitKey();
            Loop = TRUE;
            break;
        }
    }while(Loop == TRUE);
  }
}
```

在这个任务中,有两个大循环:第一个是判断按键是否是开始键,如果是,程序向下执行;若不是,该任务切换到挂起状态,等待下一个按键的到来。第二个是通过识别键值,来执行相应的画图操作。在第一个循环中,若得到的键值等于 GUI_KEY_START 时,LCD 屏上就会画出一系列的图形。要首先设定所画实体的颜色,再执行画实体操作。在该程序最后,通过判断一个循环标志 Loop,通知系统是否跳出该循环。在跳出该循环后,进入第二循环,来判断功能键,执行相应的操作。

⑤ 学习 μC/OS-II 下,多应用任务的简单编程实例。

当初始化 ARM 之后,程序跳入 C 语言环境,这时要初始化目标板,初始化图形用户系统,初始化操作系统,创建邮箱,建立信号量,启动多任务等。详细内容请参照下面源码构架,并仔细阅读代码注释。

```
#include "..\inc\config.h"
#define STACKSIZE      256                                  //定义堆栈的数量
OS_STK_DATA   stk;
extern   GUI_FONT CHINESE_FONT12;                          //声明字体文件
extern   GUI_FONT CHINESE_FONT16;                          //声明字体文件
extern   GUI_FONT GUI_Font8x16;                            //声明字体文件
extern unsigned char key_number;                           //声明存储键值的变量

OS_EVENT  *Key_Mbox;                                       //声明一个邮箱

/*****************************************************************
**            分配各任务的堆栈                                   **
*****************************************************************/
OS_STK Stack_Task_1[STACKSIZE];
```

```
OS_STK Stack_Task_2[STACKSIZE];
OS_STK Stack_Task_3[STACKSIZE];
OS_STK Stack_Task_4[STACKSIZE * 3];

/***************************************************************
- 函数名称 : Task_4(void * pdata)
- 函数说明 : GUI 任务,优先级为 56
- 输入参数 : pdata
- 输出参数 : 无
***************************************************************/
void Task_4(void * pdata)
{
    I32 number;
    INT8U Loop;
    for(;;)
    {
        number = GUI_WaitKey();                          //等待键值
        Loop = TRUE;
        do
        {
            switch (number)
            {
                case  GUI_KEY_START:                     //得到开始命令

                Set_Color(GUI_BLUE);                     //设定前景色
                  Fill_Rect(0,0,319,239);                //填充区域

                  Set_Color(GUI_WHITE);
                  Set_BkColor (GUI_BLUE);                //设定背景色

                Fill_Rect(0,0,319,2);
                Fill_Rect(0,0,2,239);
                Fill_Rect(0,237,319,239);
                Fill_Rect(317,0,319,239);

                Set_Color(GUI_YELLOW);
                Set_Font     (&CHINESE_FONT16);          //设定字体
                Disp_String (CN_start"这是一个多任务显示的例程"CN_end,50,30);
                                                         //显示中文
```

```
            Set_Color(GUI_WHITE);
            Draw_HLine  (60,50,270);                //绘制水平线 API
            Draw_VLine  (270,60,200);               //绘制竖直线 API
            Draw_VLine  (50, 60, 200);              //绘制竖直线 API
            Draw_HLine  (200,50, 270);              //绘制水平线 API

            Set_Color(GUI_RED);
            Fill_Circle (160, 100, 20);             //填充圆
            Fill_Circle (160, 160, 20);
            Fill_Circle (110, 130, 20);
            Fill_Circle (210, 130, 20);

            Loop = FALSE;
            number = 0;
            break;

            default:                                //等待主任务发送的键值命令
                number = GUI_WaitKey();
                Loop = TRUE;
                break;
        }
    }while(Loop == TRUE);

    do
    {
        switch (number)
        {
            case GUI_KEY_UP:                        //选择上面的灯
                Set_Color(GUI_RED);
                Fill_Circle(160, 100, 20);          //上
                Set_Color(GUI_BLACK);
                Fill_Circle(160, 160, 20);          //下
                Fill_Circle (110, 130, 20);         //左
                Fill_Circle (210, 130, 20);         //右
                Loop = TRUE;
                number = 0;
                break;
            case GUI_KEY_DOWN:                      //选择下面的灯
                    ⋮
```

```
                break;
            case GUI_KEY_RIGHT:                              //选择右面的灯
                ⋮
                break;
              case GUI_KEY_LEFT:                             //选择左面的灯
                ⋮
                break;
            case  GUI_KEY_ESCAPE:                            //得到退出命令
                ⋮
                break;

            default:                                         //等待主任务发送的键值命令
                number = GUI_WaitKey();
                Loop = TRUE;
                break;
          }
       }while(Loop == TRUE);
    }
}
/*****************************************************************
- 函数名称 : Task_3(void * pdata)
- 函数说明 : 在超级终端中输出键盘值,优先级为 9
- 输入参数 : pdata
- 输出参数 : 无
*****************************************************************/
void Task_3(void * pdata)
{
    for(;;)
    {
        Uart_Printf(0,"key_number = %x\n",key_number);    //输出键盘值
        OSTimeDly(20);                                      //延时 20 个节拍
    }
}

/*****************************************************************
- 函数名称 : Task_2
- 函数说明 : 点亮 D7 熄灭 D8,点亮 D8 熄灭 D7,优先级为 6
- 输入参数 : pdata
- 输出参数 : 无
```

```
*************************************************************************/
void Task_2(void * pdata)
{
    INT32U i,flag = 0;
     for(;;)
    {
        OSTimeDly(30);
         if(flag == 0)
         {
            for(i = 0;i<100000;i ++ );
            rPCONB = 0x7cf;
            rPDATB = 0x7ef;
            for(i = 0;i<100000;i ++ );
            flag = 1;
        }
        else
        {
            for(i = 0;i<100000;i ++ );
            rPCONB = 0x7cf;
            rPDATB = 0x7df;
            for(i = 0;i<100000;i ++ );
            flag = 0;
        }
        OSTimeDly(30);                                  //延时 30 个节拍
    }
}
/*************************************************************************
- 函数名称 : Task_START
- 函数说明 : 系统启动后运行的第一个任务,点亮 D7 熄灭 D8,优先级为 5
- 输入参数 : pdata
- 输出参数 : 无
*************************************************************************/
void Task_1(void * pdata)
{
    INT8U  err;
    INT8U * Key_P;
    INT8U  Key_Val;

    Rtc_Tick_Init();                                    //打开时钟节拍,让操作系统跑起来
```

```
OSTaskCreate(Task_2, (void *)0, (OS_STK *)&Stack_Task_2[(STACKSIZE) - 1], 6);
                                                //在任务里创建另一个任务
OSTaskCreate(Task_3, (void *)0, (OS_STK *)&Stack_Task_3[(STACKSIZE) - 1], 9);
                                                //在任务里创建另一个任务
OSTaskCreate(Task_4,(void*)0,(OS_STK *)&Stack_Task_4[(STACKSIZE*3) - 1], 56);
                                                //在任务里创建另一个任务

for(;;)
{
    Key_P = OSMboxPend(Key_Mbox, 0, &err);      //等待任务间的通信邮箱内的键值指针
    Key_Val = *Key_P;                           //把邮箱中的值放到变量中

   switch(Key_Val)
      {

            case 0x06 :
                 GUI_StoreKey(GUI_KEY_UP);
                 break;

            case 0x04 :
                 GUI_StoreKey(GUI_KEY_DOWN);
                 break;

             case 0x01 :
                 GUI_StoreKey(GUI_KEY_RIGHT);
                 break;

            case 0x09 :
                 GUI_StoreKey(GUI_KEY_LEFT);
                 break;

            case 0x0C :
                 GUI_StoreKey(GUI_KEY_ESCAPE);
                 break;

            case 0x03 :
                 GUI_StoreKey(GUI_KEY_START);
                 break;
```

```
            default:
              break;
            }
        }
}

/**************************************************************
- 函数名称 : Main(void)
- 函数说明 : 系统的主程序入口,创建任务一,启动任务
- 输入参数 : 无
- 输出参数: 无
**************************************************************/

void Main(void)
{
    Target_Init();                              //EL-ARM-830 实验系统的初始化,包括
CPU 板
    GUI_Init();                                 //图形用户系统初始化
    OSInit();                                   //操作系统的初始化
    Key_Mbox = OSMboxCreate((void * )0);
    OSTaskCreate(Task_1, (void * )0, (OS_STK * )&Stack_Task_1[STACKSIZE - 1], 5);
                                                //创建任务一
    OSStart();
}
```

⑥ 在 PC 并口和实验箱的 CPU 之间,连接 SDT 调试电缆,用串口线连接 CPU 板和 PC 的串口。

⑦ 检查线缆连接是否可靠。可靠后,给系统上电。按下 LCD 电源开关。

⑧ 打开超级终端 0,超级终端 1,进行设置波特率为(115 200,8 位数据,1 位停止位,无奇偶校验)。

⑨ 打开随书所配光盘中的 UCOSII\SDT\实验五\Tasks_UCOSII 目录下的 Tasks_UCOSII. apj 项目文件,并进行编译。若编译出错,按照 2.2 节中的解决办法解决。

⑩ 编译通过后,首先启动 JTAG 驱动程序 JTAG-NT&2000. exe(操作系统是 Win2000;若是 Win98,需用 JTAG. exe),之后运行 SDT 的调试环境,装载随书所配光盘中的 UCOSII\SDT\实验五\Tasks_UCOSII\debug 目录下中的映像文件 EuCos. axf。在 SDT 调试环境下全速运行映像文件。按两下“3”键,观察 LCD 屏上和 CPU 板上的显示。之后,选择“上”、“下”、“左”、“右”键,观察 LCD 上的显示。观察超级终端的显示。

第4章

基于μClinux操作系统的ARM系统实验

4.1 μClinux实验环境的创建与熟悉

【实验目的】

- 搭建μClinux操作系统实验所需的实验环境构件。
- 了解μClinux的组成，学会内核编译。

【实验设备】

Pentium II以上的PC机，EL-ARM-830实验箱，Linux操作系统。

【实验内容】

- 安装Redhat 9.0 Linux操作系统。
- 复制已移植好的μClinux操作系统，以及交叉编译器。
- 学习μClinux内核组成和编译过程。

【实验原理】

1. 内核及用户程序配置

μClinux提供了3种不同的命令进行配置，以适合自己的目标系统，其效果完全一样。分别是make config(控制台命令行方式配置命令)，make menuconfig(文本菜单方式配置命令)和make xconfig(窗口图形界面方式配置命令)。make config是一个字符界面下的命令行工具，该工具会挨个遍历所有配置，要求用户进行选择，因此不够方便。make menuconfig和make xconfig都是图形界面工具，都对配置项进行了分类存放，其中后者基于X11，支持鼠标，这里采用make menuconfig。

配置命令执行完毕后，生成.config文件以保存配置信息。下次配置时生成新的.config文件，原来的配置文件被改名为.config.old。

2. 配置目标平台

执行 make menuconfig 命令后将弹出配置选择界面。根据提示通过选择相应的选项可以分别定制内核和用户应用程序，生成用户所需要的嵌入式操作系统。

3. μClinux 的编译生成

当配置完成后，再分别执行【实验步骤】中的 make 命令，就可以生成 image. ram 和 image. rom 两个文件，它们是能够在目标系统中运行的包含文件系统的操作系统映像文件。在运行各个 make 命令后，make 命令会解释各级 Makefile 中的指令，并根据依赖关系，形成递归编译，最终生成操作系统内核映像和文件系统映像。

【实验步骤】

① 正确安装 RedHat 9.0 Linux 操作系统。如果已安装，可以跳过此步。

② 安装完 Linux 操作系统后，接下来要安装交叉编译器。启动主机，并以 root 用户名登录，将随书所配光盘中实验软件目录下的 arm-elf-tools-20011219. tar. gz 复制到 Linux 操作系统下的根目录处(为了减少由于编译引起的不必要的麻烦，请将 arm-elf-tools-20011219. tar. gz 复制到根目录下)。复制成功后，在 Linux 的开始菜单中选中系统工具，然后选中终端选项。这时，会弹出一个像 DOS 的命令行一样的对话框，在其中输入命令 tar xvzf arm-elf-tools-20011219. tar. gz，或者直接利用 Linux 的 Windows 功能，用鼠标左键选中，右键选择项目，选择解压缩到该文件夹，这样就将交叉编译器安装完毕。

③ 安装 μClinux 操作系统。以 root 身份登录 Linux 操作系统，在根目录下创建一个名为 uclinux 目录，将随书所配光盘中的 uClinux-S3C44B0X. tar. gz 复制到该目录下。复制成功后，在 Linux 的开始菜单中选中系统工具，然后选中终端选项。这时，会弹出一个像 DOS 的命令行一样的对话框，在其中输入命令 tar xvzf uClinux-S3C44B0X. tar. gz，或者直接利用 Linux 的 Widnows 功能，用鼠标左键选中，右键选择项目，选择解压缩到该文件夹。解开后，系统会生成一个叫 uClinux-S3C44B0X 的目录，以后对 μClinux 的编译均要在该目录下进行。这样就将已经移植好的 μClinux 操作系统安装完毕。当新建的应用程序或驱动程序加入到内核或文件系统中时，则需要进入到 uClinux-S3C44B0X 目录下，按照如下顺序运行编译命令，查找改正错误，直至全部命令执行完毕。

④ 配置编译 μClinux 操作系统。在 Linux 的开始菜单中选中系统工具，然后选中终端选项。这时会弹出一个像 DOS 的命令行一样的对话框，改变目录到\uclinux\uClinux-S3C44B0X 目录下，输入命令 make menuconfig，将出现如图 4－1 所示的目标平台选择界面。Vendor/Product 为 Samsung/S3C44B0X，Kernel 为 linux-2. 4. x，Libc Version 为 uC-libc。

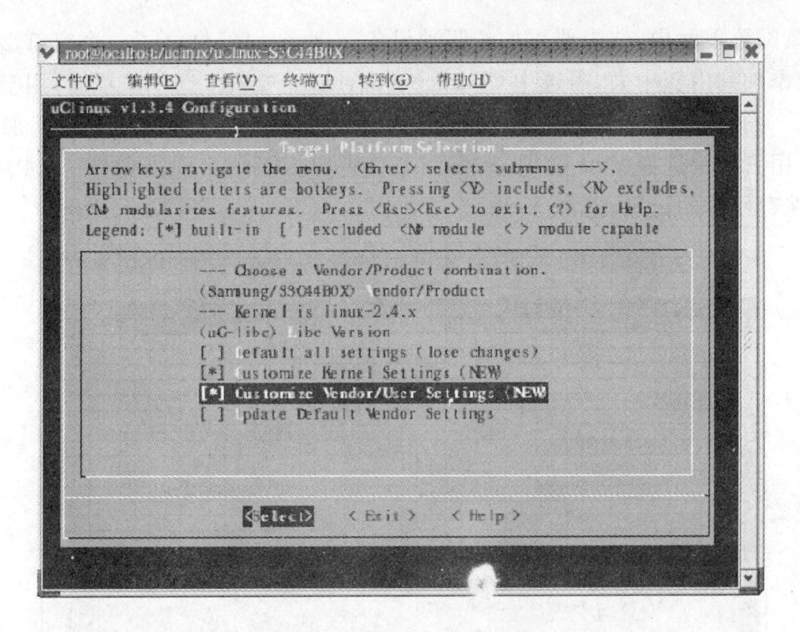

图 4-1 目标平台选择界面

当加入新的应用时，则必须选上 Customize Kernel Setting 和 Customize Vendor/User Setting 两项，这两项是定制内核的配置和应用程序的配置。然后用右移键选择 Exit 选项，按下回车键退出。之后系统会自动进入内核配置的选项单元，如图 4-2 所示。

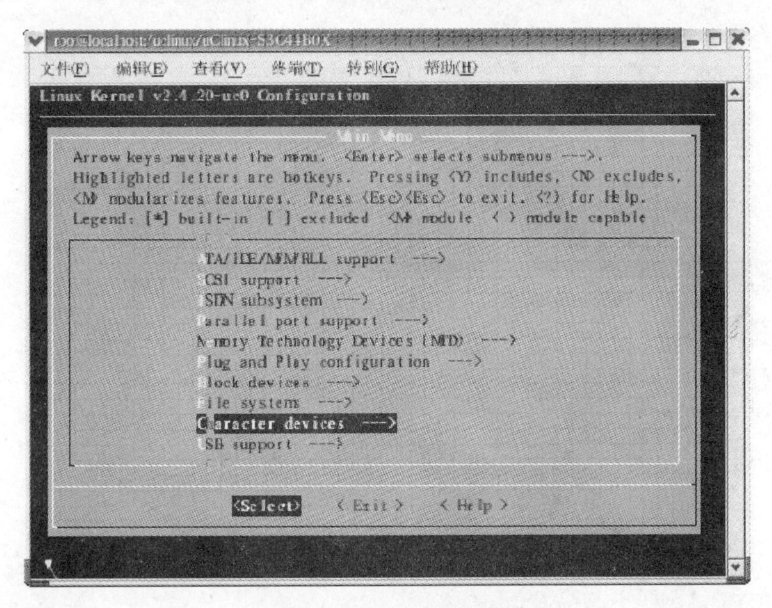

图 4-2 内核配置界面

在该内核配置单元内，选中要添加的驱动设备。例如，已经做好了一个字符型设备的驱动程序，要把它添加到内核中去，需选中 Character devices --->项。选中该项后，用空格键进入下一级，如图 4-3 所示。选中 Kbd7279 support，这样在编译内核时，键盘驱动就加入到内核中了。选中后，用右移键选择 Exit 选项，按下回车键退出。系统会弹出如图 4-4 所示界面，询问用户是否保存刚才的记录，选择 Yes。

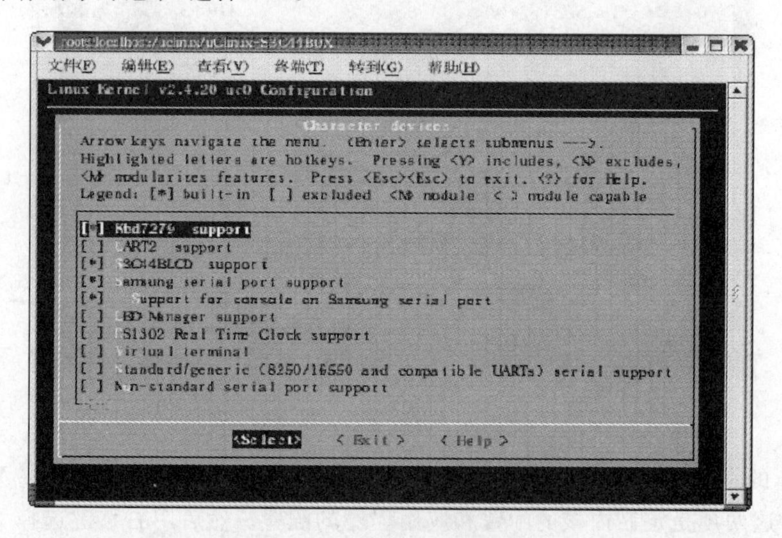

图 4-3 字符设备配置界面

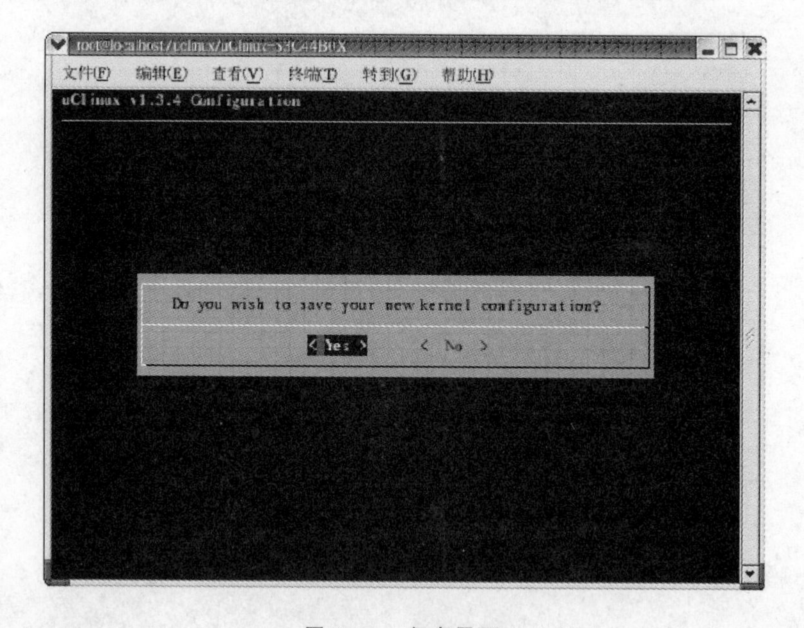

图 4-4 保存界面

之后，系统会自动进入应用程序的配置界面，如图4-5所示。该配置是在进行应用程序的编译时，选中特定的应用程序进行编译，系统通过 Makefile 文件，进行具体的编译工作。没有选中的应用程序，则不会被编译，这也体现了系统的可裁剪性。

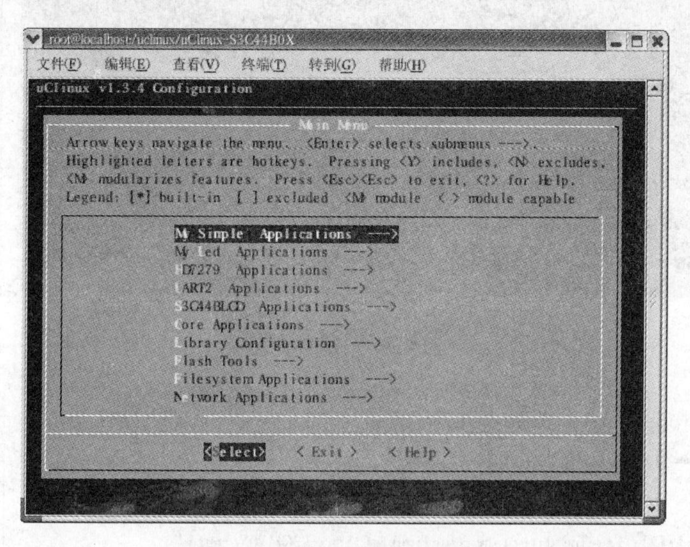

图4-5　应用程序配置主界面

在应用程序配置单元内，选中要添加的应用程序。例如，已经做好了一个简单的通过串口输出的应用程序，程序的名字叫 helloworld，必须选中 My Simple Application 这个控制变量后才能有效。选中该项后用空格键进入下一级界面，如图4-6所示，表示选中 helloworld。这样在编译应用程序时，该应用程序就加入到文件系统中了。选中后，用右移键选择 Exit 选项，按下回车键退出，系统会弹出如图4-7所示界面。该界面询问用户是否保存刚才的记录，选择 Yes。之后，系统会退出配置界面回到 DOS 的命令行格式并给出提示，如图4-8所示。

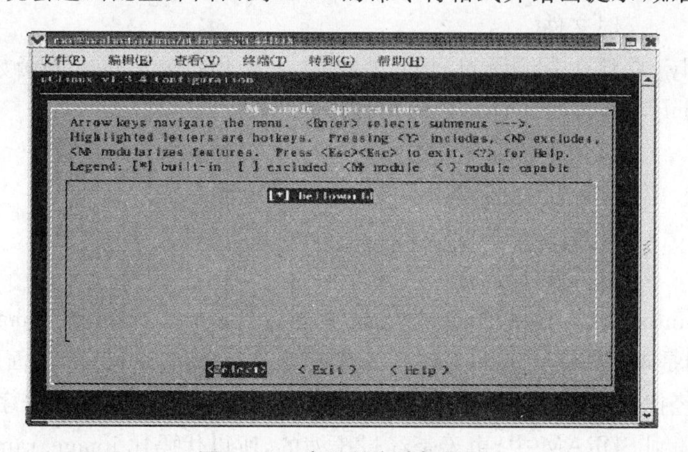

图4-6　应用程序选择界面

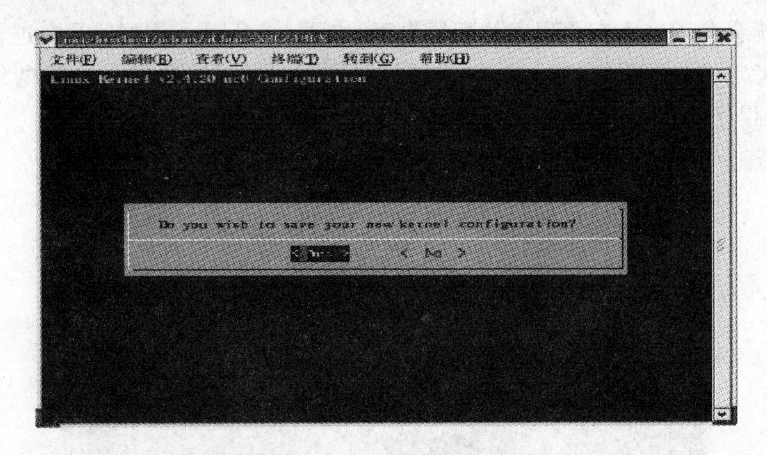

图 4-7 保存界面

```
Saving your kernel configuration...

*** End of Linux kernel configuration.
*** Check the top-level Makefile for additional configuration.
*** Next, you must run 'make dep'.

make[2]: Leaving directory `/uclinux/uClinux-S3C44B0X/config'
make[1]: Leaving directory `/uclinux/uClinux-S3C44B0X'
[root@localhost uClinux-S3C44B0X]# make dep
```

图 4-8 配置完成

在终端中依次执行以下命令完成 μClinux 的编译过程：

make dep	该命令用于搜索 μClinux 编译输出与源代码之间的依赖关系，并以此生成依赖文件。
make clean	该命令用于清除以前构造内核时生成的所有目标文件、模块文件和临时文件。
make lib_only	该命令编译 uC-libc 函数库，生成 libc. a、libm. a 等函数库文件。
make user_only	该命令编译用户应用程序文件。
make romfs	该命令将编译好的用户程序生成 romfs 文件系统(romfs 目录)。
make image	这一步会报错，不用理会它，只出现一次。
make	编译内核中的文件。
make image	这一步不会报错。

最后，在 uClinux-S3C44B0X/images 目录下会看到 image. ram 和 image. rom 文件。其中，image. ram 则是未压缩的内核和文件系统集成的可直接在 SDRAM 里面运行的执行程序；image. rom 是已经把内核和文件系统压缩的可固化在 Flash 里面的执行程序，执行它时，需要把它从 Flash 中搬到 SDRAM 中，由于是经过压缩的，所以代码比 image. ram 要小。

至此，大家在 Linux 操作系统下对 μClinux 的编译过程已有了一个大概的了解。

【实验说明】

1. 关于 uClinux-S3C44B0X. tar. gz

uClinux-S3C44B0X. tar. gz 是把 μClinux 移植到三星 S3C44B0X 处理器上压缩后的操作系统代码。在 Linux 环境下，解压缩后 μClinux 的内核源码在 linux-2. 4. x 文件夹内，一般在每个目录下，都有一个. depend 文件和一个 Makefile 文件。这两个文件都是编译时使用的辅助文件，仔细阅读这两个文件对弄清各个文件之间的联系和依托关系很有帮助。在有的目录下，还有 Readme 文件，它是对该目录下文件的一些说明，同样有利于我们对内核源码的理解。以下为这些文件的说明。

Makefile：重构 Linux 内核可执行代码的 make 文件。

Documention：有关 Linux 内核的文档。

Arch：Arch 是内核中与具体 CPU 和系统结构相关的代码，具体的 CPU 对应具体文件夹下的文件。相关的. h 文件分别放在 include/asm 中。在每个 CPU 的子目录中，又进一步分为 boot、mm、kernel、lib 等子目录，分别包含与系统引导、内存管理、系统调用等相关的代码。

Drivers：设备的驱动程序，放置系统所有的设备驱动程序，每种驱动程序又各占用一个子目录。如/block 目录下为块设备驱动程序，比如 ide(ide. c)。

Fs：文件系统，每个子目录分别支持一个特定的文件系统。例如，fat 和 ext2。还有一些共同的源程序则用于虚拟文件系统。

Include：包含了所有的. h 文件。和 Arch 子目录一样，其下都有相应 CPU 的子目录，而通用的子目录 asm 则根据系统的配置"符号连接"到具体的 CPU 的专用子目录上。与平台无关的头文件在 include/linux 子目录下，与 ARM 处理器（不带 MMU）相关的头文件在 include/asm-armnommu 子目录下，除此之外，还有通用的子目录 linux 和 net 等。

Init：Linux 内核的这个目录包含核心的初始化代码（不是系统的引导代码），包含两个文件 main. c 和 Version. c。

Ipc：Linux 内核进程间的通信管理。

Kernel：Linux 内核的进程管理和进程调度，主要的核心代码。此目录下的文件实现了大多数 Linux 系统的内核函数，其中最重要的文件是 sched. c。同样，和体系结构相关的代码在 arch/ * /kernel 中。

Lib：此目录为通用的程序库。

Mm：Linux 内核的内存管理。这个目录包括所有独立于处理器体系结构的内存管理代码，如页式存储管理内存的分配和释放等。

Mmnommu：Linux 内核的内存管理。这个目录包括所有独立于处理器体系结构的内存管理代码，它是针对没有存储器管理单元的 CPU 设计的。

Net：包含了各种不同网卡和网络的驱动程序。

Scripts：此目录包含用于配置核心的脚本文件。

2. 关于 arm-elf-tools-20011219. tar. gz

arm-elf-tools-20011219. tar. gz 是交叉编译器的压缩代码。所谓交叉编译器就是一种在 Redhat Linux 操作系统＋X86 的体系结构下，编译 μClinux 操作系统生成可执行文件。该可执行文件能够在另外一种软硬件环境下运行，如 μClinux 操作系统＋ARM 的体系结构。交叉编译其实就是在一个平台上生成能够在另一个平台上运行的代码。这里的平台实际上包含两个概念：体系结构(Architecture)和操作系统(Operating System)。同一个体系结构可以运行不同的操作系统；同样，同一个操作系统也可以在不同的体系结构上运行。如我们常说的 X86 Linux 平台实际上是 Intel X86 体系结构和 Linux for X86 操作系统的统称；而 X86 WinNT 平台实际上是 Intel X86 体系结构和 Windows NT for X86 操作系统的简称。由于在 ARM 硬件上无法安装所需的编译器，只好借助于宿主机，在宿主机上对即将运行在目标机上的应用程序进行编译，生成可在目标机上运行的代码格式，这就是安装交叉编译器的真正意义所在。

为了实现基于 μClinux 应用系统的开发，建立或拥有一个完备的 μClinux 开发环境是十分必要的。基于 μClinux 操作系统的应用开发环境一般由目标系统硬件系统和宿主 PC 机构成。目标硬件系统(即本实验箱)用于运行操作系统和系统应用软件，而目标硬件系统所用到的操作系统的内核编译，以及应用程序的开发则需要通过宿主 PC 机来完成。双方之间通过以太网接口建立连接关系。

4.2 Boot Loader 引导程序

【实验目的】

了解 Boot Loader 的作用，掌握 Boot Loader 的编程思想。

【实验设备】

Pentium II 以上的 PC 机，ADS 1.2 编译器，SDT 2.5 编译器。

【实验内容】

- 学习 Boot Loader 的程序架构。
- 学习 Boot Loader 程序的具体内容。

【实验原理】

图 4－9 为 EL-ARM-830 实验系统 μClinux-bios 的结构图。

该 Boot Loader 由 3 个文件夹构成：inc 主要是硬件初始化所需的头文件；src 则包括硬件初始化的主要代码、flash 烧写的代码、与超级终端通信的代码；net 则主要包括和网络相关的实现代码。

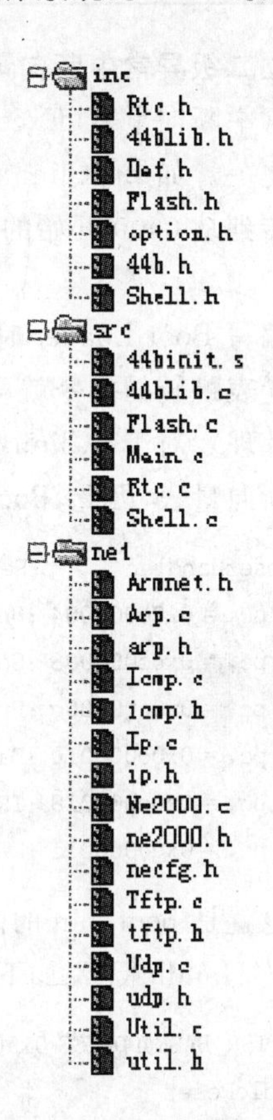

图 4-9 μClinux-bios 的结构图

该 Boot Loader 的主要任务概括如下：

- 初始化实验箱上的硬件；
- 从主机下载新的内核映像和文件系统映像；
- 烧写 Nor Flash；
- 加载 μClinux 内核映像并启动运行；
- 提供串行超级终端上的人机操作界面。

Boot Loader 采用默认的存储空间分布地址来加载 μClinux 内核和文件系统。

Boot Loader 程序空间地址为 0x001F0000，存储在 Flash。

内核运行地址为 0x0C008000，存储在 SDRAM。

下面介绍 Boot Loader 完整的引导流程描述。

硬件初始化阶段一：

- 硬件初始化；
- 复制二级中断异常矢量表；
- 初始化各种处理器模式；
- 复制 RO 和 RW，清零 ZI（跳转到 C 代码入口函数）。

硬件初始化阶段二：

- 继续初始化硬件；
- 建立人机界面；
- 实现映像文件的下载和烧录工具；
- 实现映像文件的加载和运行工具。

下面对上述各步骤进行逐一说明，并对与 μClinux 相关的内容详细加以说明。

硬件初始化

当正确烧写 μClinux-bios 后，板子上电或复位后，程序从位于地址 0x00 的 Reset Exception Vector 处开始执行，因此执行 Boot Loader 的第一条指令 b ResetHandler，将跳转到标号为 ResetHandler 处，进行第一阶段的硬件初始化。主要工作为：关闭 Watchdog Timer，关闭中断，初始化 PLL 和时钟主频设定，初始化存储器控制器。

建立二级异常中断向量表

异常中断向量表(Exception Vector Table)是Boot Loader与μClinux内核发生联系的关键地方之一。如果μClinux内核已经得到处理器的控制权运行,一旦发生中断,处理器还是会自动跳转到从0x00开始的第一级中断矢量表中的某个表项(依据于异常、中断类型)处读取指令运行。

在编写Boot Loader时,地址0x00处的一级异常中断向量表只需简单地包含向二级异常中断向量表跳转的指令就可以。这样,就能够正确地将发生的事件交给μClinux的中断处理程序来处理。对于μClinux内核,它在RAM空间的基地址0x0C000000处建立了自己的二级异常中断向量表,因此,Boot Loader的第一级异常中断向量表如下:

```
b ResetHandler        ;Reset Handler
ldr pc, = 0x0c000004 ;Undefined Instruction Handler
ldr pc, = 0x0c000008 ;Software Interrupt Handler
ldr pc, = 0x0c00000c ;Prefetch Abort Handler
ldr pc, = 0x0c000010 ;Data Abort Handler
ldr pc, = 0x0c000018 ;IRQ Handler
ldr pc, = 0x0c00001c ;FIQ Handler
```

这也就是boot.bin的内容,它和μClinux中断紧密相关。

定义HandleXXX如下:

```
^(_ISR_BASEADDRESS-0x500)
HandleReset          # 4
HandleUndef          # 4
HandleSWI            # 4
HandlePabort         # 4
HandleDabort         # 4
HandleReserved       # 4
HandleIRQ            # 4
HandleFIQ            # 4
^(_ISR_BASEADDRESS)
HandleADC            # 4
HandleRTC            # 4
HandleUTXD1          # 4
HandleUTXD0          # 4
HandleSIO            # 4
HandleIIC            # 4
HandleURXD1          # 4
HandleURXD0          # 4
```

```
HandleTIMER5        # 4
HandleTIMER4        # 4
HandleTIMER3        # 4
HandleTIMER2        # 4
HandleTIMER1        # 4
HandleTIMER0        # 4
HandleUERR01        # 4
HandleWDT           # 4
HandleBDMA1         # 4
HandleBDMA0         # 4
HandleZDMA1         # 4
HandleZDMA0         # 4
HandleTICK          # 4
HandleEINT4567      # 4
HandleEINT3         # 4
HandleEINT2         # 4
HandleEINT1         # 4
HandleEINT0         # 4
```

将异常中断向量映射到 SDRAM，这样的好处就是可以在其他的功能程序内对中断处理程序的地址任意赋值。

在 44b.h 文件中定义：

```
/* ISR */
#define pISR_RESET          (*(unsigned *)(_ISR_BASEADDRESS + 0x0))
#define pISR_UNDEF          (*(unsigned *)(_ISR_BASEADDRESS + 0x4))
#define pISR_SWI            (*(unsigned *)(_ISR_BASEADDRESS + 0x8))
#define pISR_PABORT         (*(unsigned *)(_ISR_BASEADDRESS + 0xc))
#define pISR_DABORT         (*(unsigned *)(_ISR_BASEADDRESS + 0x10))
#define pISR_RESERVED       (*(unsigned *)(_ISR_BASEADDRESS + 0x14))
#define pISR_IRQ            (*(unsigned *)(_ISR_BASEADDRESS + 0x18))
#define pISR_FIQ            (*(unsigned *)(_ISR_BASEADDRESS + 0x1c))
#define pISR_ADC            (*(unsigned *)(_ISR_BASEADDRESS + 0x20))
#define pISR_RTC            (*(unsigned *)(_ISR_BASEADDRESS + 0x24))
#define pISR UTXD1          (*(unsigned *)( ISR BASEADDRESS + 0x28))
#define pISR_UTXD0          (*(unsigned *)(_ISR_BASEADDRESS + 0x2c))
#define pISR_SIO            (*(unsigned *)(_ISR_BASEADDRESS + 0x30))
#define pISR_IIC            (*(unsigned *)(_ISR_BASEADDRESS + 0x34))
#define pISR_URXD1          (*(unsigned *)(_ISR_BASEADDRESS + 0x38))
#define pISR_URXD0          (*(unsigned *)(_IRQ_BASEADDRESS + 0x3c))
```

```
#define pISR_TIMER5        (*(unsigned *)(_ISR_BASEADDRESS + 0x40))
#define pISR_TIMER4        (*(unsigned *)(_ISR_BASEADDRESS + 0x44))
#define pISR_TIMER3        (*(unsigned *)(_ISR_BASEADDRESS + 0x48))
#define pISR_TIMER2        (*(unsigned *)(_ISR_BASEADDRESS + 0x4c))
#define pISR_TIMER1        (*(unsigned *)(_ISR_BASEADDRESS + 0x50))
#define pISR_TIMER0        (*(unsigned *)(_ISR_BASEADDRESS + 0x54))
#define pISR_UERR01        (*(unsigned *)(_ISR_BASEADDRESS + 0x58))
#define pISR_WDT           (*(unsigned *)(_ISR_BASEADDRESS + 0x5c))
#define pISR_BDMA1         (*(unsigned *)(_ISR_BASEADDRESS + 0x60))
#define pISR_BDMA0         (*(unsigned *)(_ISR_BASEADDRESS + 0x64))
#define pISR_ZDMA1         (*(unsigned *)(_ISR_BASEADDRESS + 0x68))
#define pISR_ZDMA0         (*(unsigned *)(_ISR_BASEADDRESS + 0x6c))
#define pISR_TICK          (*(unsigned *)(_ISR_BASEADDRESS + 0x70))
#define pISR_EINT4567      (*(unsigned *)(_ISR_BASEADDRESS + 0x74))
#define pISR_EINT3         (*(unsigned *)(_ISR_BASEADDRESS + 0x78))
#define pISR_EINT2         (*(unsigned *)(_ISR_BASEADDRESS + 0x7c))
#define pISR_EINT1         (*(unsigned *)(_ISR_BASEADDRESS + 0x80))
#define pISR_EINT0         (*(unsigned *)(_ISR_BASEADDRESS + 0x84))
```

例如，要使用 EINT4567 中断，定义好中断处理程序 EXINT4567_ISR()后，仅需要 pISR_EINT4567＝(int)EXINT4567_ISR 就能使中断发生后正确跳转到编写的中断处理程序处。

初始化各种处理器模式

ARM7TDMI 支持 7 种工作模式：User、FIQ、IRQ、Supervisor、Abort、System 和 Undefine，依次切换到每种模式，初始化其程序状态寄存器(SPSR)和堆栈指针(SP)。

复制 RO 和 RW，清零 ZI

1 个 ARM 由 RO、RW 和 ZI 3 个段组成，其中 RO 为代码段，RW 是已初始化的全局变量，ZI 是未初始化的全局变量。μClinux 对应的概念是 TEXT、DATA 和 BSS。Boot Loader 在 ARM 程序执行前要将 RW 段复制到 RAM 中，并将 ZI 段清零。编译器使用下列符号来记录各段的起始和结束地址：

|Image$$RO$$Base|——RO 段起始地址；

|Image$$RO$$Limit|——RO 段结束地址加 1；

|Image$$RW$$Base|——RW 段起始地址；

|Image$$RW$$Limit|——RW 段结束地址加 1；

|Image$$ZI$$Base|——ZI 段起始地址；

|Image$$ZI$$Limit|——ZI 段结束地址加 1。

需要注意的是，这些标号的值是根据链接器中设置的 ro-base 和 rw-base 来计算的，对应设置是：ro-base＝0xc000000，rw-base＝0xc5f0000。完成这个步骤后，第一阶段的硬件初始化

就完成了。

执行 BL Main，跳转到 C 语言程序，开始第二阶段的初始化和系统引导。

继续对硬件进行初始化

主要包括对以下设备的初始化：GPIO、Cache、Interrupt Controler、Timer 和 UARTs。S3C44B0X 处理器内置 data/instruction 合一的 8 KB Cache，且允许按地址范围设置两个 Non-Cacheable 区间。合理的配置是打开 RAM 区间的 Cache，关闭其他地址区间（非存储器设备、I/O 设备）的 Cache。所有硬件初始化完毕之后，开中断。

建立人机界面

引导过程的最后一步就是在超级终端上建立人机界面，并等待用户输入命令。若接收到用户输入，则显示菜单模式或命令行模式的交互界面，等待用户进一步的命令。

至此，μClinux-bios 的启动步骤与过程的框架讲解完，具体的代码见随书所配光盘中的 uClinux\实验二目录下的源代码。

【实验步骤】

主要介绍 Boot Loader 程序的烧写步骤。

假设实验箱上 CPU 板的 Flash 已经擦空，那么按如下步骤进行 Boot Loader 程序的烧写。

① 将随书所配光盘中的 uClinux-bios. s19 文件用烧写电缆下载到 Flash 里面去。

② 实验箱断电，连上串口电缆，配置超级终端波特率为 115 200，8 位数据，1 位停止位，无奇偶校验。系统上电，在超级终端中输入"backup"以备份 BIOS，然后输入 Y。此步是把 bios 文件复制到高端。

③ 在超级终端中输入 load，连上交叉网线，把 PC 的 IP 地址设成 192. 168. 0. X(X 可为除 100 外 0～255 的任意值，推荐使用 1)，子网掩码设成 255. 255. 255. 0。然后在 PC 机的命令行中输入 ping 192. 168. 0. 100，待 ping 通实验箱后，继续输入 tftp-i 192. 168. 0. 100 put boot. bin（此时实验软件目录下的 tftp. exe 和 boot. bin 文件一定要放在命令行默认的目录下），此步是把 boot. bin 文件通过网络接口下载到实验箱上的 SDRAM 上，它的下载地址是 0x0C008000。该文件是一个向量跳转的列表，该表和 μClinux 的中断向量密切相关。当发生中断或异常时，ARM 的 PC 指针首先跳回到从 0x00 开始的异常向量表处，之后再跳到向量所指的地址处。boot. bin 是要跳到 μClinux 异常向量表地址的跳转指令。

④ 将 boot. bin 烧到 Flash 0 地址，在超级终端中输入命令 prog 0 0c008000 3c，然后输入 Y，该命令把 boot. bin 烧写到 Flash 0x00 处。

到此，μClinux-bios 烧写成功。

【Boot Loader 程序说明】

在嵌入式系统中,Boot Loader 的作用与 PC 机上的 BIOS 类似,通过 Boot Loader 可以完成对系统板上的主要部件,如 CPU、SDRAM、Flash、串行口等进行初始化,也可以下载文件到系统板上,对 Flash 进行擦除与编程。当运行操作系统时,它会在操作系统内核运行之前运行,通过它可以分配内存空间的映射,从而将系统的软硬件环境带到一个合适的状态,以便为最终调用操作系统准备好正确的环境。

通常,Boot Loader 是依赖于硬件而实现的,特别是在嵌入式系统中,因此,在嵌入式系统里建立一个通用的 Boot Loader 几乎是不可能的。但是,仍然可以对 Boot Loader 归纳出一些通用的概念,以指导用户设计与实现特定的 Boot Loader。因此,正确进行 μClinux 移植的前提条件是具备一个与 μClinux 配套、易于使用的 Boot Loader,它能够正确完成硬件系统的初始化和 μClinux 的引导。

为能够实现正确引导 μClinux 系统的运行,以及当编译完内核后,快速下载内核和文件系统,该 Boot Loader 通过 TFTP 经网络接口传送内核和文件系统。同时,它也具有功能较为完善的命令集,可对系统的软硬件资源进行合理的配置与管理。因此,用户可根据自身的需求实现相应的功能。

下面是对几个常用命令的说明。

load

格式:load　RAM 地址

用途:通过网络接口将主机上的文件下载到开发板的 RAM 中的指定地址处,若缺省地址,则取默认值 0x0c008000。

run

格式:run　RAM 地址

用途:从开发板 RAM 的指定地址处运行程序,若地址缺省,则取默值 0x0c008000。

prog

格式:prog　Flash 地址　RAM 地址　代码长度　选项(－no0)

用途:将指定 RAM 地址开始处的指定长度代码烧写到指定的 Flash 地址中。当指定的 Flash 地址为 0 时,若再指定选项－no0,则不会修改 0 地址处的代码,将直接烧入;否则先修改,后再烧入。修改后的代码是指向 Flash 高端处备份的 BIOS 的一个跳转。具体源码参考 shell. c 中的程序。

move

格式:move　Flash 地址　RAM 地址　代码长度

用途:将指定 Flash 地址处开始的指定长度代码复制到指定的 RAM 地址中。

?

格式:?

用途:这是帮助指令,可以查看命令集。

4.3 μClinux 的移植及内核和文件系统的生成与烧写

【实验目的】

了解 μClinux 移植的基本过程,掌握内核和文件系统的下载方法。

【实验设备】

Pentium II 以上的 PC 机,Linux 操作系统环境,Windows 操作系统环境,EL-ARM-830 实验箱。

【实验内容】

- 学习 μClinux 移植的基本过程。
- 学习内核和文件系统的下载方法。

【实验原理】

本实验系统使用的这个 μClinux 版本是针对 S3C4510 的,实验板的型号为 SNDS100,但经过移植后在 S3C44B0X 上也能稳定运行。

EL-ARM-830 实验系统提供的 Boot Loader 支持两种 μClinux 启动运行方式:直接从 SDRAM 中运行;把压缩的内核映像从 Flash 中搬移到 SDRAM 中,再在 SDRAM 中运行。前者需要利用 Boot Loader 提供的网络下载功能,直接把未压缩的映像文件下载到 SDRAM 中运行,后者则首先要利用 Boot Loader 提供的 Flash 烧录工具进行烧录,使用时,再用 move 命令搬到 SDRAM 中,然后再运行。压缩格式的 μClinux 内核映像文件都是由开头的一段自解压代码和后面的压缩数据部分组成。自解压类型的 μClinux 内核映像文件存放在 Flash Memory 中,由 Boot Loader 加载到 SDRAM 中的 0x0C000000 地址处,然后运行它。同样,内核映像文件也可以直接下载到 SDRAM 中运行。经 μClinux 编译后在 image 目录中生成 2 个文件:一个是 image.rom 文件,这是带自启动的压缩版,可烧入 Flash,运行时使用 move 命令,把它搬移到 SDRAM 的 0x0C000000 处运行;一个是 image.ram,这是没压缩的,通过下载到 SDRAM 的 0x0C008000 处可以直接运行。

【μClinux 的内核、文件系统的编译与烧写步骤】

1. 编译 μClinux

编译一份可以运行的 μClinux 操作系统，首先需要对 μClinux 进行配置，一般是通过 make menuconfig 或者 make xconfig 命令来实现的。这里选择 make menuconfig 命令，为了编译最后得到的镜像文件，需要 Linux 的内核以及 romfs。对于 S3C44B0X 的移植来说，romfs 是被编译到内核里面去的，因此，在编译内核前需要一个 romfs。为了得到 romfs 的 image，又需要编译用户的应用程序。为了编译用户的应用程序，还需要编译 C 运行库，这里使用的 C 运行库是 uC-libc。

根据上面的分析，下面详细介绍一下编译 μClinux 的步骤以及各编译命令的含义。

make dep：这个仅仅是在第一次编译的时候需要，以后就不再用了，目的是在编译的时候知道文件之间的依赖关系，在进行多次编译后，make 会根据这个依赖关系来确定哪些文件需要重新编译，哪些文件可以跳过。

make clean：该命令用于清除以前构造内核时生成的所有目标文件、模块文件和临时文件。

make lib_only：编译 uC-libc 库，以后编译用户程序时需要使用这个运行库。

make user_only：编译用户的应用程序，包括初始化进程 init、用户交互的 bash，以及集成了很多程序的 busybox（这样对一个嵌入式系统来说可以减少存放的空间，因为不同的程序共用了一套 C 运行库），还有一些服务，如 boa（一个在嵌入式领域用得很多的 Web 服务器）和 telnetd（telnet 服务器，可以通过网络来登录 μClinux 而不一定使用串口）。

make romfs：在用户程序编译结束后，因为用 romfs（一种轻量的、只读的文件系统）作为 μClinux 的根文件系统，所以首先需要把上一步编译的很多应用程序以 μClinux 所需要的目录格式存放起来。原来的程序是分散在 user 目录下的，现在的可执行文件需要放到 bin 目录、配置文件放在 etc 目录下等等，这些事就是 make romfs 所做的。它会在 μClinux 的目录下生成一个 romfs 目录，并且把 user 目录下的文件，以及 vendors 目录下特定系统所需要的文件（我们的 vendors 目录是 vendors/Samsung/S3C44B0X）组织起来，以便生成 romfs 的单个镜像所用。

make image：它的有两个作用：一是生成 romfs 的镜像文件；二是生成 Linux 的镜像。原来的 Linux 编译出来的是 elf 格式，不能直接用于下载或者编译（不过那个文件也是需要的，因为如果你需要，那个 elf 格式的内核文件里面可以包含调试的信息）。在这个时候由于还没有编译过 Linux，因此在执行这一步的时候会报错。但是没有关系，因为在这里需要的仅仅是 romfs 的镜像，以便在下面编译 Linux 内核的时候使用。

make：有了 romfs 的镜像就可以编译 Linux 了。因为 romfs 是嵌入到 Linux 内核中去的，所以在编译 Linux 内核的时候就要一个 romfs.o 文件。这个文件是由上面的 make image 生成的。

make image：这里再一次 make image 就是为了得到 μClinux 可执行文件的镜像。执行这一步之后，就会在 images 目录下找到 3 个文件：image. ram、image. rom 和 romfs. img。其中，image. ram 和 image. rom 就是我们需要的镜像文件。其中，image. ram 是直接下载到 RAM 执行的文件。如果你还处于调试阶段，那么就没有必要把文件烧写到 Flash 里面。这个时候可以使用 image. ram。对于 image. rom 来说，它是一个 zImage 文件，也就是自解压的内核。由于它使用了 gzip 将内核压缩过，所以可以减小文件的大小。这个 image 应该烧写到 Flash 中 0x10000 的位置，而不能直接下载到 RAM 中执行。

2. 使用 μClinux

1) 在 SDRAM 里运行 μClinux

假设开发板的 Flash 是已经擦空，那么如下步骤在 SDRAM 里运行 μClinux。

① 设置超级终端(波特率为 115 200，8 位数据，1 位停止位，无奇偶校验)。

② 将随书所配光盘中的 uClinux-bios. s19 用烧写电缆烧写到 Flash。

③ 烧写成功后，实验系统断电，拔下烧写电缆，把 PC 的 IP 地址改为 192. 168. 0. X，X 为除 100 以外 0～255 的值，一般设为 192. 168. 0. 1。在 PC 机并口和实验箱的 CPU 之间，连接串口交叉电缆，在 PC 网口和实验箱的 CPU 网口之间，连接网口交叉电缆。

④ 在超级终端中输入 backup 以备份 BIOS 到高端，然后输入 Y 并接回车键。

⑤ 在超级终端上，输入 load 命令，按回车键，在 PC 系统的 DOS 命令行下，敲入 ping 192. 168. 0. 100，检查 PC 机是否和 CPU 板已经 ping 通。若 ping 通，则把 TFTP. exe 和 boot. bin，以及刚刚生成的 image. ram 三个文件复制到 PC 系统的 DOS 命令行默认的目录下，并在 PC 机的命令行中首先输入：tftp -i 192. 168. 0. 100 put boot. bin，然后按回车键。

⑥ 此时，boot. bin 便通过网线下载到 SDRAM 中，然后在超级终端中输入命令 prog 0 c008000 3c，并输入 Y，最后将 boot. bin 烧到 Flash 0 地址。

⑦ 键入 load 命令，然后在 PC 机的命令行中输入 tftp -i 192. 168. 0. 100 put image. ram，并按回车键，image. ram 应该在几秒中后传送到内存中。

⑧ 在超级终端中输入 run，然后输入 y，就可以看到 μClinux 跑起来，则烧写成功，如图4－10所示。

图 4－10 μClinux 运行后的串口显示

2) 在 Flash 里固化 μClinux

假设开发板的 Flash 是已经擦空，那么在 Flash 里固化 μClinux 的步骤如下：

① 设置超级终端(波特率为 115 200，8 位

数据，1 位停止位，无奇偶校验）。

② 将随书所配光盘中的 uClinux-bios. s19 用烧写电缆烧写到 Flash。

③ 烧写成功后，实验系统断电，拔下烧写电缆，把 PC 的 IP 地址改为 192. 168. 0. X，X 为除 100 以外 0～255 的值，一般设为 192. 168. 0. 1。在 PC 并口和实验箱的 CPU 之间，连接串口交叉电缆，在 PC 网口和实验箱的 CPU 网口之间，连接网口交叉电缆。

④ 在超级终端中输入 backup 以备份 BIOS 到高端，然后在超级终端上输入 Y，并按回车键。

⑤ 在超级终端里，输入 load 命令，按回车键，在 PC 系统的 DOS 命令行下，敲入 ping 192. 168. 0. 100，检查 PC 机是否和 CPU 板已经 ping 通。若 ping 通，则把 TFTP. exe 和 boot. bin，以及刚刚生成的 image. rom 三个文件复制到 PC 系统的 DOS 命令行默认的目录下，并在 PC 机的命令行中首先输入 tftp -i 192. 168. 0. 100 put boot. bin，然后回车键。

⑥ 此时，boot. bin 便通过网线下载到 SDRAM 中，然后在超级终端中输入命令 prog 0 0x0c008000 3c，并输入 Y，最后将 boot. bin 烧到 Flash 0 地址。

⑦ 再键入 load 命令，然后在 PC 机的命令行中输入 tftp -i 192. 168. 0. 100 put image. rom。注意是 image. rom。

⑧ 在超级终端中输入 prog 10000 0x0c008000 xxx，这样就将 μClinux 烧到 Flash。注意：10000 是 image. rom 下载到 Flash 的起始地址，不能变；0x0c008000 是 image. rom 通过网口下载到 SDRAM 的起始地址，也不能变。xxx 是 image. rom 的大小，根据上一步超级终端的提示决定。

⑨ 当下次上电要运行 μClinux 时，就可以在超级终端中输入 move 10000 0x0c000000 100000，然后输入 run 0x0c000000，再输入 Y，就可以运行了。启动后，将在超级终端里见到如图 4-10 所示的最终画面。

【实验说明】

随书所配光盘中的 uClinux-S3C44B0X. tar. gz 是已经移植好的压缩版本。这里只是阐述基本改动部分的出处。

1. 改动硬件配置

修改文件：uClinux-S3C44B0X/linux-2. 4. x/include/asm-armnommu/arch-snds100/hardware. h。

修改为适合 S3C44B0X 的硬件配置。

2. 改动压缩内核代码起始地址

修改文件：uClinux-S3C44B0X/linux-2. 4. x/arch/armnommu/boot/Makefile。

修改内容：压缩内核代码起始地址的配置。

```
ifeq ($(CONFIG_BOARD_SNDS100),y)
ZRELADDR       =0x0c008000
ZTEXTADDR      =0x0c000000
endif
```

说明：

ZTEXTADDR——自解压代码的起始地址；

ZRELADDR——内核解压后代码输出起始地址。

3. 改动处理器配置选项

修改文件：uClinux-S3C44B0X/linux-2.4.x/arch/armnommu/config.in。

修改内容：

在系统栏里做如下修改。

```
#------------------------------------------------------------------------
#                              System
#------------------------------------------------------------------------
if [ "$CONFIG_ARCH_SAMSUNG" = "y" ]; then
   choice 'Board Implementation' \
   "S3C3410-SMDK40100 CONFIG_BOARD_SMDK40100 \
   S3C4530-HEI     CONFIG_BOARD_EVS3C4530HEI \
   S3C44B0X    CONFIG_BOARD_SNDS100" S3C4510-SNDS100
fi
if [ "$CONFIG_BOARD_SNDS100" = "y" ]; then
   define_bool CONFIG_NO_PGT_CACHE y
   define_bool CONFIG_CPU_32 y
   define_bool CONFIG_CPU_26 n
   define_bool CONFIG_CPU_S3C4510 y
   define_bool CONFIG_CPU_ARM710 y
   define_bool CONFIG_CPU_WITH_CACHE y
   define_bool CONFIG_CPU_WITH_MCR_INSTRUCTION n
   define_bool CONFIG_SERIAL_SAMSUNG y
   define_hex DRAM_BASE 0x0c000000
   define_hex DRAM_SIZE 0x01000000
   define_hex FLASH_MEM_BASE 0x00000000
   define_hex FLASH_SIZE 0x00200000
fi
```

修改了存储器大小和起始地址的定义：

```
define_hex DRAM_BASE 0x0C000000;//SDRAM 的起始地址
```

```
define_hex DRAM_SIZE 0x01000000;//SDRAM 的大小
define_hex FLASH_MEM_BASE 0x00000000;//Flash 的起始地址
define_hex FLASH_SIZE 0x00200000;//Flash 的大小
```

4. 改动内核起始地址

修改文件：uClinux-S3C44B0X/linux-2.4.x/arch/armnommu/Makefile。

```
ifeq ( $ (CONFIG_BOARD_SNDS100),y)
TEXTADDR          = 0x0c008000
MACHINE           = snds100
Endif
```

TEXTADDR：内核的起始地址，通常取值为 DRAM_BASE＋0x8000。

5. ROM 文件系统的定位修改

修改文件：uClinux-S3C44B0X/linux-2.4.x/drivers/block/blkmem.c。

```
#ifdef CONFIG_BOARD_SNDS100
    {0, romfs_data, -1},
#endif
```

使用的是 romfs_data 数组。

6. 改动存储空间配置

修改文件：uClinux-S3C44B0X/linux-2.4.x/include/asm-armnommu/arch-snds100/memory.h。

```
#define PHYS_OFFSET      (DRAM_BASE)
#define PAGE_OFFSET PHYS_OFFSET
#define END_MEM          (DRAM_BASE + DRAM_SIZE)
```

说明：PHYS_OFFSET 为 RAM 第一个 bank 的起始地址。

7. 初始化节拍定时器

修改文件：uClinux-S3C44B0X /linux-2.4.x/include/asm-armnommu/arch-snds100/time.h。

```
rTCON   &= 0xf0ffffff;              //清除手动更新位,定时器 5 被停止
rTCFG0  &= 0xff00ffff;              //定时器 4/5 的预分频为 16
rTCFG0  |= (16-1)<<16;
rTCFG1  &= 0xff0fffff;              //定时器 5 的 MUX 为 1/2
rTCFG1  |= 0<<20;
rTCNTB5  = fMCLK_MHz/(S3C44B0_TIMER_FREQ * 16 * 2);
                                    //定时器 5 的重装值,在 ENABLE 之前设定
rTCON   |= 0x02000000;              //定时器 5 的 MANUAL UPDATE 位设为 1
```

```
rTCON   &= 0xf0ffffff;                //MANUAL UPDATE 位清零
rTCON   |= 0x05000000;                //定时器 5 开始,设为 INTERVAL 模式
```

说明:这里,μClinux 使用了 S3C44B0X 的内部定时器 5,并利用定时器 5 的中断来产生节拍。

8. 定义二级异常中断矢量表的起始地址

修改文件:uClinux-S3C44B0X/linux-2.4.x/include/asm-armnommu/proc-armv/system.h。

```
#ifdef __ARM_ARCH_4__
#define vectors_base()    ((cr_alignment & CR_V) ? 0xffff0000 : 0)
#else
#define vectors_base()    (DRAM_BASE)    //(0)
#endif
```

说明:vectors_base()定义了二级异常中断矢量表的起始地址,这个地址与 Bootloader 中的相对应。

9. 以太网卡寄存器地址的偏移量修改

这里针对 ARMSYS 的硬件结构,要做如下特殊的修改。

修改文件:uClinux-S3C44B0X/linux-2.4.x/driver/net/8390.h。

修改内容:#define ETH_ADDR_SFT 1

说明:访问 RTL8019 内部寄存器地址的偏移量。

10. 以太网设备基地址修改

修改文件:uClinux-S3C44B0X/linux-2.4.x/driver/net/ne.c。

修改内容:

```
#elif defined(CONFIG_BOARD_SNDS100)
    static int once = 0;
    if (once)
        return -ENXIO;
    dev->base_addr = base_addr = 0x06000000;      //NE2000_ADDR;
    dev->irq = 24;                                //NE2000_IRQ_VECTOR;
    once ++ ;
```

说明:修改了以太网设备的基地址。

4.4 μClinux 驱动程序的编写

【实验目的】

- 学习 μClinux 驱动程序的编写方法。
- 学习驱动程序添加到内核的方法。

【实验设备】

Pentium II 以上的 PC 机,Linux 操作系统。

【实验内容】

- 学习 μClinux 驱动程序的编写流程。
- 学习驱动程序添加到内核的流程。

【实验原理】

μClinux 是针对控制领域的嵌入式 Linux 操作系统,由 Linux2.0 和 2.4 内核派生而来,沿袭了主流 Linux 的绝大部分特性,适合不具备内存管理单元(MMU——memory manage unit)的微处理器。有无 MMU 支持是 Linux 与 μClinux 的基本差异。最小的嵌入式 μClinux 系统由内核引导程序、μClinux 微内核(由内存管理、进程管理和定时服务构成)和初始化过程组成。同时,还要根据需要添加硬件驱动程序、1 个或多个应用进程(以提供所需功能)、1 个文件系统(可能在 ROM 或者 RAM 内)、存储半瞬态数据和提供交换空间的磁盘、TCP/IP 网络栈等。

嵌入式应用对成本和实时性比较敏感,其使用中的 CPU 很多都没有 MMU,标准的 Linux 无法适用这些,而 μClinux 正是针对此种应用而产生的。对 μClinux 的应用主要体现在对硬件驱动程序的编写和上层应用程序的开发上。

μClinux 驱动程序的基本结构和标准 Linux 的结构基本类似,但标准 Linux 支持模块化模式,所以大部分驱动程序编成模块化形式,而且要求可以在不同的体系结构上安装。μClinux 是可以支持模块化模式的,但由于嵌入式应用是针对具体的应用,所以不采用该模式,而是把驱动程序直接编译进内核之中。

设备驱动程序是操作系统内核和机器硬件之间的接口。设备驱动程序为应用程序屏蔽了硬件的细节,这样在应用程序看来,硬件设备只是一个设备文件,应用程序可以像操作普通文件一样对硬件设备进行操作。同时,设备驱动程序是内核的一部分,它完成以下的功能:对设备初始化和释放;把数据从内核传送到硬件和从硬件中读取数据;读取应用程序传送给设备文件的数据和回送应用程序请求的数据；检测和处理设备出现的错误。在 μClinux 操作系统下，有字符设备和块设备两类主要的设备文件类型。字符设备和块设备的主要区别是：在对字符设备发出读/写请求时，实际的硬件 I/O 一般紧接着发生；块设备利用一块系统内存作为缓冲区，当用户进程对设备请求满足用户要求时，就返回请求的数据。块设备是主要针对磁盘等慢速设备设计的，以免耗费过多的 CPU 时间来等待。

【驱动程序的编写】

1. 设备驱动程序的 file_operations 结构

通常，一个设备驱动程序包括两个基本任务：驱动设备的某些函数作为系统调用执行；而某些函数则负责处理中断(即中断处理函数)。file_operations 结构每一个成员的名称都对应着一个系统调用。用户程序利用系统调用，比如在对一个设备文件进行诸如 read 操作时，对应于该设备文件的驱动程序就会执行相关的 ssize_t (*read) (struct file *, char *, size_t, loff_t *)函数。在操作系统内部，外部设备的存取是通过一组固定入口点进行的，这些入口点由每个外设的驱动程序提供，由 file_operations 结构向系统进行说明。因此，编写设备驱动程序的主要工作就是编写子函数，并填充 file_operations 的各个域。file_operations 结构在 uClinux-S3C44B0X/linux2.4.x/include/linux/fs.h 中可以找到。

```
struct file_operations {
    struct module *owner;
    loff_t (*llseek) (struct file *, loff_t, int);
    ssize_t (*read) (struct file *, char *, size_t, loff_t *);
    ssize_t (*write) (struct file *, const char *, size_t, loff_t *);
    int (*readdir) (struct file *, void *, filldir_t);
    unsigned int (*poll) (struct file *, struct poll_table_struct *);
    int (*ioctl) (struct inode *, struct file *, unsigned int, unsigned long);
    int (*mmap) (struct file *, struct vm_area_struct *);
    int (*open) (struct inode *, struct file *);
    int (*flush) (struct file *);
    int (*release) (struct inode *, struct file *);
    int (*fsync) (struct file *, struct dentry *, int datasync);
    int (*fasync) (int, struct file *, int);
    int (*lock) (struct file *, int, struct file_lock *);
    ssize_t (*readv) (struct file *, const struct iovec *, unsigned long, loff_t *);
    ssize_t (*writev) (struct file *, const struct iovec *, unsigned long, loff_t *);
    ssize_t (*sendpage) (struct file *, struct page *, int, size_t, loff_t *, int);
    unsigned long (*get_unmapped_area)(struct file *, unsigned long, unsigned long, unsigned
    long, unsigned long);
```

```
#ifdef MAGIC_ROM_PTR
    int (*romptr)(struct file *, struct vm_area_struct *);
#endif /* MAGIC_ROM_PTR */
};
```

其中主要的函数说明如下：

① open 是驱动程序用来完成设备初始化操作的，open 会增加设备计数，以防止文件在关闭前模块被卸载出内核。open 主要完成以下操作：检查设备错误（诸如设备未就绪或相似的硬件问题）；如果是首次打开，初始化设备；标别次设备号；分配和填写要放在 file→private_data 内的数据结构；增加使用计数。

② read 用来从外部设备中读取数据。当其为 NULL 指针时，将引起 read 系统调用返回-EINVAL（"非法参数"）。函数返回一个非负值表示成功地读取了多少字节。

③ write 向外部设备发送数据。如果没有这个函数，write 系统调用向调用程序返回一个-EINVAL。如果返回非负值，表示成功地写入的字节数。

④ release 是当设备被关闭时调用的操作。release 的作用正好与 open 相反。这个设备方法有时也称为 close。它应该完成以下操作：使用计数减 1；释放 open 分配在 file→private_data 中的内存；在最后一次关闭操作时关闭设备。

⑤ llseek 改变当前的读/写指针。

⑥ readdir 一般用于文件系统的操作。

⑦ poll 一般用于查询设备是否可读/写或处于特殊的状态。

⑧ ioctl 执行设备专有的命令。

⑨ mmap 将设备内存映射到应用程序的进程地址空间。

2. 设备驱动程序编写的具体内容

通过了解驱动程序的 file_operations 结构，用户就可以编写出相关外部设备的驱动程序。首先，用户在自己的驱动程序源文件中定义了 file_operations 结构，并编写出设备需要的各个操作函数，对于设备不需要的操作函数用 NULL 初始化。这些操作函数将被注册到内核，当应用程序对设备相应的设备文件进行文件操作时，内核会找到相应的操作函数，并进行调用。如果操作函数使用 NULL，操作系统就进行默认的处理。

定义并编写完 file_operations 结构的各个操作函数后，要定义一个初始化函数，比如函数名为 device_init()。在 μClinux 初始化的时候要调用该函数，因此，该函数应包含以下几项工作：

① 对该驱动所使用到的硬件寄存器进行初始化，包括中断寄存器。

② 初始化设备相关参数。一般来说每个设备要定义一个设备变量，用来保存设备相关的参数。

③ 注册设备。μClinux 内核通过主设备号将设备驱动程序同设备文件相连。每个设备有

且仅有一个主设备号。查看 μClinux 系统中/proc 下的 devices 文件,该文件记录已经使用的主设备号和设备名,选择一个没有使用的主设备号,调用 int register_chrdev(unsigned int,const char *,struct file_operations *)函数来注册设备。其中的 3 个参数代表主设备号、设备名和 file_operations 的结构地址。该函数在 uClinux-S3C44B0X/linux2.4.x/include/linux/fs.h 中已经声明。

④ 注册设备使用的中断。

```
int request_irq(unsigned irq,void( * handler)(int,void *,struct pt_regs * ),unsigned long
flags, const char * device, void * dev_id);
```

其中,irq 是中断向量。硬件系统将 IRQn 映射成中断向量。

handler——中断处理函数。

flags——中断处理中一些选项的掩码。

device——设备的名称

dev_id——在中断共享时使用的 ID。

⑤ 其他一些初始化工作,比如给设备分配 I/O,申请 DMA 通道等。

3. 将设备驱动加到 μClinux 内核中

设备驱动程序写完后,就可以添加到 μClinux 的内核中了,这需要修改 μClinux 的源码,然后重新编译,μClinux 内核。

① 将设备驱动文件(比如 device_driver.c)复制到 uClinux-S3C44B0X/linux2.4.x/drivers/char 目录下,该目录保存了 μClinux 字符型设备的设备驱动程序。修改该目录下的 mem.c 文件,在 int chr_dev_init()函数中增加如下代码:

```
device_init();
```

其中,device_init()函数是驱动程序中的设备初始化函数。在该文件的头部,添加代码 extern void device_init(void),这是预先声明一下该函数已经定义。否则,编译时会警告。

② 在 uClinux-S3C44B0X/linux2.4.x/drivers/char 目录下的 Makefile 文件中添加如下代码:

```
ifeq( $ (CONFIG_DEVICE_DRIVER),y)
    L_OBJS + = DEVICE_DRIVER.o
    endif
    或 obj- $ (CONFIG_DEVICE_DRIVER) + = DEVICE_DRIVER.o
```

如果在配置 μClinux 内核的时候,选择了支持我们定义的设备,则在编译内核时,会编译 DEVICE_DRIVER.c,生成 DEVICE_DRIVER.o 文件。

③ 在 uClinux-S3C44B0X/linux2.4.x/drivers/char 目录下修改 config.in 文件。在 comment 'Character devices'下面添加:

```
bool 'support for DEVICE_DRIVER' CONFIG_DEVICE_DRIVER
```

这样在编译内核运行 make menuconfig 命令时，在配置字符设备时就会出现 support for DEVICE_DRIVER 的字样。当选中它时，若编译通过，则驱动程序就添加到内核当中了。

④ 在文件系统 romfs 中加上设备驱动程序对应的设备文件。挂在操作系统中的设备都使用了设备驱动程序。要使一个设备成为应用程序可以访问的设备，必须在文件系统中有一个代表此设备的设备文件，通过使用设备文件，就可以对外部设备进行具体操作。设备文件都包含在/dev 目录下，μClinux 使用的根文件系统是 romfs 文件系统。这个系统是一个只读文件系统，所以设备文件必须在编译内核的时候加到 romfs 系统中的 image 中去。

在 Linux 环境下，改变目录到/romfs/dev 下，用 mknod 命令来创建一个设备文件 mknod device_driver c 120 0，device_driver 为设备文件名，c 为字符设备，120 是主设备号，0 为次设备号。device_driver 这个名字与注册函数中使用的字符串要一致。也可以在 uClinux-S3C44B0X/vendors/samsung/S3C44B0X/Makefile 文件中，在 DEVICES＝的后面，添加 device_driver c 120 0，这样编译后也能产生相应驱动程序所需的设备文件。

4.5 μClinux 应用程序的编写

【实验目的】

学习 μClinux 应用程序的添加方法。

【实验设备】

Pentium II 以上的 PC 机，EL-ARM-830 实验箱，Linux 操作系统，交叉网线，公母头串口线。

【实验内容】

学习 μClinux 应用程序的添加流程。

【实验原理】

helloworld 应用程序是最简单的应用程序。下面以它为例，进行说明如何添加应用程序。

1. 编写 Helloworld 程序

在 uClinux-S3C44B0X/user 目录下新建目录，例如 Myapp。编写自己想加入的应用程序，保存在所建的目录下。实验例程请参考本实验的参考程序部分。

2. 编写 Makefile 文件

编写 Makefile 文件的作用是对要添加的应用程序工程进行管理，并对目标文件、编译工具、参数，路径以及清除规则等做了详细的描述。同时，要注意编写的格式，格式不正确，编译会出错。Makefile 文件和用户所编写的应用程序放在相同的目录下面。Makefile 文件内容如下：

```
EXEC = helloworld
OBJS = helloworld.o
all: $(EXEC)
$(EXEC): $(OBJS)
	$(CC) $(LDFLAGS) -o $@ $(OBJS) $(LDLIBS)
romfs:
	$(ROMFSINST) /bin/$(EXEC)
clean:
	-rm -f $(EXEC) *.elf *.gdb *.o
```

3. 修改 user/Makefile

为了让编译器编译上述添加的内容，在 user/Makefile 中添加一句(一般按照字母排列)：

```
dir_$(CONFIG_USER_MYAPP_DEMO) += Myapp
```

4. 修改 config/config.in

config/config.in 文件中添加的内容会在对用户选项进行配置时反映出来。在文件的最后添加如下内容：

```
#############################################################################
mainmenu_option next_comment
comment 'My New Application'
bool 'helloworld' CONFIG_USER_MYAPP_DEMO
endmenu
#############################################################################
```

5. 配置编译

现在可以开始配置编译了。在\uclinux\uClinux-S3C44B0X 目录下键入 make menuconfig 命令，出现如图 4-1 所示的目标平台选择界面，在进行用户配置选项时，会看到多了一条：

My New Application

进入后，选中 helloworld 即可。

[*]helloworld

接着，按照如下步骤编译：

make dep(该命令用于寻找依存关系)

make clean(该命令用于清除以前构造内核时生成的所有目标文件、模块文件和临时文件)

make lib_only(该命令编译库文件)

make user_only(该命令编译用户应用程序文件)

make romfs(该命令生成 romfs 文件系统)

make image(这一步会报错,不用理会它,只出现一次)

make

make image(这一步不会报错)

在 image 目录下产生新的 image. ram 文件,然后退出 Linux 操作系统,重新启动系统到 Windows 下,并利用 explor2fs. exe 软件,把 image. ram 文件从 Linux 的文件系统下输出到 Windows 的一个目录下。之后,按照本章 4.3 节在 SDRAM 中运行 μClinux 的步骤进行实验。如果实验板上已经烧写了 μClinux-bios,也就是已经作过了步骤⑥,则可以只进行⑦、⑧两步,并直接下载 image. ram 到开发板上。

6. 运　行

μClinux 启动后,切换到/bin 目录下,直接输入. /helloworld,并按回车键,应立即打印出一行:

```
Hello World! This is my first application.
```

这样,应用程序就成功执行了。

【实验步骤】

① 准备实验环境,把 PC 机和实验箱分别用交叉网线和串口线相连。

② 在 Linux 环境编写应用程序,同时编写 Makefile 文件,将它们放在/user 目录下的相同目录里,本实验是 app。

③ 修改配置相关文件。其中包括. /config/config. in 和. /user/Makefile。

④ 配置并编译 μClinux。

⑤ 按照本章 4.3 节中的方法把生成的映像文件 image. ram 下载到开发板上。

⑥ 在超级终端中运行应用程序,观察实验结果。

【参考程序】

编写 helloworld. c 文件,代码如下:

```
#include <stdlib.h>
#include <stdio.h>
int main(void)
```

```
{
printf("Hello World! This is my first application.\n");
return 0;
}
```

供参考的 makefile 文件内容如下：

```
EXEC = helloworld
OBJS = helloworld.o
all: $(EXEC)
 $(EXEC): $(OBJS)
 $(CC) $(LDFLAGS) -o $@ $(OBJS) $(LDLIBS)
romfs:
 $(ROMFSINST) /bin/$(EXEC)
clean:
-rm -f $(EXEC) *.elf *.gdb *.o
```

4.6 基于 μClinux 的键盘驱动程序的编写

【实验目的】

学习 μClinux 下键盘驱动程序的编写方法。

【实验设备】

Pentium II 以上的 PC 机，Linux 操作系统。

【实验内容】

编写键盘驱动程序，实现键值发送到超级终端上。

【实验原理】

键盘的设备驱动程序属于字符设备的驱动，因此，按照字符设备的规则编写。驱动程序名为 KBD7279_DRIVER.c。

1. 键盘设备文件的 file_operations 结构

```
struct file_operations Kbd7279_fops = {
    open:       Kbd7279_Open,          //打开设备文件
    ioctl:      Kbd7279_Ioctl,         //设备文件的其他操作
    release:    kbd7279_Close,         //关闭设备文件
```

```
};                                          //其他选项省略

static int Kbd7279_Ioctl(struct inode * inode,struct file * file,
                         unsigned int cmd, unsigned long arg)
{
    int i;
    switch(cmd)
    {
        case Kbd7279_GETKEY:
            return kbd7279_getkey();
        default:
            printk("Unkown Keyboard Command ID.\n");
    }
    return 0;
}

static int Kbd7279_Close(struct inode * inode, struct file * file)
{
    return 0;
}
static int Kbd7279_Open(struct inode * inode, struct file * file)
{
    return 0;
}
/*获取一个键值*/
static int kbd7279_getkey(void)
{
    int i,j;
    enable_irq(21);
    KeyValue = 0xff;
    for (i = 0;i<1000;i++)
    for (j = 0;j<650;j++);
    //如果有按键按下,返回键值
    return KeyValue;
}
```

2. 键盘的中断服务子函数

```
static void kbd_ISR(int irq,void * dev_id,struct pt_regs * regs)
{
```

```
    int rr;
    disable_irq(21);
    rr = rEXTINPND;
    if (rr == 0x2)                                //判断是否是外部中断 5
    {
        KeyValue  = read7279(cmd_read);
        switch(KeyValue)
        {
            case 0x04 :
            KeyValue = 0x08;
            break;
            case 0x05 :
            KeyValue = 0x09;
            break;
            case 0x06 :
            KeyValue = 0x0A;
            break;
            case 0x07 :
            KeyValue = 0x0B;
            break;
            case 0x08 :
            KeyValue = 0x04;
            break;
            case 0x09 :
            KeyValue = 0x05;
            break;
            case 0x0A :
            KeyValue = 0x06;
            break;
            case 0x0b :
            KeyValue = 0x07;
            break;

            default:
          break;
        }
        write7279(decode1 + 5,KeyValue/16 * 8);
      write7279(decode1 + 4,KeyValue & 0x0f);
      printk("KeyValue = % d\n",KeyValue);
```

```
        }
    rEXTINPND = 0x2;
    rI_ISPC = BIT_EINT4567;
}
```

其中,disable_irq(21)中 21 为 irq 对应的中断号,也就是使用的硬件中断。更清楚的说,也就是在本实验中用外部中断 21 作为键盘的触发中断。当键盘按下,则外部中断 21 有中断产生,在硬件上则会通知 CPU。但是操作系统如何知道外部中断 21 的输入是由键盘产生的呢?这就和操作系统的移植密切相关了。在 μClinux 中,uClinux-S3C44B0X/linux-2.4.x/include/asm-armnommu/arch-snds100 目录下的 irqs.h 文件中,有专门对中断移植的定义,每个中断在操作系统中都有一个中断号,对中断号操作,也就是对对应硬件中断进行操作。

3. 键盘的硬件初始化函数

```
/* 键盘设备的硬件初始化函数 */
void Setup_kbd7279(void)
{
    int i;
    rPDATF = 0x1FF;
    rPCONF = 0x9255A;//把 F 口的 5、8 位配置成 GPIO 功能
    rPUPF  = 0x0;
  for(i = 0;i<100;i++);
}
/* 注册键盘设备,调用初始化函数 */
int Kbd7279Init(void)
{
  int      result;
  printk("\n Registering Kbdboard Device\t--- >\t");
  result = register_chrdev(KEYBOARD_MAJOR, "Kbd7279", &kbd7279_fops);//注册设备
     if (result<0)
     {
        printk(KERN_INFO"[FALLED: Cannot register Kbd7279_driver!]\n");
        return result;
     }
    else
        printk("[OK]\n");
    printk("Initializing Kbdboard Device\t--- >\t");
    Setup_Kbd7279();
    If (request_irq(21,kbd7279_ISR,0,"kbd",NULL)
    {
  printk(KERN_INFO"[FALLED: Cannot register Kbd7279_Interrupt!]\n");
```

```
        return -EBUSY;
    }
    else
        printk("[OK]\n");
    printk("\n Kbd7279 Driver Installed.\n");
    return 0;
}
```

由于键盘使用的是中断方式,所以加入了中断请求。

【实验步骤】

① 按照本章 4.4 节中描述的有关驱动程序的编写步骤和方法,编写键盘驱动程序。

② 将编写好的驱动程序添加进内核中。编译通过后,则驱动程序就安装上了。

注意: 本例在于说明驱动程序的编写步骤,一些头文件、主设备号、硬件的宏定义等均没有说明。具体程序请参阅 linux2.4.x/drivers/char/kbd7279.c,或者参见随书所配光盘中的 uClinux/实验六。

4.7 基于 μClinux 的 LCD 驱动程序的编写

【实验目的】

学习 μClinux 下 LCD 驱动程序的编写方法。

【实验设备】

Pentium II 以上的 PC 机,Linux 操作系统。

【实验内容】

编写 LCD 驱动程序。

【实验原理】

LCD 的设备驱动程序属于字符设备驱动,因此,需要按照字符设备的规则编写。驱动程序名为 s3c44b0lcd.c。

1. LCD 设备文件的 file_operations 结构

```
struct file_operations LCD_fops = {
    open:       LCD_Open,       //打开设备文件
```

```
    ioctl:      LCD_Ioctl,      //设备文件其他操作
    release:    LCD_Close,      //关闭设备文件
};                              //其他选项省略

static int LCDIoctl(struct inode * inode,struct file * file,unsigned int cmd,unsigned long arg)
{
  char color;
    struct para
    {
        unsigned long a;
        unsigned long b;
        unsigned long c;
        unsigned long d;
    } * p_arg;
    switch(cmd)
   {
    case 0:
            printk("set color\n");
            Set_Color(arg);
            printk("LCD_COLOR = %x\n",LCD_COLOR);
            return 1;
    case 1:
            printk("draw h_line\n");
            p_arg = (struct para * )arg;
            LCD_DrawHLine(p_arg->a,p_arg->b,p_arg->c);          // draw h_line
             LCD_DrawHLine(p_arg->a,p_arg->b + 15,p_arg->c);    //draw h_line
            LCD_DrawHLine(p_arg->a,p_arg->b + 30,p_arg->c);     //draw h_line
            return 1;

    case 2:
            printk("draw v_line\n");
            p_arg = (struct para * )arg;
            LCD_DrawVLine(p_arg->a,p_arg->b,p_arg->c);          //draw v_line
            LCD_DrawVLine(p_arg->a + 15,p_arg->b,p_arg->c);     //draw v_line
            LCD_DrawVLine(p_arg->a + 30,p_arg->b,p_arg->c);     //draw v_line
            return 1;

     case 3 :
              printk("drwa circle\n");
```

```
            p_arg = (struct para * )arg;
            LCD_DrawCircle(p_arg->a,p_arg->b,p_arg->c);        //draw circle
            return 1;

    case 4:
        printk("draw rect\n");
        p_arg = (struct para * )arg;
        LCD_FillRect(p_arg->a,p_arg->b,p_arg->c,p_arg->d);    //draw rect
        return 1;

    case 5:
        printk("draw fillcircle\n");
        p_arg = (struct para * )arg;
        LCD_FillCircle(p_arg->a, p_arg->b, p_arg->c);        //draw fillcircle
        return 1;

    case 6 :
        printk("LCD is clear\n");
        LCD_Clear(0,0,319,239);                               //clear screen
        return 1;
    case 7:
        printk("draw rect\n");
        p_arg = (struct para * )arg;
        LCD_FillRect(p_arg->a,p_arg->b,p_arg->c,p_arg->d);    //draw rect
        return 1;
    default:
    return -EINVAL;
    }
  return 1;
}

 static int LCD_Close(struct inode * inode, struct file * file)
 {
    return 0;
 }
 static int LCD_Open(struct inode * inode, struct file * file)
 {
    return 0;
 }
```

由于代码量较大,详细请见驱动程序 linux2.4.x/drivers/char/s3c44b0lcd.c。

2. LCD 的硬件初始化函数

```
/* LCD 设备的硬件初始化函数 */
void Setup_lcd(void)
{
rPCOND = 0xaaaa;
rPUPD = 0x00;
rPCONC = rPCONC|0xffff;
rPUPC = 0x0000;                    //配置硬件端口为 LCD 数据线的高 4 位
/* disable,8B_SNGL_SCAN,WDLY = 8clk,WLH = 8clk */
rLCDCON1 = (0)|(2<<5)|(MVAL_USED<<7)|(0x1<<8)|(0x1<<10)|(CLKVAL_COLOR<<12);
/* LINEBLANK = 10 (without any calculation) */
rLCDCON2 = (LINEVAL)|(HOZVAL_COLOR<<10)|(10<<21);
/* 256-color, LCDBANK, LCDBASEU */
rLCDSADDR1 = (0x3<<27) | ( ((U32)Video_StartBuffer>>22)<<21 )|
                    M5D((U32)Video_StartBuffer>>1);
rLCDSADDR2 = M5D((((U32)Video_StartBuffer + (SCR_XSIZE * LCD_YSIZE))>>1)) |
(MVAL<<21)|1<<29;
rLCDSADDR3 = (LCD_XSIZE/2) | ( ((SCR_XSIZE-LCD_XSIZE)/2)<<9 );
        rREDLUT   = 0xfdb96420;
        rGREENLUT = 0xfdb96420;
        rBLUELUT  = 0xfb40;
        rDITHMODE = 0x0;
        rDP1_2  = 0xa5a5;
        rDP4_7  = 0xba5da65;
        rDP3_5  = 0xa5a5f;
        rDP2_3  = 0xd6b;
        rDP5_7  = 0xeb7b5ed;
        rDP3_4  = 0x7dbe;
        rDP4_5  = 0x7ebdf;
        rDP6_7  = 0x7fdfbfe;
        rDITHMODE = 0x12210;
        /* enable,8B_SNGL_SCAN,WDLY = 8clk,WLH = 8clk */
rLCDCON1 = (1)|(2<<5)|(MVAL_USED<<7)|(0x3<<8)|(0x3<<10)|(CLKVAL_COLOR<<12);
  }
/* 注册 LCD 设备,调用初始化函数 */
int LCDInit(void)
{
```

```
int result;
  printk("Registering S3C44BLCD Device\t--- >\t");
  result = register_chrdev(LCD_MAJOR, "S3C44BLCD", &LCD_fops);//注册设备
      if (result<0)
      {
        printk(KERN_INFO"[FALLED: Cannot register S3C44BLCD_driver!]\n");
     return -EBUSY;
    }
    else
        printk("[OK]\n");
    printk("Initializing Lcd Device\t-->(\t");
    Setup_LCDInit();
    printk("S3C44BLCD Driver Installed.\n");
    return 0;
  }
```

由于 LCD 没有使用外部中断方式，所以没有中断请求。

【实验步骤】

① 遵循本章 4.4 节中设备驱动程序的编写步骤编写 LCD 的驱动程序。

② 按照本章 4.4 中的内容，把编好的驱动程序添加进内核，编译通过后，则驱动程序就安装上了。

注意：本实验的目的在于说明驱动程序的编写步骤，一些头文件、主设备号、硬件的宏定义等均没有说明，所以具体的驱动程序请参见 linux2.4.x/drivers/char/s3c44b0lcd.c，或者参见随书所配光盘中的 uClinux/实验七。

4.8 基于 μClinux 键盘应用程序的编写

【实验目的】

学习 μClinux 下键盘应用程序的编写方法。

【实验设备】

Pentium II 以上的 PC 机，交叉串口线，Linux 操作系统，Windows 操作系统，公母头串口线。

【实验内容】

编写键盘的应用程序，实现按下的键值发送到超级终端显示，并在 8 位数码管上显示键值。

【实验原理】

本例中的应用程序名为 KBD.c，部分示例代码如下：

```
#include <stdio.h>
#include <stdlib.h>

main(int argc, char * * argv)
{
    int fd;

    if ((fd = open("/dev/Kbd7279", 0))<0)
    {
        printf("cannot open /dev/Kbd7279\n");
        exit(0);
    };
    for (;;)
        ioctl(fd, 0, 0);
    close(fd);
}
```

打开键盘的驱动程序后，利用驱动程序读取键值。把读到的键值通过串口发送到超级终端上显示。同时，在 8 位数码管上显示出按键值。

按照本章 4.5 节中的内容，把编好的应用程序添加进内核，编译通过后，则可以调用应用程序显示。

注意：本例在于说明应用程序的编写步骤，一些头文件等均没有说明。完整的应用程序请参见 user/myapp3/Kbd.c，或者参见随书所配光盘中的 uClinux/实验八。

【实验步骤】

① 本实验使用实验教学系统的 CPU 板。在进行本实验时，LCD 电源开关、音频的左右声道开关、A/D 通道选择开关、触摸屏中断选择开关等均应处在关闭状态。

② 在 PC 机并口和实验箱的 CPU 之间，连接串口交叉电缆；在 PC 机网口和实验箱的 CPU 网口之间，连接网口交叉电缆。

③ 在 Linux 系统下，把 KBD.c 按照本章 4.5 节中的步骤添加、编译，通过后，在 image 目录下产生新的 image.ram 文件。然后退出 Linux 操作系统，重新启动系统到 Windows 下，利用 explor2fs.exe 软件，把 image.ram 文件从 Linux 的文件系统下输出到 Windows 的一个目录下。

④ 在 Windows 系统上打开超级终端设置(波特率为 115 200,8 位数据,1 位停止位,无奇偶校验)。

注意: 此时,uclinux-bios 启动程序已烧进 Flash 中,并且已经把 uClinux-bios 启动程序 backup 到高端。同时,boot. bin 也下载到了 Flash 里面,如果没有进行,请按照本章 4.3 节中在 SDRAM 运行 μClinux 的前 6 步进行操作)

⑤ 若实验系统没有加电则上电,已经加电的重新复位一次。在超级终端上,输入 load 命令,并按回车键,在 PC 机默认的目录下的 DOS 命令行中输入 tftp -i 192. 168. 0. 100 put image. ram,并按回车键。该命令把内核和文件系统集成在一起的映像文件下载到 SDRAM 中,大概 3～4 s 后下载结束,然后键入 run 命令,键入 Y,运行 μClinux。

⑥ 用 cd 命令切换到 bin 目录下,执行. /kbd。敲击键盘,观察 8 位数码管显示键值的情况,同时观察超级终端上显示键值的情况。按 Ctrl+C 组合键退出应用程序。

4.9 基于 μClinux 的基本绘图应用程序的编写

【实验目的】

学习 μClinux 下基本绘图应用程序的编写方法。

【实验设备】

Pentium II 以上的 PC 机,EL-ARM-830 实验箱,交叉串口线,Linux 操作系统,交叉网线。

【实验内容】

编写简单的 LCD 应用程序,实现在 LCD 上的基本图形显示和颜色变换。

【实验原理】

本例的参考应用程序名为 LCD. c,程序部分代码如下:

```
#include <stdio.h>
#include <stdlib.h>

int main()
{
    int fd,i;
    int rt;
    int cmd,arg0;
    char enter_c;
```

```
unsigned long arg_G,arg_B,arg_R,arg_Y,arg_W,arg_K,arg_CY;

struct arg
{
    unsigned long a;
    unsigned long b;
    unsigned long c;
    unsigned long d;
};
   struct arg arg1 = {0,120,300,0};
   struct arg arg2 = {140,0,239,0};
   struct arg arg3 = {100,100,50,0};
   struct arg arg4 = {0,0,319,239};
   struct arg arg5 = {240,100,60,0};
   struct arg arg6 = {0,0,319,239};
   struct arg arg7 = {40,170,100,200};

   arg_G = 0x00FF00;
   arg_R = 0xFF0000;
   arg_B = 0x0000FF;
   arg_Y = 0xAAAA00;
   arg_W = 0xFFFFFF;
   arg_K = 0x000000;
   arg_CY = 0x808080;

if ((fd = open("/dev/S3C44BLCD", 0)) < 0)
{
    printf("cannot open /dev/S3C44BLCD\n");
    exit(0);
};
do{
    cmd = getchar();
     switch (cmd)
    {
        case 49:
            enter_c = getchar();
            rt = ioctl(fd, 0,arg_R);          //set RED
            cmd = 0;
            break;
```

```
case 50:
    enter_c = getchar();
    rt = ioctl(fd, 0,arg_G);                      //set GREEN
    break;
case 51:
    enter_c = getchar();
    rt = ioctl(fd, 0,arg_B);                      //set BLUE
    cmd = 0;
    break;
case 52:
    enter_c = getchar();
    rt = ioctl(fd, 0,arg_Y);                      //set YELLOW
    cmd = 0;
    break;

case 53:
    enter_c = getchar();
    rt = ioctl(fd, 0,arg_W);                      //set WHITE
    cmd = 0;
    break;
case 54:
    enter_c = getchar();
    rt = ioctl(fd, 0,arg_K);                      //set BLACK
    cmd = 0;
    break;
case 55:
    enter_c = getchar();
    rt = ioctl(fd, 0,arg_CY);                     //set CYNE
    cmd = 0;
    break;

case 'a':
    enter_c = getchar();
    rt = ioctl(fd, 1,(unsigned long )&arg1);      //draw h_line
    cmd = 0;
    break;
case 'b':
    enter_c = getchar();
    rt = ioctl(fd, 2,(unsigned long )&arg2);      //draw v_line
```

```
            cmd = 0;
            break;
        case 'c':
            enter_c = getchar();
            rt = ioctl(fd, 3,(unsigned long )&arg3);      //draw circle
            cmd = 0;
            break;
        case 'd':
            enter_c = getchar();
            rt = ioctl(fd, 4,(unsigned long )&arg4);      //draw rect
            cmd = 0;
            break;
        case 'e':
            enter_c = getchar();
            rt = ioctl(fd, 5,(unsigned long )&arg5);      //draw fillcircle
            cmd = 0;
            break;
        case 'f':
            enter_c = getchar();
            rt = ioctl(fd, 6,(unsigned long )&arg6);      //clear screen
            cmd = 0;
            break;
        case 'g':
            enter_c = getchar();
            rt = ioctl(fd, 7,(unsigned long )&arg7);      //draw rect
            cmd = 0;
            break;
        default:
            break;
        }
    }while(cmd != 'q');                                   //"q" is quit command
    close(fd);
}
```

该程序是从超级终端中输入字符，在 LCD 屏上显示不同的颜色、显示画圆、画线、画点、填充圆、填充矩形等基本的 LCD 操作。

按照本章 4.5 节中的内容，把编好的应用程序添加进内核中去，编译通过后，则可以调用应用程序进行显示。

注意： 本例在于说明应用程序的编写步骤，一些头文件等均没有说明，完整的应用程序请参考/user/myapp4/app_lcd.c,或者参见随书所配光盘中的 uClinux/实验九。

【实验步骤】

① 本实验使用实验教学系统的 CPU 板和 LCD 屏。在进行本实验时,仅打开 LCD 电源开关,但是音频的左右声道开关、A/D 通道选择开关、触摸屏中断选择开关等均应处在关闭状态。

② 在 PC 并口和实验箱的 CPU 之间,连接串口交叉电缆;在 PC 网口和实验箱的 CPU 网口之间,连接网口交叉电缆。

③ 在 Linux 系统下,把 app_lcd.c 按照 4.5 节的步骤添加、编译。通过后,将在 image 目录下产生新的 image.ram 文件。然后退出 Linux 操作系统,重新启动系统到 Windows 下,利用 explor2fs.exe 软件,把 image.ram 文件从 Linux 的文件系统下输出到 Windows 的一个目录下。

④ 在 Windows 系统上打开超级终端设置(波特率为 115 200,8 位数据,1 位停止位,无奇偶校验)。

注意: 此时,uClinux-bios 启动程序已烧进 Flash 中,并且已经把 μClinux-bios 启动程序 backup 到高端。同时,boot.bin 也下载到了 Flash 里面。如果没有进行,请按照本章 4.3 节中在 SDRAM 运行 μClinux 的前 6 步进行操作。

⑤ 若实验系统没有加电,则上电;已经加电的重新复位一次。在超级终端上,输入 load 命令,按回车键,在 PC 机默认的目录下的 DOS 命令行中输入 tftp -i 192.168.0.100 put image.ram,并按回车键。该命令把内核和文件系统集成在一起的映像文件下载到 SDRAM 中,大概 3~4 s 后下载结束。然后,键入 run 命令,键入 Y,运行 μClinux。

⑥ 输入"1"、"2"、"3"、"4"、"5"、"6"和"7",来选择要进行绘画的颜色。1 对应着红;2 对应着绿;3 对应着蓝;4 对应着黄;5 对应着白;6 对应着黑;7 对应着浅蓝。输入"a"、"b"、"c"、"d"、"e"、"f"和"g",则显示要画的实体。a 对应着画水平线;b 对应着画竖直线;c 对应着画圆;d 对应着填充全屏;e 对应着填充圆;f 对应着清屏;g 对应着填充矩形。"q"则退出应用程序。

⑦ 打开 LCD 屏的电源开关。用 cd 命令切换到 bin 目录下,执行./app_lcd。然后从键盘中输入所规定的字符,程序启动后应先选择颜色,即先输入 1~7 中的一个,然后按回车键。之后,再输入画实体的字符,并按回车键。观察实验效果,然后输入改变颜色的字符,再按回车键,再输入相同的画实体字符,观察颜色是否改变。输入字符 q,则退出应用程序。

4.10 基于 μClinux 的跑马灯应用程序的编写

【实验目的】

学习 μClinux 下跑马灯应用程序的编写方法。

【实验设备】

Pentium II 以上的 PC 机，交叉串口线，Linux 操作系统。

【实验内容】

编写跑马灯应用程序，实现 LED 灯的轮流显示。

【实验原理】

本例参考应用程序名为 led.c，部分代码如下：

```
#include <stdio.h>
#include <stdlib.h>
#define rLed   (*(volatile unsigned long*)0x8400000)

static int delayLoopCount = 400;

void Led_Display(int LedStatus)
{
    switch (LedStatus)
    {
        case 0x01:
            rLed = 0xfe;
            break;
        case 0x02:
            rLed = 0xfd;
            break;
        case 0x04:
            rLed = 0xfb;
            break;
        case 0x08:
            rLed = 0xf7;
            break;
```

```
        case 0x10:
            rLed = 0xef;
            break;
        case 0x20:
            rLed = 0xdf;
            break;
        case 0x40:
            rLed = 0xbf;
            break;
        case 0x80:
            rLed = 0x7f;
            break;
        default:
            break;
    }
}

void Delay(int time)
{
    int i;
    for(;time>0;time--)
        for(i=0;i<delayLoopCount;i++);
}

int main(void)
{
    int i,time;
    char dly = 0,dir = 0,n = 0;
    char enter_c = 0,cmd;

    printf("LED round show in the EL-ARM-830! \n");
start:
    printf("Please select the delay time ! \n");
    printf("Please select the direction ! \n");
    printf("Please enter the number 1 or 2 or 3 or 4 and L or R then Enter ! \n");
    printf("such as 1L or 2L or 3L or 4L or 1R or 2R or 3R or 4R,then Enter ! \n");

    dly = getchar();
```

```
printf("dly = %d\n",dly);
switch(dly)
{
 case 49:
   time = 2000;
   break;
     case 50:
   time = 4000;
   break;
      case 51:
   time = 8000;
   break;
      case 52:
  time = 16000;
   break;
     default:
   time = 8000;
   break;
   }
      printf("time = %d\n",time);

   dir = getchar();
   enter_c = getchar();
   printf("dir = %d\n",dir);

   switch(dir)
   {
        case 76:
         n = 1;
         break;

         case 82:
         n = 2;
         break;

         default:
         n = 2;
         break;
   }
```

```
        printf("n = %d\n",n);
        Delay(10000);
    do
    {
        cmd = getchar();

        if(n == 1)
        {
            for(i = 0;i<8;i++)
            {
            Led_Display(0x01<<i);
            Delay(time);
            }
        }
        else
        {
            for(i = 0;i<8;i++)
            {
            Led_Display(0x80>>i);
            Delay(time);
            }
        }
    }while('q' != cmd);

    enter_c = getchar();
        for (i = 0;i<100000;i++);
        cmd = getchar();
        for(i = 0;i<1000;i++);
        enter_c = getchar();
        if (cmd != 'q')
            goto start;
    printf("quit the led\n");
    return 0;
}
```

在代码中，实现了 8 个 LED 灯闪烁的时间间隔的设定，同时也实现了闪烁方向的设定。通过给数据缓存寄存器写入不同的值来控制闪烁方向。通过给数据缓存器写入值的时间间隔来控制闪烁的时间间隔，以此达到控制 8 个 LED 灯的目的。

按照本章 4.5 中的内容，把编好的应用程序添加进内核中去。编译通过后，则可以调用应用程序显示。

注意：本例在于说明应用程序的编写步骤，一些头文件等均没有说明，完整的应用程序请参考/user/myapp1/led. c，或者参见随书所配光盘中的 uClinux/实验十。

【实验步骤】

① 本实验使用实验教学系统的 CPU 板。在进行本实验时，LCD 电源开关、音频的左右声道开关、A/D 通道选择开关、触摸屏中断选择开关等均应处在关闭状态。

② 在 PC 机并口和实验箱的 CPU 之间，连接串口交叉电缆；在 PC 机网口和实验箱的 CPU 网口之间，连接网口交叉电缆。

③ 在 Linux 系统下，把 led. c 按照本章 4. 5 节中的步骤添加、编译，通过后，在 image 目录下产生新的 image. ram 文件。然后退出 Linux 操作系统，重新启动系统到 Windows 下，利用 explor2fs. exe 软件，把 image. ram 文件从 Linux 的文件系统下输出到 Windows 的一个目录下。

④ 在 Windows 系统上打开超级终端设置(波特率为 115 200，8 位数据，1 位停止位，无奇偶校验)。

注意：此时，μCbios 启动程序已烧进 Flash 中，并且已经把 μCbios 启动程序 backup 到高端。同时，boot. bin 也下载到了 Flash 里面，如果没有进行，请按照本章 4. 3 节中在 SDRAM 运行 μClinux 的前 6 步进行操作。

⑤ 若实验系统没有加电，则上电；已经加电的重新复位一次。在超级终端上，输入 load 命令，按回车键。在 PC 机默认的目录下的 DOS 命令行中输入 tftp -i 192. 168. 0. 100 put image. ram，并按回车键。该命令把内核和文件系统集成在一起的映像文件下载到 SDRAM 中，大概 3～4 s 后下载结束，然后键入 run 命令，键入 Y，运行 μClinux。

⑥ 用 ls 命令切换到 bin 目录下，键入. /led，按回车键执行。超级终端会显示“Please enter the number 1 or 2 or 3 or 4 and L or R then Enter!”，以及“Such as 1L or 2L or 3L or 4L or 1R or 2R or 3R or 4R，then Enter !”。其中 1～4 是选择 LED 闪烁的时间间隔，数值越小，闪烁间隔越短；L 和 R(注意是大写)则选择 led 闪烁的方向(L 确定闪烁方向为向左，R 确定闪烁方向向右)。闪烁总是一次闪烁 8 下，即从一头到另一头，回车键按下一次，则闪烁 8 下。输入选择方向和时间间隔时，需要连写如 3L 或 4R 等。当需要改变方向和时间间隔时，需要先输入字符 q，之后连续按回车键三次，这样可以重新选择参数。当需要退出应用程序时，输入 q，按回车键。输入 q，再按回车键，则退出应用程序。

4.11 利用实验箱上网的实验

【实验目的】

学习 μClinux 下利用实验箱上网的基本方法。

【实验内容】

利用实验箱浏览清华 BBS 网站。

【实验设备】

- Pentium II 以上的 PC 机，实验箱，交叉串口线，交叉网线。
- PC 机操作系统 Win98 或 Win2000 或 WinXP。

【实验步骤】

① 本实验使用实验教学系统的 CPU 板。在进行本实验时，LCD 电源开关、音频的左右声道开关、A/D 通道选择开关、触摸屏中断选择开关等均应处在关闭状态。

② 在 PC 机的 DOS 命令行中用 ipconfig - all 命令查看 PC 机的 IP 地址、netmask 子网掩码和网关，并记录下来。

注意：本实验使用能上网的网点，即代替 PC 上网，上网所使用的 IP 地址，netmask 子网掩码，网关均是曾经能上网的 PC 机上的。

③ 把 PC 机的 IP 地址改为 192.168.0.X 网关，X 为除 100 以外 0～255 的值，一般设为 192.168.0.1。在 PC 机串口和实验箱的 CPU 串口之间，连接串口交叉电缆。在 PC 机网口和实验箱的 CPU 网口之间，连接网口交叉电缆。

④ 打开 PC 机上的超级终端软件，设置超级终端(115 200，8 位数据，1 位停止位，无奇偶校验)，然后给系统上电。

注意：此时，uClinux-bios 启动程序已烧进 Flash 中，并且已经把 uClinux-bios 启动程序 backup 到高端。同时，boot.bin 也下载到了 Flash 里面。

在超级终端上，输入 load 命令，按回车键，在 PC 系统的 DOS 命令行下，敲入 ping 192.168.0.100，检查 PC 机是否和 CPU 板已经 ping 通。若 ping 通，则把 TFTP.exe 和 image.ram 复制到 PC 系统的 DOS 命令行默认的目录下。在 PC 机的命令行中输入 tftp -i 192.168.0.100 put image.ram 命令，该命令就是把内核和文件系统集成在一起的映像文件下载到 SDRAM 中，大概 3～4 s 后下载结束。然后键入 run 命令，运行 μClinux。

⑤ 在 μClinux 跑起来之后，拔下实验箱 CPU 板上网口端的网线，把以前曾在该机上网的网线接入。在超级终端中键入 cd bin，切到 bin 目录下，继续键入 ifconfig eth0 XXX. XXX. XXX. XXX netmask XXX. XXX. XXX. XXX，按回车键。键入 route add default gw XXX. XXX. XXX. XXX，按回车键。键入 telnet 166.111.8.238（清华的 BBS 网址）按回车键。稍后，便可登录清华 BBS 网站。

【实验说明】

eth0 后面的网址应该换成你机器曾上过网的 IP 或者一个空余的 IP。

Netmask 后面的网址应该为你所设定的在网络上的子网掩码。

gw 后面的网址应该为你曾经上过网的网关。

在改变 PC 机的 IP 地址为 192.168.0.1 之前，用 ipconfig -all 命令在 DOS 命令行中查看 PC 的 IP 地址，netmask 子网掩码和网关。

参考文献

[1] 北京精仪达盛科技有限公司. EL-ARM-830 型教学实验系统用户手册、电路原理图, 2006.

[2] 田泽. ARM7 嵌入式系统开发实验与实践[M]. 北京:北京航空航天大学出版社,2006.

[3] 田泽. 嵌入式系统开发与应用[M]. 北京:北京航空航天大学出版社,2005.

[4] 田泽. 嵌入式系统开发与应用教程[M]. 北京:北京航空航天大学出版社,2005.

[5] 田泽. 嵌入式系统开发与应用实验教程[M]. 第 2 版. 北京:北京航空航天大学出版社, 2005.

[6] [英]Steve Furber 著. ARM SoC 体系结构[M]. 田泽,于敦山,盛世敏译. 北京:北京航空航天大学出版社,2002.

[7] ARM 公司. ARM Architecture Reference Manual, 2000.

[8] ARM 公司. The ARM-Thumb Procedure Call Standard, 2000.

[9] 马忠梅,马广云,徐英慧,田泽. ARM 嵌入式处理器结构与应用基础[M]. 北京:北京航空航天大学出版社,2002.

[10] J. Labrosse 著. 嵌入式实时操作系统 μC/OS-II[M]. 第 2 版. 邵贝贝等译. 北京:北京航空航天大学出版社,2003.

[11] SAMSUNG 公司. S3C2410_datasheet. pdf.

[12] SAMSUNG 公司. S3C44B0X_datasheet. pdf.